맛있는 경남

초판 1쇄 발행 2015년 9월 1일

글	남석형, 권범철, 박민국, 이창언
사진	김구연, 박일호
펴낸이	구주모

편집책임	김주완
표지·편집	서정인
일러스트	서동진

펴낸곳	도서출판 피플파워
주소	(우)630-811 경상남도 창원시 마산회원구 삼호로38(양덕동)
전화	(055)250-0190
홈페이지	www.idomin.com
블로그	peoplesbooks.tistory.com
페이스북	www.facebook.com/pepobooks

ISBN   979-11-86351-01-7 (03980)

이 도서의 국립중앙도서관 출판예정도서목록(CIP)은 서지정보유통지원시스템 홈페이지(http://seoji.nl.go.kr)와
국가자료공동목록시스템(http://www.nl.go.kr/kolisnet)에서 이용하실 수 있습니다. (CIP제어번호 : CIP2015022408)

경남 먹거리 특산물 스토리텔링

맛있는 경남

땅과 물에서 난 23가지 식재료
그 속의 맛, 역사, 사람을 담다

차례

머
리
말

바닷내음 짙은 곳에는 늙은 어부 손길이 있다. 고기잡이 그물을 분주히 다듬는다. 또 한 해 지나면서 손놀림이 더뎌지는 것은 어쩔 수 없다. 그래도 이 쭈글쭈글한 손에서 옛이야기를 읽을 수 있다.

강물 흐르는 곳에는 아낙네 손길이 있다. 채를 들고 강바닥을 긁는다. 무릎까지 오는 강물에 허리를 구부린 채다. 잠시 허리를 펴지만, 이내 강 아래 것들과 씨름한다.

황량한 흙 위에는 할머니들 손길이 있다. 여럿이 일렬로 쭈그린 채 파종을 한다. 올해는 무심한 자연 탓에 재미를 못 봤다. 내년에는 넉넉하리라는 주문을 건다.

늙은 어부, 허리 구부린 아낙, 주름 가득한 할머니…. 바다·강·육지·산에서 저마다 특산물을 빚어내는 손길이다.

특산물은 '일정한 곳에서 생산돼 나오는 특별한 물건'으로 뜻풀이된다. 그 종류도 곡물류·과일류·채소류·화초류·어패류·약재류·광물류·공예품 등으로 다양하다. 정약용은 〈목민심서〉에서 순창 종이·담양 채색상자·보령 벼루 등을 특산물로 소개하기도 했다. 오늘날은 남원 부채·안동 삼베·보령 머드 같은 것들이 해당한다.

여기서는 범위를 먹거리로 한정했다. 즉 '먹거리 특산물'이다.

'먹거리 특산물' 앞에 지역명이 함께 하지 않으면 섭섭할 정도로 입에 달라붙는 것들이 있다. '영광 굴비', '영덕 대게', '횡성 한우' 같은 것이 퍼뜩 떠오른다. 경남에서는 '하동 재첩', '남해 시금치', '마산 미더덕' 등이 어색함 없다. 이러한 것들은 그 땅에서 먹어야 제맛을 느낄 수 있다. 제아무리 유통 환경이 좋아졌다 한들, 옮겨지는 과정에서 본 맛을 잃는 것은 당연할 수밖에 없겠다.

어느 지역이 특산물을 안게 된 데는 그만한 이유가 있을 것이다. 자연이 내준 선물을 잘 가꾼 경우도 있고, 어느 한 사람 노력이 마을 전체로 퍼져나간 것도 있다. 때로는 행정이 적극적으로 나서 힘을 보태기도 한다. 하지만 어느 하나가 중심에 있다 할지라도, 결국에는 자연환경·사람 손길·유통·행정·입소문 같은 것이 하나로 어우러진 결과물이라 할 수 있겠다.

이러한 소중한 이야기를 '경남 먹거리 특산물 스토리텔링'이라는 이름으로 담아봤다.

먹거리 특산물 관련 정보는 인터넷에 넘쳐난다. 조금만 시간을 할애하면 원하는 것을 어렵지 않게 얻을 수 있다. 이 책은 이러한 정보를 단순 나열하는 데 그치지 않고, 그 속살을 들여다보며 함께 이해하고 공감하는데 방점을 두려 했다. 특산물을 통해 거꾸로 그 지역을 다시 보고, 그 지역민 삶을 들여다보고 싶었다. 물론 성분 및 효능, 좋은 상품 고르는 방법, 재배·유통 과정, 현실적 어려움, 관련 음식 등에 관한 정보도 소홀히 하지 않았다.

이 책은 모두 23가지를 다뤘다. 물에서 나는 것 11가지, 땅에서 나는 것 11가지, 그리고 이 모든 것을 아우르는 '지리산 물'이다.

대략 △다른 지역과 차별화된 맛·사람·이야깃거리 △그 지역에 끼친 유·무형적 영향 △전국 생산량 △지역 경제에서 차지하는 비중 △최초 재배지 △지리적 표시제 등록 같은 것을 염두에 두었다.

경남에는 18개 시·군이 있다. 저마다 내 지역 특산물에 대한 자부심은 어느 곳이 넘치거나 모자라지 않을 것이다. 그러한 마음을 이 책에 모두 담지 못한 죄송함은 여전히 남는다.

현장에서 만난 농·어민들은 한결같이 말했다. '한 해 잘 되었다고 기뻐할 것도, 한 해 안 좋았다고 실망할 것도 없다.' 욕심내지 않고 자연에 순응하려는 순박한 사람들 마음이 전해진다.

남석형

통영
멍게

푸른 바다 2년의 긴긴 산고 끝에 붉디붉은 꽃 피워올리고

5월 통영 바다는 밋밋하지 않다. 붉은 꽃이 피어 있다.
겨우내 바다 아래 있던 멍게가 고운 빛깔을 마음껏 자랑한다.
어느 배가 멍게를 주렁주렁 매단 채 지난다.
마치 화려한 꽃상여가 바다에 떠 있는 듯하다.
뭍으로 올라온 멍게는 연신 물을 내뿜는다.
변함없는 '바다 물총'임을 굳이 확인해 준다. 그럴 자격이 충분하다.
2년 동안 줄에 붙어 잘도 버텼으니 말이다.
작업하는 이들 손길은 분주하다.
짠물 기운을 씻어내고, 껍질을 벗기며, 차에 실어 나르기 바쁘다.
이 작업도 여름이 오기까지 한철이다.
멍게는 5월 미각을 일깨운다.
이때는 '며느리한테도 주지 않는다'고 할 정도로 맛이 좋다.
한 입 머금으면 부드럽고 짭조름한 향이 전해진다.
제철이라 해서 다 똑같은 것은 아니다.
같은 바다라도 멍게가 받아들이는 것은 다르다.

여간 민감한 게 아니다.

작은 수온 변화에도 성장을 멈춰버린다.

어부들 처지에서는 참 새초롬한 녀석이다.

하지만 멍게는 자연에 순응하는 것일 뿐이다.

통영 인근 해역에서 끌어올리는 멍게는 전국 생산량 가운데

70%를 차지하는 것으로 알려져 있다.

양식은 자연산과 다를 바 없다. 먹이를 따로 줄 필요도 없다.

그냥 2년 동안 줄에 붙어 있는 것만 끌어올리면 된다.

기후 탓에 집단으로 폐사해도 어찌할 도리는 없다.

바다 아래 신에게 맡겨 두는 수밖에.

그래서 어민들은 마음을 비운다.

한 해 잘됐다고 그리 기뻐할 필요도, 한 해 부족했다고

실망할 필요도 없다.

지난 시간을 통해 얻은 경험이다.

통영 사람들과 멍게는 그렇게 30년 넘는 세월을 함께하고 있다.

멍게가 특산물 된 배경

용왕님 뜻에 맡긴다는 귀한 멍게, 1980년대 대량 생산 성공

통영 사람들은 멍게에 후한 인심을 담는다. 양식하는 이들은 주변 사람들에게 맛보라며 대가 없이 곧잘 내놓는다. 식당에서는 값 치르지 않고도 맛볼 수 있도록 밑반찬으로 깔아 놓는다. 그래서 이곳에서는 멍게를 제 돈 내고 먹는 게 좀 어색하다.

우리나라에서 멍게를 언제부터 먹었는지에 대한 기록은 정확하지 않다. 조선시대 해안지방에서 특별한 음식으로 이용했다는 것 정도만 입으로 전해진다.

1950년대 중반 이후에야 제법 익숙한 음식이 되었다. 하지만 해녀가 직접 바다를 뒤져야 했기에 여전히 귀한 것이었다. 그러던 것이 1970년대 양식화하면서 내륙지방 사람들도 이 독특한 향에 친숙해졌다.

멍게 양식을 처음 떠올린 곳은 통영이었다. 이곳 산양읍에 사는 최씨 손에서 나왔다고 전해진다. 한편으로는 거제 둔덕면에 사는 이씨도 비슷한 시기 스스로 깨쳤다는 이야기가 덧붙는다. 1973년 여름이었다. 물놀이하던 아이들이 멍게를 양손 가득 들고 돌아왔다.

줄에 유생을 붙인 멍게 양식.

신기하게 여긴 최 씨가 "어디서 났느냐"고 물으니, 아이들은 "굴양식장 닻줄에 붙은 것을 따 왔다"고 했다. 바위 같은 곳에나 붙는 줄 알았던 멍게가 줄에도 엉긴다는 건 새삼스러운 사실이었다. 최 씨는 곧바로 양식에 도전했다. 이듬해 겨울 실내수조에서 인공채묘했더니 성공에 가까웠다고 한다. 이후 몇 년간 꽤 재미를 보았던 듯하다. 하지만 그리 오래가지는 못했다. 기후 탓에 1977년부터 3년간 양식산뿐만 아니라 자연산까지 일대 바다에서 전멸했다.

그러자 이곳 수협에서는 이웃 일본 것에 눈 돌렸다. 주산지인 센다이 지역 종묘를 도입했다. 1980년 시험에 들어갔는데, 이듬해 궤도에 올랐다고 한다. 그러면서 1983년부터 본격적으로 대량생산되면서 오늘에 이르고 있다. 물론 그 세월 속에서 늘 좋았던 것만은 아니다.

멍게는 측성해초목 멍겟과에 속한다. 미더덕·오만둥이 사촌쯤 된다. 몸길이 10~18cm로 수명은 5~6년이나. 몸동은 오돌토돌해 '바닷속 파인애플'이라고도 한다. 반면 여드름 많은 얼굴에 비유되기도 한다. 몸통 가운데 위쪽에는 눈에 띄는 돌기 두 개가 있다. 바닷물을 빨아들이는 입수공, 플랑크톤만 몸속에 남기고 물은 내뱉는 출수공이다. 주로 암초지대나 자갈 깔린 곳에 서식한다. 5~24도 사이가 적정 수온이다. 이 사이를 벗어나면 성장을 멈춘다. 이 때문에 기후 변화가 심하면 폐사하는 일이 잦다. 어민들이 매해 울고 웃는 이유다. 그래서 멍게 양식하는 이들은 '용왕님 뜻'에 맡기는 심정이다.

그래도 이 지역이 멍게와 함께할 수 있었던 것은 물이 깨끗하고, 파도가 덜하며, 수온도 다른 해역에 비해 적정하기 때문이다. 통영 멍게는 2~6월에 걸쳐 수확하며 4~5월 것이 가장 맛있다.

멍게는 애초 '우렁쉥이'라 불렸다. 경상도 방언이던 '멍게'가 널리 쓰이면서 표준어를 밀어낸 것이다. '멍게'라는 이름에서는 전해지는 얘기가 있다. '표피가 자연적으로 벗겨지지 않는 남자 성기'라는 뜻을 담은 순우리말이 '우멍거지'인데, 이것이 배경에 오른다. 그 모양새와 무관하지 않아 보인다. 여기서 따온 두 글자 '멍거'가 나중에 '멍게'로 바뀌어 붙여졌다는 것이다.

멍게는 전 세계에 3500여 종이나 되는데, 우리나라에는 35종이 서식한다고 한다. 멍게 자체는 탁한 물 아닌 맑은 데만 찾는다. 그래서 서해안에서는 찾아보기 어렵고, 남해안·동해안 일대에 서식한다. 국내에서 양식으로 이용되는 것은

5종으로 멍게·돌멍게·비단멍게·미더덕·오만둥이이다. 우리나라에서는 남해안·동해안과 제주도에서 양식하고, 일본에서 수입하기도 한다.

일본·프랑스·칠레 같은 곳에서도 멍게를 날로 먹는다. 특히 일본에서는 매년 20만 톤 이상 소비한다고 한다. 주산지는 일본 동북부 센다이 지역이다. 이 지역은 수온이 낮아 멍게 양식하기 제격이라고 한다. 우리나라와 달리 3~4년 이상 된 것들을 상품화하기에 크기도 여간하지 않다. 그런데 지난 2011년 쓰나미가 덮쳐 센다이 지역은 쑥대밭이 됐다. 역설적으로 통영 어민들은 그 덕을 봤다고 한다. 일본 수출 물량이 늘었기 때문이다.

유럽에서는 프랑스인들이 즐겨 찾는다. 이곳에서는 '바다 무화과'라는 뜻인 '피그 더 메르Figue de mer'라 칭한다. 프랑스인들은 레몬주스를 곁들여 회로 즐겨 먹는다고 한다.

뭍으로 올라온 멍게는 물을 내뿜기 때문에 영어권 나라에서는 '바다 물총'이라는 뜻인 '시 스퀴트Sea squirt'라 부른다.

통영 갈목마을 멍게 양식장.

통영 바다 위를 작은 어선이 지나간다.

그 어선에 줄이 묶인 다른 배가 끌려간다.

붉게 물든 멍게가 주렁주렁 달려있다. 언제보아도 흐뭇한 광경이다.

멍게와 함께한 삶

양식 1세대 **홍성옥** 씨
"1990년대 말 덮친 물렁증, 그땐 원인도 몰라 절망만"

통영시 평림동 갈목마을 바다에 작은 어선이 지나간다. 하나가 아니
다. 줄이 묶인 다른 배가 끌려간다. 이 배에는 붉게 물든 멍게가 주
렁주렁 달려있다.

뗏목 작업장에 앉아 있는 홍성옥(66) 씨는 흐뭇한 눈빛을 하고 있
다. 30년 넘게 대하는 풍경이지만, 볼 때마다 반갑고, 또 고맙다.

홍 씨는 1982년부터 멍게 양식을 했다. 일본에서 종묘를 들여와 막
시험양식에 들어갈 때쯤이다. '멍게양식 1세대'인 것이다.

"1980년이었죠. 수협에서 일본 센다이 멍게 종묘를 들여왔습니다.

그 당시 마리당 5000원 정도 주고 들여왔던 걸로 기억합니다. 저는
군대 갔다 와서 원양어선도 타고, 이래저래 어업 일을 계속했지요.
그러다 어느 어른 밑에서 멍게 양식 일을 도왔지요. 멍게를 처음 봤
을 때 감탄을 금할 수 없었어요. 그 빛깔이 너무 고운 거예요. 붉은
놈들이 탐스럽게 주렁주렁 달린 모습이 얼마나 예쁘던지…. 그 매력
에 빠져 1982년부터 본격적으로 멍게 양식업에 뛰어들었죠."

하지만 일본에서 들여온 것들은 달라진 환경에 적응하지 못하고 폐사하기 바빴다. 수협에서는 종묘를 서너 차례 더 일본에서 들여왔다. 여전히 죽어 나가는 것이 많았지만, 그 안에서 끈기 있게 버티는 놈들도 제법 됐다. 조금씩 면역력이 생긴 것이다. 1983~1984년은 30년 멍게 세월을 이은 징검다리였다.

"본격적으로 뛰어든 지 2년도 안 돼 돈을 꽤 벌었죠. 이거 괜찮은 거구나 싶었죠. 하지만 계속 그런 날만 있으면 얼마나 좋았겠어요. 2년 반짝 장사하고, 또 폐사하는 놈들을 지켜봐야만 했지요. 면역력이 올랐다고 생각했는데, 좀 더 시간이 필요했던 겁니다. 그렇게 몇 년 동안 오르락내리락을 반복하다 1990년대 접어들면서 조금 안정이 됐죠."

1990년대에는 6000만 원 넘는 돈을 벌어들인 해도 있다. 20만 원으로 한 달 생활하던 시절이었으니, 엄청난 액수다. 하지만 여러 해 경험을 통해 알고 있었다. 올해 잘 됐다고 내년까지 보장되는 것은 아니었다.

"멍게 양식이라는 게 한 해 바짝 벌어 앞에 빚진 거 갚고, 그러길 반복하는 거예요. 한번 올라갔으니 또 내려가야 하는 거죠. 한 2년간은 소쿠리에 한 마리도 담지 못했어요. 1990년대 말 물렁증이 왔을 때였어요. 뭐 이거는 원인도 알 수 없으니 손 쓸 수도 없는 거예요. 그냥 앉아서 죽은 멍게 꺼내는 게 일이었습니다. 그때는 정말 절망했죠. 그렇다고 지금껏 해 온 게 있는데, 손 놓을 수도 없잖아요. 내년을 기다리며 아직 물속에 있는 놈들도 있으니 그걸 어떻게 버려요. 그냥 그렇게 계속 가는 거지요."

오늘날 통영 멍게는 30년 전 일본에서 들여온 것 가운데 강한 것들

이 남긴 씨앗이다. 오히려 일본으로 역수출까지 하고 있다. 그렇다
하더라도 멍게는 수온에 워낙 민감하기에 여전히 노심초사한다.
"지금도 어렵죠. 지난해 잘 된 자리가 올해는 형편없기도 하고 그래
요. 멍게는 0.05도에 따라 산란이 결정돼요. 수온에 대해서는 30년

된 저도 예측할 수가 없습니다. 그 속을 알면 이리 고생할 것도 없지요. 다만 '예년보다 기온이 어떻고 저떻고'라는 소식을 들으면 거기에 맞춰 대략적인 대비를 하기는 하지요. 그래도 별수 없죠. 자연에 맡겨 둘 수밖에 없어요."

그토록 애태웠지만 그래도 멍게 덕에 무사히 자식농사를 지었다. 자식들 출가할 때 전셋집 구할 돈 정도는 줬으니 말이다.

"힘들다고 중간에 그만뒀으면 가족들 모두 힘들 뻔 했는데, 잘 견뎠죠. 이제 저도 나이가 들어 힘이 부치는데, 그래도 아들놈이 몇 년 전부터 이 일 해보겠다고 나섰어요. 대를 이어 하려는 젊은 사람들이 제법 돼요. 우리하고는 달라서 자기들끼리 모임을 만들어 공부도 하고 그래요. 힘들기는 하지만 자부심 느끼고 해볼 만하지요."

작업장에서는 멍게 세척, 껍질 벗기기, 차에 실어나르기가 한창이다. 15명 넘는 이들이 달라붙어 저마다 역할을 하고 있다. 멍게는 연중 생산할 수 없다. 수확 끝나는 5~6월 이후에는 일손이 많이 필요치 않다.

그렇다고 한가한 것도 아니다. 새로운 종묘를 계속 줄에 부착해야 한다. 기온이 오르면 더 깊은 바다로 집어넣었다가, 또 나중에는 적정한 수온에 맞춰 도로 끌어올려야 한다. 한 곳에만 모아 두면 집단 폐사 가능성이 있어 여기저기 흩어 놓기도 한다. 그나마 위험률을 분산하는 전략이다. 30년간 하는 일이지만 지겨울 틈은 없다.

"그래도 이 일이 매력 있어요. 2년간 기다린 놈들을 수확할 때 그 반가움은 이루 말할 수 없죠. 멍게는 보면 볼수록 매력적이에요. 자연을 그대로 받아들이니까요. 오늘도 소주 한잔 할 건데 젓가락질을 멍게에 제일 먼저 할 것 같아요."

음식 이야기

통영 사람들 "날것으로 먹는 게 최고"

멍게와 비빔밥이 만날 수 있었던 지난 시간은 어렵지 않게 그려진다. 이곳 사람들이 흔하디흔한 멍게를 회로만 먹는 것에 그칠 리 없었다. 잘게 썰어 밥 위에 얹고, 고추장으로 비비기만 하면 되니 간편했다. 그 맛이 일품이었던 것은 물론이었다. 늘 먹으면 귀한 맛을 모르는 법이다. 의미 있는 날, 손님 찾는 날, 그리고 입맛 떨어질 때 먹던 별미였다. 그렇게 밥상 위에 오르던 것이 집 안에만 머물지 않았다. 1980년대 해산물 내놓는 식당에서도 조금씩 선보였다고 한다. 본격적으로 그 이름 알려진 것은 2000년대 이후부터였다고 한다. 오늘날은 외지 사람들이 더 유난을 떤다. 이곳 사람들은 다음과 같은 분위기를 전한다.

"우리도 먹기는 하지. 그래도 멍게비빔밥 찾는 사람 대부분은 관광객이지."

멍게비빔밥은 이웃 거제에서도 유명세를 치른다. 방송에 자주 등장한 거제 어느 전문식당에는 전국에서 발길이 몰린다. 통영 사람들로서는 자존심 상할 만도 하다. 몇 년 전 '통영 멍게수협 추천 전문식당 1호점'이 들어섰다는 것은 그러한 분위기를 반영한다.

그런데 멍게비빔밥은 통영에서 귀한 대접까지는 못 받는다. 시에서
홍보용으로 만든 '맛 책자'가 있다. 다른 메뉴와 달리 '멍게비빔밥'은
별다른 설명을 달고 있지 않다. 들여다보면 그럴 까닭이 있다.

통영은 이것 아니라도 먹을거리가 넘쳐흐른다. 해산물 천국답게 계
절별 음식은 기본이다. 봄에는 도다리쑥국, 여름에는 갯장어회, 가을
에는 전어회, 겨울에는 물메기탕이 있다. 충무김밥을 비롯해 우짜·
꿀빵·빼떼기죽·시래깃국·다찌 같이 특화된 음식도 여럿이다.

어떤 이들은 통영 멍게비빔밥을 상품화해야 한다고 말한다. 전주비
빔밥 못지않은 통영 대표 음식이 될 수 있다는 것이다. 하지만 먹을

거리 풍성한 이 지역에서 그리 깊이 있는 고민으로 다가가지는 않는 듯하다.

멍게비빔밥에 익숙하지 않은 이들은 젓갈을 사용하는 것으로 생각하기도 한다. 그 정도는 아니더라도 소금에 숙성해 그 맛을 더하기도 한다. 그래도 이곳 사람들은 생멍게를 추천한다. 날것을 잘게 썰어 새싹·김·오이·피망을 넣고, 참기름·깨·소금·다진 청양고추를 버무려 먹는 식이다. 더러는 고유 맛을 해친다며 김·깨는 넣지 않기도 한다.

이곳 사람들은 멍게를 막걸리 안주로도 많이 찾는다. 막걸리 한 사발 기울이고 멍게 한 입 넣으면, 상큼한 향이 입안 가득 배는 것이 그리 좋을 수 없다는 것이다. 다음 날 숙취가 전혀 없을 정도란다. 이 때문에 안주 아니라 아예 술로 만들어 보려는 노력도 있었다. 멍게는 그 특유 향이 있다. 알코올 성분 때문이다. 이러한 멍게가 막걸리와 합쳐지니 '알코올'끼리 만남인 셈이다. 그렇기 때문에 어울리는 듯하면서도 오히려 상극이기도 하다. 서로 부딪치면서 알코올 성분이 동시에 빠져나가는 탓이다.

그럼에도 강평호(59) 씨는 멍게막걸리, '멍탁' 개발에 힘을 쏟았다.

"막걸리 한잔 할 때 안주로 애용했죠. 환상적인 궁합입니다. 그러다
보니 막걸리와 멍게를 합쳐보고 싶다는 생각이 번뜩 들었어요."

그렇게 시작된 '멍탁'은 3년간 노력 끝에 마침내 완성됐다. 특허까지
받았다. 하지만 비싼 원재료, 여름에는 냉동품을 사용해야 한다는
걸림돌 때문에 상품으로 연결하지는 못했다.

멍게를 놓고 이곳 사람들은 종종 이렇게 말한다.

"통영에서 나는 것이라도 외지에서 먹으면 그 맛이 안 나죠. 멍게가
얼마나 민감한 놈인데…. 옮겨지는 과정이 아무리 좋아졌다 하더라
도 그 맛 그대로일 리는 없어요."

또 덧붙여지는 말이 있다.

"다양한 멍게음식이 있지만 날것 그대로를 넘어설 수 없죠."

그래서 이 지역에서는 이렇게 압축한다. '멍게는 주산지 통영에서 날
것으로 먹는 게 최고다.'

겨울 5도 이상·여름 24도 이하에서 양식

멍게양식은 '봉'이라 불리는 길이 5m가량 되는 줄에 유생을 붙이는 것에서 시작한다. 이를 수심 7~15m 아래에 둔다. 2년간 겨울 5도 이상, 여름 24도 이하인 곳으로 번갈아 옮겨주며 성장을 이어가게끔 한다. 긴 기다림을 끝내고 정상적으로 자란 것만 양식장에서 꺼낸다. 그리고 배에 매달아 작업장으로 옮긴다.

그렇다고 그날 바로 작업하는 것은 아니다. 물속에 하루 더 담가둔다. 다음 날 작업량을 준비해 놓는 의미도 있지만, 단지 그것만은 아니다. 고요한 양식장에만 있던 멍게가 작업장으로 이동하면 자극을 받는다. 그러면 몸속에 차고 있던 배설물을 토해낸다. 배설물이 섞이면 상품성이 떨어지기에, 하루 정도 물에 두며 다 토해내도록 하는 것이다.

하루 묵혀둔 멍게를 작업장 위로 끌어올린다. 이때부터 작업장은 활력이 넘친다. 줄에 붙은 멍게를 떼낸 후 바닷물로 씻는다. 샤워한 멍게는 붉은색을 좀 더 선명히 드러낸다.

작업하는 이들은 그 다음으로 작은 것과 큰 것을 선별한다. 주로 냉동용으로 사용되는 작은 것은 껍질을 벗긴다. 그리고 그날 오후 멍

게수협 경매를 통해 팔려나간다.

껍질을 벗기지 않은 튼실한 것들은 소비자와 일부 직거래하기도 한
다. 인터넷 주문 같은 수단을 통해서인데, 그렇게 나가는 물량은 그
리 많지는 않다. 대부분 소매인에게 넘기는 식이다.

두세 번 과정을 거친 물건은 횟집 수족관, 백화점·마트, 전통시장
같은 곳을 통해 밥상에 오른다. 멍게 1kg이면 보통 8~9개 정도 된다
고 보면 되겠다.

멍게의 성분 및 효능

"안주로 먹으면 숙취가 없어"

멍게는 수분이 75%가량 되며 단백질이 10% 정도다. 지방질이 많지 않아 해삼·해파리와 함께 '3대 저열량 수산물'에 이름 올리고 있다. 멍게 맛을 높이는 것은 전체 성분 가운데 12%가량 되는 글리코겐이다. 수온이 낮을 때보다는 높을 때인 초여름에 그 맛이 좋은데, 글리코겐 함량이 겨울 때보다 7배가량 많아지기 때문이다. 이 성분은 맛뿐만 아니라 감기·천식을 없애는 데도 역할을 한다고 한다.

멍게는 입과 코를 휘감는 특유의 향이 있다. 이는 신티올Cynthiol이라는 휘발성 알코올 때문이다. 이 성분은 숙취 해소에 도움 준다고 한다. 통영 사람들이 "멍게를 안주 삼으면 다음 날 머리 아플 일이 없다"는 말이 허투루 들리지 않는다.

멍게에는 수산물에서 찾아보기 어려운 바나듐이라는 성분도 있어 당뇨에 효과 있다고 한다. 일본에서는 치매예방에 좋다는 연구 결과도 나왔으니 팔방미인이 따로 없다.

유럽에서는 멍게 난자·정자가 사람 것과 비슷하다는 것에서 출발해, 불임 남성 정자에 단백질 결함이 있다는 것을 밝혀내기도 했다.

멍게껍질도 화려한 모양새를 자랑하는 것에 그치지 않는다. 지난 2011년 멍게샴푸가 개발됐다. 탈모방지용이다. 멍게껍질에 포함된 '콘드로이틴 황산'이라는 성분을 이용한 것인데, 동물 실험 결과 탈모 방지 효과가 있는 것으로 나타났다고 한다.

좋은 멍게 고르는 법

껍질 붉고 촉촉할수록 신선

멍게는 눈으로 봤을 때 껍질 색깔이 깨끗해야 한다. 붉은색이 선명할수록 잘 자란 것이라고 보면 된다. 껍질이 마르지 않고 촉촉한 수분이 골고루 느껴지는 것이 좋다.

속살은 맑은 주황색이 도톰하게 자리하고 있는지 따져 보면 되겠다. 향은 특유의 신선한 느낌이 전해져야겠다. 향은 멍게를 멍게답게 하지만, 꼭 좋고 나쁨의 가늠자가 되지는 않는다. 유통 과정에서 변질해 그 향이 짙어지기도 하기 때문이다.

촉감으로도 싱싱한 것인지 판단할 수 있다. 멍게껍질을 만졌을 때 단단한 것이 건강한 놈이라 보면 되겠다.

멍게는 여름날 생산되지 않기에 냉동으로 1년 내내 먹는다. 냉동한다고 해서 그 맛이 꼭 떨어지는 것은 아니다. 잘 보관하기만 하면 그 향이 유지되고, 쫄깃함도 더해질 수 있다. 그러려면 제철인 4~5월 것을 냉동하는 것이 가장 좋다.

껍질을 세로로 길게 자른 후 귤껍질 까듯이 돌리면 속살이 분리된다. 내장을 떼고 가볍게 한번 헹궈야 하는데, 씻으려는 마음이 과하면 그 향이 사라진다. 간혹 속살에 새우처럼 생긴 생물이 붙어있기도 한데, 해로운 것은 아니라고 하니 물로 씻어내면 되겠다. 이렇게 한 것을 비닐에 말아 냉동하면 1년 내내 그 맛을 볼 수 있다.

냉장 보관을 하루 이상 하면 맛이 떨어지는 건 어쩔 수 없다.

안고 있는 고민

~~~~~

자연이 좀 더 넉넉한 아량 베풀어 주길…

멍게 양식 어민에게 공포로 다가오는 단어가 있다. '물렁증'이다. 1994년 동해안에서 퍼지기 시작해 10년 전부터는 남해안 일대로 확산했다. 남해안 전체 어장은 이 때문에 연간 400억 원 넘는 피해를 보았다.

껍질이 말 그대로 물렁물렁해지다 결국 터지면서 폐사하는 병이다. 그 원인을 알 수 없었으니 더 답답한 노릇이었다. 세균·외부 바이러스 같은 것이 이유일 것이라는 추측만 있을 뿐이었다. 원인을 밝히기 위해 찾은 애꿎은 학자들에게 어민들은 싫은 소리를 할 수밖에 없었다. 그러던 것이 2012년 말 기생충 탓이라는 것이 밝혀졌다. 예방할 방법이 특허출원되기도 했다.

통영 멍게는 보통 2월경 첫 수확을 하고 초매식도 연다. 경우에 따라서는 3월에 하기도 한다. 전해에 태풍이 많으면 바다 위쪽·아래쪽 수온 구분이 없게 된다. 여름에는 좀 더 낮은 수온을 찾아 아래쪽으로 옮겨두는데, 그 의미가 사라지는 것이다.

수산 기관에서는 이러한 외부 환경에 버틸 수 있는 종묘 개량에 나서고 있다. 또한 연중 생산 가능한 것에도 지혜를 짜내고 있다.

그래도 어민들은 그러한 것보다는 자연이 좀 더 넉넉한 아량을 베풀어 주는 것에 더 기대려는 마음이다.

자연산·양식 구분 무의미

수산물을 두고 일반적으로 중요히 따지는 것이 있다. '자연산'이냐, 아니면 '양식'이냐에 따라 그 대접도 달라진다. 어디에서 자란 것인 지는 뒤로하고 '자연산' 자체에 집착하는 분위기다.

그 기준을 들이대면 멍게는 좀 억울하다. 멍게 소비량 가운데 90% 이상은 양식이다. 하지만, 자연산·양식을 구분하는 것이 무의미하다. 양식을 한다고 해서 먹이를 주는 것도 아니다. 멍게는 플랑크톤을 알아서 받아들인다. 병에 걸렸다고 해서 약품을 치는 것도 아니다. 자연산과 마찬가지로 그냥 다 자랄 때까지 내내 바다에 둘 수밖에 없다. 맛에서도 자연산·양식, 어느 것이 더하거나 덜하지 않다.

흔히 '통영 멍게'가 전국 생산량 가운데 70% 이상을 차지한다고 한다. 인근 거제 사람들이 들으면 섭섭할 말이다. 정확히 말하면 통영· 거제 바다에서 나는 것이 그렇다는 것이다.

통영 바다에서 거제 사람들이, 반대로 거제 바다에서 통영 사람들이 생산한 것이 뒤섞여 있다. 군이 따져 양식업 하는 이, 각 지역 수협에 신고된 생산량 같은 것을 종합하면 3분의 2 정도 되는 통영 쪽에 무게가 쏠린다. 통영·거제 생산물 구분이 모호한 상황에서 더 많은 쪽에 몰아서 이름 붙인 셈이다.

그곳에서 만난 사람

전문식당 '멍게가' **이상희** 사장

통영에서 멍게는 흔하디흔하다. 웬만한 식당에서는 기본 밑반찬으로 내놓는다. 멍게비빔밥으로 입소문 난 곳도 제법 된다. 그런데 이상한 일이다. 멍게만 전문으로 하는 식당은 찾기 어렵다. 이유가 있다. 멍게 하나만 하는 것보다 다른 해산물 요리를 함께하는 것이 장사에 더 도움되기 때문이다. 그런데 2012년 이 지역 항남동 쪽에 '멍게가'라는 간판을 내건 전문식당이 들어섰다. '멍게수협 추천 전문식당 1호점'이다.

이상희(52) 사장은 이 식당을 열기 위해 꽤 긴 시간을 바쳤다.

"이전부터 꾸준히 음식 연구를 해왔죠. 교방전문음식 등 이런저런 식당도 했고요. 우연히 어느 방송사 제안으로 멍게 음식 프로그램을 찍게 되었죠. 그 이후 멍게수협에서 전문식당을 열어보라고 권유했죠. 사실 사업적인 측면에서는 반신반의했죠. 그래도 장기적으로는 해볼 만하다는 생각이 들어 아내 반대를 무릅쓰고 하기로 했죠."

결심이 굳었다고 바로 행동에 옮기는 이 사장은 아니다. 각종 메뉴 개발에 심혈을 기울인 시간만 1년이었다.

메뉴판에는 멍게비빔밥뿐만 아니라 멍게샐러드·멍게찜·멍게전·멍게 김밥·멍게국수·멍게냉면 같은 것이 적혀 있다.

"사실 멍게는 그 본연의 맛이 가장 좋죠. 그걸 변형해서 하려니, 쉽 지는 않죠. 작업실이 따로 있어서 계속 연구하고 있습니다. 멍게로 막걸리도 빚어서 지인들 오면 내놓고 그럽니다."

타지 사람인 그가 통영에 정착한 지는 30년 넘었다. 그에게 멍게는

좀 특별나다.

"제가 원래 해산물을 좋아했어요. 그런데 8년 전 위암 말기 판정을 받았죠. 병원에서 날로는 먹지 말라고 하데요. 그래도 먹고는 싶으니 어떡해요. 해산물을 주로 된장찌개에 넣거나 익혀서 엄청나게 먹었어요. 그 가운데 멍게가 특히 많았죠. 암 발병한 지 5년 지났으니 완치된 거죠. 의학적으로는 모르겠지만, 멍게 덕을 봤다고 믿고 있습니다. 하하하."

멍게 요리를 맛볼 수 있는 ^{추천}식당

멍게가

멍게비빔밥, 멍게덮밥, 멍게된장찌개, 멍게김밥, 멍게초밥, 멍게국수, 멍게냉면, 멍게물회, 멍게불고기, 멍게피자, 멍게스프, 멍게떡볶이

통영시 동충4길 25/055-644-7774

원조밀물식당

멍게비빔밥, 멍게전골

통영시 항남1길 19/055-643-2777

대풍관

멍게비빔밥, A코스(멍게비빔밥·해물된장찌개·해물모둠찜·굴숙회무침·굴해물전·굴탕수육), B코스(멍게비빔밥·해물된장찌개·굴해물전·굴탕수육·굴소고기전골·굴숙회무침), C코스(멍게비빔밥·해물된장찌개·굴해물전·굴숙회무침)

통영시 해송정1길 19/055-644-4446

남
해
마
늘

환웅은 왜 웅녀에게 마늘을 먹였을까,
독한 향과 맛에 담긴 매운 인생 알았을까

그 옛날,
웅녀는 마늘을 먹었다. 마늘을 먹고 여성이 된 웅녀는 단군을 낳았다.
마늘은 우리 민족의 단군신화를 탄생시켰다.

오늘,
남해 아낙들은 마늘을 키운다.
1년 365일 마늘밭에서 인생을 보낸다.
종자를 심고, 비닐을 씌우고, 싹을 틔우고, 쫑을 뽑고, 수확을 하고,
그리고 다시 마늘 종자를 만들고….
마늘이 땅과 하늘의 기운을 받아 제대로 자랄 수 있도록
일일이 손으로 쓰다듬으며 보살피는 아낙들의 손길은
자식을 기를 때와 다르지 않다.
10개월 동안 뱃속에서 품은 자식을 낳아
그 자식이 걸음마를 떼고 말을 하고

제 앞가림 할 수 있을 때까지
온갖 정성으로 길러 내는 어머니와 같다.
그 옛날 마늘을 먹고 단군 신화를 탄생시킨 웅녀의 기운이
오늘날 마늘을 일구는 남해 아낙들에게로 이어진다.

일해백리一害百利,
마늘을 두고 일해백리라 말한다.
'마늘냄새 빼고는 백 가지가 이롭다'는 얘기다.
남해 사람들에게도 마늘은 일해백리였다.
한평생을 마늘밭에서 일하느라 허리는 비록 구부러졌지만
남해 사람들에게 마늘은 삶을 지탱해 준 힘이었다.
척박한 땅에서도 자식을 대학까지 교육할 수 있었던 배짱이요,
생계를 이끌어 갈 수 있는 밑천이었다.

5월 중순부터 6월 초까지 남해는 마늘 수확으로 분주하다.
남해대교를 건너는 순간,
미풍에 실려 오는 마늘 냄새가 코끝을 자극한다.
그렇다고 얼굴 찡그릴 일은 아니다.
마늘 논·밭에서 매운 냄새가 진동하는 이유,
남해 사람들의 매운 인생이 담겨있기 때문인지도 모른다.

마늘이 특산물 된 배경

넉넉한 땅 없어도 온화한 기후 덕에 이모작 가능

마늘이 남해에 언제 들어왔는지에 대한 기록은 정확하지 않다. 단지 이곳 사람들은 "사람 살기 시작한 선사시대부터였을 것"이라고 두루 뭉술하게 말한다.

남해는 1970년대 중반까지 재래종을 키웠다. 하지만 생산성이 크게 없었다. 스스로 먹을 양념용이었지, 내다 팔 정도는 아니었다. 1970년대 후반, 농촌진흥청이 나서 중국 상해에서 새로운 종을 들여왔다. 오늘날 남해에서 재배하는 난지형 남도마늘이다. 시험기가 끝난 1983년에 남해군에도 널리 보급됐다. 중국 상해와 기후가 비슷하고, 토질도 맞았다. 기존 재래종은 밭에서만 할 수 있었지만, 남도마늘은 논에서도 가능했다. 소득 작물로 본격적으로 발돋움한 것이다.

남해 사람들은 억척스럽다. 자연이 그렇게 만들었다. '가천 다랑이'가 잘 말해준다. 45도 기울어진 가파른 곳에 108계단·680개 논밭이 자리하고 있다. 너른 들판을 가질 수 없었던 섬사람들이 빚은 어쩔 수 없는 결과물이다. 그 억척스러움은 마을과 연결된다. 얼마 되지 않는 땅에서 벼농사만 할 수는 없는 노릇이었다. 자연은 넉넉한 땅은 내놓지 않았지만, 온화한 기후는 선사했다. 이모작이 가능했다. 벼 수확한 겨울 땅에 보리·밀 같은 것을 심었다. 1980년대 들어 남도마늘이 들어오자 그냥 있을 리 없었다. 소득이 되겠다 싶었다. 보리·밀 대신 마늘 씨를 뿌렸다. 그렇게 사람·자연이 함께 만들어낸 것이 오늘날 남해 마을이다.

남해 가천 다랭이 마을.

마늘농사는 잔손 갈 일이 많다. 그래서 여인네들 일 몫도 많았다. 하루 내내 마늘과 씨름하다 해질 무렵 흙 묻힌 채 돌아와 저녁밥상을 차렸다. 살림살이 아닌 마늘 농사일로 옆집 며느리와 비교당하는 것도 받아들였다. 파종·수확 철에는 가족 모두 달라붙어야 했다. 아이들이라고 예외는 없었다. 고사리손도 훌륭한 보탬이 됐다. 남해 여인들은 어릴 적부터 이 고된 경험을 했다. '마늘 농사 싫어 외지로 시집가려 했다'는 말이 허투루 들리지 않는다. 설령 바깥으로 시집간다 하더라도 완전히 벗어나는 것은 아니었다. 5월 8일 어버이날은 마늘종 뽑을 즈음이다. 어른들께 인사만 드리고 올 수 없는 노릇이었다. 함께 팔을 걷어붙였다. 20일 후 수확 철이 되면 또 한 번 일손 보태러 오기도 했다.

남해 마늘은 지난 2007년 지리적표시제에 등록했다. 지리적 환경이 적지 않은 영향을 끼쳤다는 의미다. 군에서는 '해풍을 먹고 자란 마늘'을 강조한다. 바닷바람에 실린 나트륨이 양분 이동을 돕고, 맛·때깔을 높인다는 것이다. 하지만 직접적인 영향보다는, 해풍이 공기를 맑게 해주는 덕이라고 이해하면 되겠다. 그래도 육지보다는 해안가가 유리한 것은 사실이다. 파도에 반사된 햇빛이 마늘에 골고루 전해지기 때문이다.

최근에는 '흑마늘'이 입에 자주 오른다. 흑마늘은 적정 습도, 높은 온도에서 1~2주간 숙성한 것이다. 탄 것처럼 보이지만 그렇지 않다. 열을 받은 당·아미노산이 검은색 물질을 만들어내기 때문이다. 특유 냄새는 사라지고, 새콤달콤한 맛을 낸다. 생마늘 성분 그대로를 더 쉽게 섭취할 수 있는 것이다. 흑마늘은 2000년대 중반, 일본서 우리나라로 건너왔다. 이를 본 재주 좋은 남해 사람들이 전국 최초로 상품화한 것이다. 흑마늘은 간식 삼아 먹을 수 있는 기호품으로 주목받고 있다. 이를 진액으로 만들어 마시기도 한다.

하지만 흑마늘을 잘 아는 이들은 "진액으로 먹으면 그 성분이 10%가량밖에 남지 않는다"고 귀띔한다.

마늘 역사를 들춰보면 '힘을 솟게 하는 음식'으로 연결된다. 기원전 2500년경 이집트 피라미드에 마늘 흔적이 존재한다. 동원된 노예들에게 나눠 준 마늘양이 벽면에 기록돼 있다. 일꾼들은 마늘을 먹고서 40도 넘는 더위와 고된 작업을 근근이 견뎌낸 것이다. 고대 그리스에서는 마라톤 선수들이 마늘을 먹으며 뛰었다고 한다. 알렉산더 대왕은 마늘을 나눠줘 군사들 힘을 끌어올렸다고도 한다. '약용'에 대한 기록도 오래전으로 거슬러 간다. 기원전 1150년, 심장병·두통·상처 등에 활용한 처방 기록이 전해진다.

우리나라에서는 '영험함'을 담고 있다. 단군 신화에서 곰을 사람으로 바꾸는 신통한 능력을 마늘에 부여했다. 예로부터 마늘은 잡귀 쫓는 데 사용했다. 독한 맛과 강한 냄새가 이러한 의미를 담는데 한 몫했을 것이다. 악귀 쫓는 것에 대한 믿음은 서양도 마찬가지다. 유럽 신화에는 마늘로 마녀·흡혈귀를 물리치는 것을 묘사하고 있다. 불교에서는 마늘을 날로 먹으면 분노가 커지고, 익혀 먹으면 음란한 마음이 일어난다 하여 금기시하기도 한다.

오늘날과 같은 재배 마늘은 기원전 150년경 중국 한나라 때부터라 전해진다. 이후 인도 대륙, 지중해를 거쳐 16세기경 아메리카 대륙으로 이어졌다. 재배마늘이 우리나라에 언제 도입되었는지에 대한 기록은 남아 있지 않다. 삼국사기에 언급된 것을

근거로 통일신라가 당나라를 통해 들어온 것으로 추측한다. 이때는 일부 귀족이 약용으로 사용한 정도였다. 천연두가 유행할 때 빻아서 몸에 바르기도 했다지만, 이 또한 널리 이용한 것은 아니다. 서민들도 쉽게 접한 것은 결국 밥상 위에 오르는 용도가 되면서부터다. 그 시기는 양념김치가 널리 퍼진 약 100여 년 전이라는 이야기가 있다. 일제강점기에는 마늘도 천대받았다. 일제 눈에 단군신화가 얽힌 마늘이 곱게 보일 리 없었다. 마늘 먹은 이에게는 냄새를 이유로 멸시했다고 한다.

마늘은 백합과 식물로 원산지는 중앙아시아다. 그 종류는 크게 난지형과 한지형으로 나뉜다. 말 그대로 난지형은 남해·제주·전남 해남과 같이 따뜻한 곳에서 재배되는 것으로 마늘종이 긴 편이다. 한지형은 경북 의성·충남 서산과 같이 내륙 중부지방에 적용된 종으로 뿌리 내림이나 싹트는 기간이 상대적으로 늦다.

이름에 대한 배경은 여러 가지 설이 있다. 몽골어 '만끼르Manggir'에서 'gg'가 떨어져 '마닐Manir' '마늘'로 됐다는 것이다. 또한 19세기 음식고서인 〈명물가락〉에서는 '맛이 매우 맵다 하여 맹랄이라 하다 마랄·마늘로 되었다'고 풀이하고 있다.

마늘 효능에 관한 이야기는 수없이 많다. 옛 문헌에도 자주 등장한다. 〈동의보감〉은 마늘에 대해 '오장육부를 튼튼하게 하고 종양을 없애며 복통·냉통·급체를 다스린다'고 설명하고 있다. 마늘과 수명 연관성은 흥미롭다. 국내 한 대학은 '마늘 주산지와 장수지역은 상관관계가 있다'는 결론을 내렸다. 100명당 75세 이상 노인 비율을 따져보니 5위 남해를 비롯해 장수지역 상위권에 오른 곳 대부분은 마늘 주산지였다고 한다.

마늘농사 45년 **김춘길** 씨

심고 뽑고 다듬고 고르고…1년 내내 허리 펼 새 없다

남해군 남면 죽전리 양지마을. 김춘길(71) 씨는 잠시 일손을 놓고 나무 아래 그늘로 들어온다. 비 내린 다음 날이라 햇빛이 제법 따갑다. 물 대신 소주로 목을 축인다. 그리고는 아직 반쯤 더 수확해야 하는 마늘을 내려본다.

김 씨는 8264㎡ ^{2500평}가량 되는 땅에서 마늘농사를 한다. 3305㎡ ^{1000} ^{평} 이상이면 크게 하는 편이니, 만만치 않은 규모다. 고향 땅 남해에서 마늘과 씨름한 세월이 벌써 45년 가까이 된다.

"군대 제대하고 서울에 몇 년 간 있다가 고향에 왔어. 장남이니까 부모님 모시러 들어온 거야. 집에서는 예전부터 마늘농사를 했거든. 자연스레 물려받게 된 거지. 그때는 재래종이었고, 남도마늘이 들어와 소득 작물화 되기 이전이었어. 재래종은 아마 15년 전 즈음에 거의 다 사라졌을 거야."

어느 품목이나 그러하지만, 마늘농사 역시 땅 일구는 것이 중요했다.

"퇴비·비료를 잘 줘서 마늘이 되게끔 땅을 만들어야지. 너무 과하면 땅이 죽기에 적당히 넣어야 하고…. 몇 년 동안 안 되던 땅도 그렇게 노력해 가며 만들어 가는 거야. 나는 처음엔 잘 몰라서 뭐, 어른들 시키는 대로 배워가면서 했고…"

가끔 큰 비가 내려 배수가 안 되는 통에 망친 적도 있지만, 꾸준히 괜찮은 편이었다. 자식들 교육비 걱정 없을 정도는 됐다. 1990년대 말, 큰 손해를 본 적이 있기는 하다.

"마늘농사 하면서 중매인도 했었거든. 수매한 것을 대량 저장해 뒀는데, 갑자기 값이 내려가는 바람에 손해를 많이 봤지. 그 전에는 돈에 구애받지 않는데, 그 일로 지금까지 고생하고 있네."

3년 전부터는 남해 내에서 처음으로 '유황마늘'을 하고 있다.

"예전부터 황토에서 나는 식물은 약이라고 했어. 황토에는 유황이 많거든. 유황마늘은 황토에서 자란 것과 같게 만드는 것이 목적이야. 땅을 그렇게 만드는 것이 아니고, 황토에서 자란 놈들처럼 그러한 성분을 마늘에 뿌려주는 거지. 특별히 돈 많이 들어가는 건 아니고, 노력과 정성을 많이 쏟아야 해. 그래도 일반 마늘보다 값을 좀 더 받을 수는 있어."

김 씨는 300명 넘는 이들과 직거래한다. 단골손님인 셈이다. 수첩에는 그 명단이 빼곡히 적혀 있다. 농사일 할 때도 이 수첩과 휴대전화는 늘 몸에 지니고 있다. 언제 주문 전화가 올지 모르기 때문이다. 최근에는 인터넷 홈페이지도 만들었다.

대개 농협 경매를 통해 처리하지만, 김 씨는 조금이라도 유통차액을

줄이고 제값을 받기 위해 직거래를 택했다.

"외국산이 들어오면서 가격이 맞지 않아 마늘농사도 어려워졌어. 늘 가격 때문에 걱정이지. 말린 걸 기준으로 kg당 5000원씩만 받으면 마늘 하는 사람들이 신나서 일하지. 마늘은 사과보다 당도가 높아. 그런데 매운맛이 강해서 그 맛을 잘 모르는 거지. 특히 남해 것은 다른 지역보다 당도가 2~3도 더 많아. 동에서도, 서에서도, 사방에서 바닷바람이 불어서 그런 거야."

김 씨와 45년간 마늘농사를 함께한 이가 아내 최순자(70) 씨다. 아내는 결혼 전 궂은일 한번 안 해 본 서울 여자다.

"부모님께서 많이 반대했지. 그 당시 촌은 모시도 잘 삼고, 베도 잘 짜는 사람이 필요했지, 다른 건 보지도 않았어. 그게 큰 며느릿감이지. 남해 여자들이 일 잘하는데, 도시 사람 반가울 리 있나. 그래서 뭐 눈물로 빌어서 겨우 승낙을 받았지."

어쩔 수 없이 따라온 아내는 처음에 고생 좀 했다. 시어머니한테 일 배우면서 눈물이 쏙 빠지도록 구박을 받았다. 그래도 일머리가 있었다. 농사일도 마찬가지였다. 눈썰미가 있어 옆에서 하는 것을 보면 금방 따라 했다. 일 욕심도 많아 남들보다 뒤처지지 않으려 했다.

김 씨는 아내 이야기를 하면서 흐뭇한 미소를 지었다.

"나중에는 뭐, 시어머니보다 일을 더 잘하더만. 내가 잘 가르쳐서 그런 거지, 허허허."

마늘농사는 늘 일손이 부족해 걱정이다. 남해는 유대관계가 끈끈하다. '뭉쳐야 산다'는 말이 잘 통하는 곳이다. 각 지역 향우회에서는 수확 철 고향을 찾아 일손을 보탠다. 이제는 예전만은 못하다. 대학생 농촌봉사활동도 마찬가지다. 돈 주고 아낙네들을 쓸 수밖에 없는

데, 일당을 높이 쳐주지 못하니 사람 구하는 것도 쉬운 일이 아니다.

"요즘은 대민 지원도 별로 없어. 대학생들도 일당 주고 써. 보통은 3만 원이고, 일 좀 잘하면 5만 원은 주지. 이번 주말에 학생들이 올지 모르겠어. 촌에 있는 여자들 쓰려면 5만~6만 원은 줘야 하거든. 그것도 일당 적다고 안 하려해. 일손 없어도 어떻게든 해야지."

자녀는 모두 넷이다. 모두 외지 나가 있다.

"가끔 와서 일손을 보태기도 해. 얻어먹으려면 그렇게 해야지."

휴대전화 벨이 울렸다. 통화를 마친 김 씨 얼굴이 썩 편치 않았다.

"대학생 40명이 와서 어제 우리 마을회관에서 잤거든. 그런데 그중에서 반은 다른 마을로 가서 일 돕는다고 그러네. 그러니 우리 마을 사람들이 지금 화가 좀 나 있는 거야."

김 씨는 소주 한 모금을 들이켰다. 1.5리터 페트병 소주를 늘 나무에 둔다.

"이거 안 마시면 허리 아파 일 못해. 이게 곧 약이야. 술힘으로 일하는 거지. 젊을 때는 생생했는데, 이제 나이 드니 어쩔 수 없는 거야. 그래도 우리는 뼈가 단련돼 있어 어떻게든 하는데, 젊은 사람들은 조금만 일해도 허리가 불편하지."

보름 내에 마을을 모두 정리해야 벼농사에 들어갈 수 있다.

"모 심고 나면 마늘 판매에 신경 써야 하거든. 9~10월까지는 다 팔아야. 그러면 또 그다음부터는 마늘 파종해야 하고…. 농한기가 없는 거지. 특히 마늘은 농사일 중에서 제일 힘들어. 심고, 뽑고, 절단하고, 다듬고, 선별하고…. 노력한 만큼 대가가 나와야 할 텐데…. 남해에서 마늘은 계속 이어져야 하는데, 지금은 젊은 사람도 없고, 소득도 별로라서 걱정이 많네."

마늘에서 손 떼는 남해 사람들이 늘고 있다.

일손이 부족해서다.

마늘밭에서 부지런히 일하고 있는 사람들은

허리가 굽은 노인들이다.

음식 이야기

해풍 먹고 자란 마늘 '밥상의 주연' 꿈꾸다

남해 사람들에게 마늘은 특별하다. 오래전 좁은 땅 위에 많은 사람이 모여 살다 보니 넉넉한 삶을 기대하긴 어려웠다. 부지런히 먹고살 길을 찾아야 했기에 한시도 땅을 놀릴 틈이 없었다. 자연스레 벼를 수확한 뒤면 논에 마늘을 심었다. 다행히 따뜻한 겨울과 서늘한 여름 기후가 한몫했다. 사면이 바다로 둘러싸인 지리적 특성도 힘을 보탰다. 주민들은 마늘 농사에 힘을 실었다.

아이들에게는 간식거리도 생겼다. 이른 아침 어른들은 소죽을 끓이고 남은 재에 마늘 한두 톨씩을 던져줬다. 다 익으면 꺼내 까먹는 맛이 기가 막혔다. 돌이켜보면 보약이나 다름없었다. 이윽고 '해풍을 먹고 자랐다'는 수식어가 붙었다. 어느새 마늘 농사를 지으며 기울어진 가세를 일으켜 세웠다는 이야기도 여럿 생겼다.

이 기특한 마늘이 식탁 앞에서는 또 다르다. 딱히 특별할 게 없다. '남해에서 즐겨 먹는 마늘 음식'을 물어봐도 묵묵부답이다. 한참을

生각해보다가도 슬쩍 고개를 갸우뚱한다. 그러다가 이내 "마늘이 안 들어가는 음식이 어디 있겠느냐"며 반문한다. 지극히 일상적이지만 없어서는 안 될 것이 바로 마늘이다.

예전부터 마늘은 '밥상의 조연' 역할을 톡톡히 해왔다. 향신료·양념·반찬 등으로 널리 이용되며 가치를 뽐냈다. 우리나라에서 마늘은 고춧가루, 파와 함께 식생활에 빠지지 않는 '3대 양념' 중 하나이기도 하다. 당장 밥상을 들여다보면 마늘이 빠진 음식을 찾기 어려울 정도다. 물론 온전한 제 모습을 드러낸 경우는 드물다. 볶고, 굽고, 다지는 등 저마다 다른 모습으로 밥상을 채운다. 그래서 남해 사람들도 마늘 음식에 대해서는 유난 떨지 않는다. 효능과 맛에 대해서는 신나게 이야기하다가도 음식 이야기에서는 한발 물러선다. 대신 한 입 모아 "마늘은 버릴 게 없다"고 전한다. 뒤에서는 부지런하고 앞에서는 수줍은 듯 제 모습을 감추는 것이 이곳 사람들을 똑 닮았다.

마늘은 생것 그대로 먹기도 하고 뿌리의 비늘줄기와 연한 잎, 마늘종도 양념을 해서 먹는다. 풋마늘은 연하면 잎이 붙은 채로 된장이나 고추장에 찍어 먹기도 하지만 썰어서 된장찌개에 넣거나, 쇠고기와 번갈아 꼬치에 꿰어 산적을 만들기도 한다. 고기 요리에도 빠지지 않는다. 마늘은 고기 비린내를 없애주고 맛을 좋게 하는데 탁월하다. 또 함께 먹으면 단백질을 응고시켜 위에 대한 자극을 가볍게해 소화를 돕는다. '마늘 쌈'이 괜히 나온 게 아니다.

봄철 남해에서는 마늘종이 나온다. 마늘종은 장아찌, 김치로 만들어 먹을 수 있다. 이 중 마늘종김치는 갓 뽑은 마늘종을 썰어 소금에 절이고서 고춧가루를 넣고 버무린 것이다. 여기에 참기름을 뿌려주면 참기름의 고소함과 마늘종김치의 매콤함이 잘 어울려 기막힌 맛을 낸다. 그 맛에 마늘종을 찾는 사람도 점차 늘고 있다. 농민에게 마늘종은 본격적인 마늘 수확에 앞서 보는 '짭짤한 수입'이 될 수 있다. 그런데도 마늘종을 두고 말이 많다. '품삯이 더 나온다'는 말은 차치하더라도, 마늘 품질과 연관이 있어서다. 보통 농가에서는 마늘종이 30㎝ 정도 자라면 뽑아낸다. 하지만 마늘종이 2~5㎝ 정도 자랐을 때 마늘대 제일 위에서 대를 끊어버리면 마늘종으로 갈 영양분이 아래쪽 마늘로 갈 수 있다. 물론 몇 해 되풀이해야 한다지만 더 건강한 마늘을 생산할 수 있다. 그럼에도 마늘종을 외면할 수 없다. 음식도 음식이지만 결국 버릴 수 없는 '수입원'이기 때문이다. 당장 '마늘종 빼다가 허리가 아파 죽겠다'고 하지만 참고 넘긴다. 애먹더라도 별수 없는 게 농민 마음이다.

마늘이 비교적 제 모습을 온전히 드러내는 음식은 '마늘장아찌'다. 마늘 음식을 이야기할 때 빠지지 않고 언급되는 덕에 대표 마늘 음식이라 해도 될 정도다. 마늘장아찌는 하지 전에 캔 어린 마늘 가운데 잎이 푸른 것을 골라 겉껍질만 벗겨 통째로 담근다. 그 이후에 캔 것은 껍질을 모두 벗겨서 깐마늘장아찌로 담근다. 아린 맛을 없애고자 식초에 담가두고, 다시 간장과 설탕을 한소끔 끓였다가 식혀 붓기를 반복한다. 손이 많이 가는 음식이지만 귀찮게 여기는 사람은 없다. 덕분에 남해 어느 곳을 가도 마늘장아찌를 맛볼 수 있다. 그렇다고 '특별 대접'은 없다. 어느 순간 밥상 한구석에 자리 잡을 뿐이다. 그저 오래 두고 먹으며 다른 찬을 돋보이게 한다. 그게 마늘이다.

마늘을 수확하고 나면 마늘대가 남는다. 이 역시도 '누군가'에게는 좋은 음식이다. 남은 마늘대를 마르기 전에 잘라 쌀겨와 섞어 김치 담그듯 담그고서 70일 정도 기다리면 사료로 사용할 수 있다. 특히 이 사료는 알리신 등 마늘의 유용한 성분을 가축 체내로 전이시킨 다고 한다. 이에 '마늘 먹인 남해 한우·돼지'도 나왔다. 지금도 마늘 수확이 끝날 때쯤이면 마늘대를 거둬가려는 손길이 이어진다. 공짜 도 아니다. 비료와 물물교환을 해 농민 시름을 던다. 마늘은 이래저 래 쓰임이 많다.

이런 마늘이 최근 변신을 하고 있다. 그리고 그 중심에는 '흑마늘'이 있다. 마늘을 숙성시키면 냄새가 없어지고 자극성도 감소한다. 또 생마늘에 존재하지 않던 'S-아릴시스테인'이 생성된다. 이 성분은 항 산화작용, 간 장애·암 예방작용은 물론 암세포 증식억제에 도움을 준다고 알려졌다. 기존 마늘에 새로운 효능이 더해지고 쉽게 먹을 수 있다는 장점까지 덧붙여진 것이다. 흑마늘을 만드는 원리는 간단

마늘막걸리. /남해군 제공

마늘을 사용해 만든 요리. /남해전문대 호텔조리제빵학과 제공

하다. 이곳 주민들은 우스갯소리로 '보온밥통에 가만히 둬도 흑마늘이 된다'고 할 정도다. 그렇다고 만만히 볼 수는 없다. 온도와 숙성 기간에 따라 그 맛이 확연히 달라진다.

그 때문에 흑마늘 업체 간 경쟁도 치열하다. 서로 다른 비법으로 특유의 맛을 만들어 소비자들에게 다가간다. 흑마늘 딥소스·선식·페이스트 등 흑마늘과 관련한 제품 역시 점차 다양해지고 있다. 흑마늘은 마늘 요리에 대한 선입견을 없애는 데도 기여한다. 흑마늘 커피·초콜릿은 물론 흑마늘 아이스크림도 만들어졌다. 흑마늘을 통한 마늘의 변신을 주목할 만하다.

하지만 아쉬움도 있다. 정작 남해를 대표하는 '마늘 음식'이 없다는 점은 많은 사람이 안은 고민거리다. 남해마늘연구소 어깨가 무거운 이유도 이 때문이다.

"단양에 마늘 전문 식당이 있는 걸 봤어요. 마늘 정식·만두·갈비는 물론 밥에도 마늘 몇 톨을 넣어 주더라고요. 사실 남해가 이 부분은 굉장히 취약해요. 본받아야 할 점이죠."

이에 남해마늘연구소에서는 '마늘종'부터 손대기 시작했다.

남해마늘연구소 관계자는 이렇게 말한다.

"마늘종은 장아찌나 김치 말고는 특별한 요리법이 없어요. 우리 연구소에서는 누구나 먹을 수 있는 가공식품과 손쉬운 가공법 개발을 준비하고 있습니다." 그러면서 덧붙인다. "사실 형체가 온전하지 않아서 그렇지 마늘이 들어가지 않는 음식은 드물잖아요. 못 느낄 뿐이죠. 뿌리부터 껍질까지 진짜 버릴 게 없다는 걸 알려야죠."

남해 마늘은 너무 익숙해진 그 쓰임을 되새기며 다시 첫 발을 떼려한다. 이제 당당하게 주연으로 나설 차례.

밭마늘 9월, 논마늘 10월 파종…5월 수확

남해마늘은 9월 초순이면 파종을 위한 준비에 들어간다. 씨마늘은 미리 소독해 병해충에 대비한다. 씨마늘 크기는 보통 5~7g 정도 된다.

밭마늘은 9월 15~25일, 논마늘은 10월 초·중순에 파종한다.

흙에 퇴비·석회를 골고루 뿌려 땅을 고르고 6~7cm가량 파서 씨마늘을 심는다. 줄 간격은 20cm·포기 간격은 10cm 정도다. 뿌리 부분이 밑으로 가게 심는 것이 일반적이다. 하지만 파종 시기를 고려해 옆으로 비스듬히 심어도 수확량에는 별 차이가 없다.

25~30일 후에는 겨울을 견디기 위한 비닐을 씌우고, 싹이 나올 수 있도록 일일이 구멍을 낸다. 그리고는 유기질 비료를 섞어가며 봄까지 정성을 이어간다. 이듬해 4월 중순~5월 초순이면 꽃줄기인 마늘종이 마늘대 위로 나온다. 이를 제때 뽑지 않으면 양분이 마늘종으로 쏠려 마늘 상품성은 떨어진다.

대개 5월 중순 수확에 들어가는데 그 시기를 잘 맞춰야 한다. 너무 이르면 썩는 게 많아지고, 늦으면 마늘구가 터져 상품성이 떨어진다. 6월 초순까지는 마늘 수확에 온 동네가 분주하다.

수확한 것은 2~3일 정도 햇볕에 말린 후 통풍 잘 되는 곳에 보관한
다. 장기 저장하기도 하고, 수확한 것을 바로 내다 팔기도 한다.

농협에 넘기면 위탁 경매를 통해 중매상 손에 들어간다. 물론 좀 더
수익을 내기 위해 노상에서 난전을 꾸리는 농민도 적지 않다. 오랜
세월을 거치며 확보한 단골들에게 파는 경우도 있다. 인터넷에 익숙
지 않은 촌로들이지만, 온라인 판매에 눈 돌리기도 한다.

🧄 마늘의 성분 및 효능

살균력 뛰어나 암 예방 탁월

마늘 효능 대부분은 '알리신'에서 나온다. '알리신'은 마늘 주성분인 '알리인'이 '알라네이즈'라는 효소에 의해 변한 것으로 다양하게 약리작용 하는 특징이 있다. 알리신이 지질과 결합할 때는 피를 맑게 하여 세포를 활성화하고 혈액순환을 촉진한다. 그 덕에 마늘은 인체를 따뜻하게 하고, 정력증강, 신체노화 억제, 동맥경화·냉증·동상 개선에 도움이 된다. 인체 신경에 작용한 알리신은 신경세포 흥분을 진정시켜 스트레스 해소와 불면증 개선에도 뛰어난 효과를 보인다.

알리신의 또 다른 장점은 강한 살균력이다. 한 연구결과는 마늘로 살균할 수 있는 병균이 70종을 넘는다고 했다. 페니실린이나 테라마이신보다 강력한 살균력이 마늘에 들어 있는 셈이다. 알리신은 위점막을 자극해 위액분비를 촉진하기도 한다. 소화가 불량한 사람에게 마늘을 권하는 이유다. 마늘은 대장을 청소하기에 제격이다.

마늘은 암 예방 식품으로도 잘 알려졌다. 마늘을 먹으면 암세포를 죽이는 능력이 160% 넘게 상승한다는 연구결과가 나왔을 정도다. 이는 마늘에 들어 있는 유기성 게르마늄과 셀레늄 덕이다. 이들은 뇌 세포 등을 활성화해 산소공급을 증가시키고, 항 바이러스성 단백질 생산을 유도해 항암효과에 탁월하다.

이 외에 마늘 속 시스테인, 메티오닌 성분은 해독작용에 도움을 주고 칼륨이 혈액 속 나트륨을 제거해 고혈압을 개선한다. 가히 '타임지 선정 세계 10대 건강식품'에 뽑힌 면모를 알 게 한다.

좋은 마늘 고르는 법

단단하게 여문 '통마늘' 둥글고 알찬 '깐마늘'

마늘은 산지와 품종, 비료 주는 방법 등에 따라 품질 차이가 있으므로 좋은 마늘은 선택하는 요령이 필요하다. 통마늘을 구입한다면 우선 손으로 만져보는 것이 좋다. 마늘이 6~10쪽으로 잘 여물어 단단하며 손으로 들었을 때 묵직하고, 껍질이 잘 벗겨지지 않아야 좋은 상품이라 할 수 있다. 눈으로도 판단할 수 있다. 마늘 크기와 모양은 균일해야 하고 껍질은 얇고 잘 마른 것을 택해야 한다. 외형은 둥글고 쪽과 쪽 사이 골이 분명한 것, 겉껍질 색은 옅은 적·갈색이면 좋다. 매운 향기가 강하다면 좋은 마늘이라 할 수 있다.

깐마늘은 둥글고 알찬 것이 좋다. 마늘쪽이 하얗고 통통하며 묵직한 것을 골라야 한다. 마늘쪽을 감싸는 겉껍질과 속껍질이 단단히 밀착되었는지 따져 보는 일도 필요하다.

국산과 수입품을 구분하는 법도 있다. 국산은 비교적 알이 작지만 단단하고 대체로 잔뿌리가 완전히 달린 것이 특징이다. 이에 비해 수입품은 알이 굵고 무른 느낌이다. 쪽 수도 10~13개로 국산보다 많고 잔뿌리가 떨어져 나간 경우가 많다.

마늘을 골랐다면 보관에도 신경 써야 한다. 통마늘, 깐마늘, 다진 마늘 별로 보관방법이 다르다. 통마늘은 망에 넣어 통풍이 잘 되고 그늘진 곳에 매달아 보관해야 한다. 5kg 정도씩 나눠 보관하면 더 좋다. 깐마늘은 깨끗이 씻어 물기를 말린 후 밀폐용기에 넣어 냉장 보관하면 된다. 다진 마늘은 넓게 펴 비닐 팩에 넣고 냉동 보관하면 된다.

안고 있는 고민

~~~~~

잔손 많이 가 일손 부족 걱정

마늘과 함께한 지난 세월을 뒤로하고 손 터는 농가가 늘고 있다. 재배면적·농가수는 1990년대 중반을 정점으로 계속 떨어지고 있다. 어느 농촌사회가 다 그렇듯, 고령화 때문이다. 어느 어르신은 "젊은 사람들도 있기는 있다"라고 말한다. 그 '젊은 사람'은 예순에 접어든 이들이다. 마늘은 잔손 갈 일이 많아 일손 걱정이 특히 많다. 농촌 봉사활동 오는 학생들이 있으면 마을 간 신경전이 벌어지기도 한다. 소득이라도 괜찮으면 이어갈 힘이 날 텐데 가격도 신통찮다. 농민들 수지 타산법은 이렇다. 들어가는 돈은 3.3㎡ [1평]당 1만 원 정도로 잡는다. 돈이 되려면 값은 kg당 5000원 이상이어야 한다. 그런데 중국산이다 뭐다 해서 가격이 영 안 맞다. "올해도 가격이 별로면 포기 농가가 내년에는 절반가량 될 것"이라는 극단적인 푸념도 나온다. 군에서는 특수시책으로 기계화 재배에 신경 쓰고 있지만, 소농가는 "그렇게 해서는 돈이 안 된다"라며 수작업에 매달린다.

자연스레 값이 더 괜찮은 품목으로 눈 돌린다. 시금치가 대표적이다. 겨울 기온에 따라 가격이 폭등해 '시金치'라는 얘기가 나온다.

그래도 마늘이 이 지역에서 차지하는 상징성은 여전하다. 이를 이으려는 노력도 계속된다. 군은 전문단지를 조성해 우량종을 만들어 농가에 보급하고, 건조가 중요한 만큼 저장시설 개선에 나서고 있다. 특히 가공·의약·기호 식품 연구에 공들이고 있다.

진실
혹은
오해

무좀 치료에 효과? 화상·세균감염 위험

마늘이 민간요법으로 자주 쓰였던 때가 있다. 마늘의 살균 효과를
믿고 연고 대신 피부에 바른 것이다. 특히 '무좀 치료제'로 이름을
날렸다. 다진 마늘을 발병 부위에 붙여 무좀이 낫길 기대하곤 했다.
물론 당시에는 어쩔 수 없는 대처법이었는지 모른다. 하지만 최근까
지도 이를 믿는 사람이 많다. 매우 위험하다.

마늘이 살균작용을 하는 것은 맞지만 자극이 강해 직접적인 피부
접촉은 역효과를 낸다. 심하면 화학 화상이나 2차 세균감염으로 이
어진다. 피부 이식을 받거나 입원치료를 해야 하는 일도 있다. 마늘
을 까다 손끝이 얼얼해진 경험을 잊지 말아야 할 것이다. 어떤 사람
은 마늘을 다져 3일 정도 냉장고에 뒀다가 사용하기도 한다. 이러면
그나마 있던 살균 효과도 모두 날아가 버린다. 마늘 주성분인 알리
인은 황을 함유한 휘발성 물질이다. 마늘 독성을 빼려다 효능도 없
는 껍데기를 바르는 꼴이 된다. 마늘은 먹는 것만으로도 충분하다.

마늘은 구워먹는 경우도 많다. 마늘을 구우면 냄새도 줄고 매운맛도
약해진다. 물론 구운 마늘은 주성분인 알리신이 파괴돼 살균·면역
력 효과가 생마늘보단 낮다. 제대로 된 마늘 효능을 보고 싶다면 생
마늘을 권한다. 너무 많이 먹으면 위장이 헐어 버리거나, 위염이 있
는 경우에는 통증을 동반하기도 한다. 이에 적당량 섭취하는 것이
관건이다. 성인은 하루 2~3쪽, 유아는 하루 4분의 1쪽이 적당하다.

그곳에서 만난 사람

흑마늘 박사 **정윤호** 대표

남해에는 흑마늘 박사로 통하는 이가 있다. 남해군흑마늘주식회사 정윤호(60) 대표다. 다른 지역에서 건설업을 하던 정 대표는 식품 관련업을 위해 2003년 남해에 정착했다. 그리고 2007년 흑마늘 회사를 만들었다.

"흑마늘 원조는 일본입니다. 한 20년 넘었죠. 일본 사람들은 변형하는 것에 재주가 많습니다. 일본은 토질이 안 좋아 마늘도 맛이 덜합니다. 그러다 보니 숙성에 눈 돌려 흑마늘을 만든 거죠. 냄새가 70% 정도 빠지는 효과가 있었던 거예요. 우리나라에 들어온 건 10년도 못 됐죠. 제가 만드는 흑마늘은 나무통에 넣어 숙성하는데 25~27일 정도 걸립니다. 인체 유효 성분이 이 기간에 가장 많다는 것을 알아낸 겁니다."

정 대표가 만든 흑마늘은 일본으로 역수출되고 있다.

"일본 사람들은 우리보다 각종 영양제를 덜 먹습니다. 면역력이 상대적으로 떨어져 있는 거죠. 그래서 흑마늘이 들어가면 반응이 바

로 오는 겁니다. 동남아 쪽 사람들도 흑마늘 주면 잘 먹습니다. 더운 지역 사람들이 흑마늘 먹는 걸 보고 '아, 이열치열 이거다'라는 생각을 했죠. 마늘은 남해 농가에서 가장 큰 소득원이자, 저에게 소중한 원료입니다. 남해 마늘 우수성을 외국에도 널리 알려야죠."

역시 궁금한 것은 몸에 얼마나 좋은가이다.

"직원 아들이 아토피로 고생했습니다. 그래서 '흑마늘진액에 물·설탕을 타서 달짝지근하게 해서 먹여봐라'고 했죠. 아이가 거부하지 않고 맛있어했습니다. 그렇게 3개월 먹으니 아토피가 깔끔하게 사라졌습니다. 그 직원이 '흑마늘진액에 마약이라도 넣은 거 아니냐'며 깜짝 놀라더군요. 흑마늘은 체내에서 나쁜 산소를 빼내 피를 맑게 해줍니다. 나이 든 사람은 피부도 좋아지고 검버섯도 안 생깁니다."

정 대표는 예순을 넘긴 사람이라고 믿기 어려울 만큼 좋은 피부를 자랑했다.

창
녕
양
파

창녕, 까면 깔수록 더해지는 매력을 알아보다

양파….

얼핏 보면 모르지만 자세히 보면 숨겨진 특별한 매력을 찾을 수 있다.

무심하면서 멋 안 낸 듯, 은근슬쩍 멋 낸 듯한 양파 매력은

한두 가지가 아니다.

첫 번째, 처음과 끝이 다른 반전이 숨어 있다.

강한 첫인상은 부드러움으로 마무리된다.

처음 만나는 순간, 코끝을 톡 쏘는 매운맛에 잠시

얼굴 찌푸리게 하지만, 시간이 지날수록 달콤함에 빠져들게 한다.

두 번째, 뽀얀 피부를 자랑한다.

피부가 하얗다는 것은 혈액순환이 잘 되는 건강미를 상징한다.

막힌 혈관 찌꺼기를 제거하고 기를 잘 돌게 하는데

탁월한 능력을 지녔다.

세 번째, 불필요한 지방은 안 키운다.

먹을 것이 넘치는 사회에 살고 있으나

먹고 싶은 욕구를 참아야 하는 현대인들 다이어트에 훌륭하다.

특히 콜레스테롤 높은 인스턴트 음식이나
기름진 중국 음식을 좋아하는 이들에게 인기 만점이다.
네 번째, 변신의 귀재다.
때로는 장아찌로 새콤하게, 때로는 진액으로 달콤하게….
때와 장소에 따라 어디에서든 분위기를 맞춘다.
술을 즐겨 마시는 아빠, 매일 밥상 메뉴를 걱정하는 엄마,
색다른 먹을거리를 원하는 아이들을 만족하게 한다.
다섯 번째 매력, 활력이 넘친다.
기원전 4000년 고대 이집트에서부터 힘을 솟게 하는 음식으로
이용됐다. 그 효능은 지금까지 이어지고 있다.
만성피로에 시달리는 이들 활력소로 자리 잡고 있다.
여섯 번째, 보약 가운데 보약이다.
스트레스로 뻐근해진 목과 어깨, 결리는 허리와 다리….
값비싼 보약을 찾기 전에 아침마다 이것을 이용한
즙을 먹는다면 하루가 달라진다.
일곱 번째, 센스가 있다.
한식에서부터 양식까지 빠지는 데가 없다.
육수와 소스에 살짝 곁들여져 자칫 심심할 수 있는 맛을 살린다.
여덟 번째, 검소하다.
고작해야 걸치는 것이 빨간 망사 정도다.
화려한 포장지 아닌 소박한 빨간 망사에 있으면서도
언제든 그 매력을 발산할 준비를 한다.
여덟 번을 까야 비로소 매력의 절정을 보여준다는 양파,
이것을 우리나라에서 처음 재배한 곳이 창녕이다.

양파가 특산물 된 배경

이 땅 가득했던 꿈을 먹고 자랐다

오늘날 창녕은 양파 최대 생산지는 아니다. 전국에서 다섯 손가락 안에 드는 정도다. 도내에서도 합천에 밀린다. 그럼에도 이 지역 사람들은 창녕 양파 이야기가 나오면 '최초 재배지'라는 점부터 풀어놓는다. 국내 작물 역사는 대부분 지형적 조건에서 출발한다. 창녕 양파는 다르다. 이 지역 사람들 정성이 좀 더 크게 작용했다.

창녕군 대지면 석리에는 2006년 조성된 '양파 시배지 조형물'이 있다. 더불어 '성씨 고가'도 자리하고 있다. 양파를 우리나라 전역에 퍼뜨린 집안이다.

양파가 우리나라에 들어온 것은 1900년대 초다. 일본에서 건너와 1908년 서울 뚝섬 원예모범장에서 시험재배에 들어갔다. 그 이듬해 창녕군 대지면 석리에 거주하던 성찬영 선생이 처음 재배에 나섰다.

하지만 널리 보급되기까지는 꽤 긴 시간이 필요했다. 당시 종자 역시 일본에서 수입해 왔는데, 한 홉에 쌀 두 말과 바꿔야 할 정도로 비쌌다. 1946년 돼서야 영산면에 거주하던 원예교사 조성국 선생 손에서 종자 생성이 이뤄졌다.

그 이후에 성재경1916~1981 선생이 등장한다. 첫 재배자였던 성찬영 선

생 손자다.

성재경 선생은 땅을 소작농들에게 맡기고, 한동안 서울에서 출판사 일을 했다. 1951년 1·4 후퇴 때 다시 고향 땅을 밟았는데, 그 모습이 가슴 아프게 다가왔던 듯하다. 당시 보리농사로 생활하던 이곳 사람들은 늘 배고픔에 시달렸다. 이에 성재경 선생은 지금보다는 나은 생활을 할 수 있는 재배작물에 눈 돌렸다. 할아버지 손을 거쳐 간 양파였다. 스스로 일본 책을 뒤져가며 재배 및 종자 채취 기술을 익혔다. 그리고 사랑방에 사람들을 모아 재배 방법을 가르쳤다. 새로운 것에 대한 두려움으로 망설이던 농민들도 많았다. 하지만 앞서 시작한 이들을 보니 뒤따르지 않을 수 없었다. 보리보다 10배 이상 되는 수익이 났기 때문이다. 그러면서 너도나도 양파 재배에 팔을 걷어붙였다.

성재경 선생은 또 다른 일에 나섰다. 1963년 그를 비롯한 13명이 모여 '경화회耕和會'라는 농민단체를 만들었다. 재배기술을 좀 더 발전시키고, 농민들을 체계적으로 교육하기 위한 목적이었다. 특히 '아무리 많이 생산해도 팔 곳 없으면 소용없다' 하여 판로 개선에 심혈을 기울였다.

1970년경 재배 농가는 6000여 호에 달했다. 오늘날 1700여 농가라는 점과 비교하면 어느 수준인지 짐작된다. 이미 다른 지역까지 양파 재배가 퍼져 있을 때였지만, 창녕에서 나는 것이 전국 생산량 가운데 35% 이상을 차지했다. 이곳 사람들은 가난을 옛 기억으로 돌릴 수 있을 정도까지 됐다.

1975년 경화회지에는 이런 글이 실려 있다. '양파가 나의 꿈을 키워주었고, 우리 가족에게 희망을 주는 이 양파! 나는 양파와 대화를 나눌 수 있을 정도로 친숙해 왔으며, 앞으로도 계속 친하면서 석동 골짝의 초가를 밀어버리고 기와집으로 바꾼 사연을 밤이 깊도록 양파와 더불어 이야기하려고 한다.'

물론 사람들 힘만으로 된 것은 아니다. 토질·기온이 양파와 궁합이 맞았다. 낙동강 변에 자리해 칼슘·마그네슘·유효인산·유황 같은 성분이 풍부한 땅이다. 파종 전 강수량이 다른 지역에 비해 월등히 높아 풍부한 수분 속에서 자란다는 점도 더해진다. 오늘날 창녕 양파는 95%가량 논에서 재배한다. 벼농사 짓는 땅에서 하다 보니 병해충 피해도 비교적 덜하다고 한다.

지난 1992년 양파연구소가 전국 최초로 만들어졌으며, 2007년에는 전남 무안보다 먼저 지리적 표시제에 등록했다.

양파는 '백합목 부추과 부추속'에 속하는 다년생 식물이다.

양파망을 맨 처음 이용한 곳도 창녕이다.

우리나라에서는 애초 '둥근 파'라 부르다 '서양에서 들어온 파'라 하여 '양파'라는 이름이 되었다. '다마네기'는 일본에서 붙여진 이름이다. 영어 '어니언Onion'은 '큰 진주Unio'라는 의미를 담고 있다.

원산지를 두고 중앙아시아·지중해 연안, 이란·서파키스탄, 북이란부터 알타이 지방이라는 등 여러 추측만 있다.

양파는 마늘과 더불어 가장 오랜 시간 이어진 작물 가운데 하나다. 이는 다양한 기후·토양에서 자라고, 건조 후 저장할 수 있기 때문이다.

기원전 5000년 페르시아에서는 부적으로 사용했다고 전해진다. 기원전 4000년 들어서는 고대 이집트에서 식용으로 사용했다고 한다. 피라미드 건설 노동자들은 마늘과 함께 양파를 먹으며 버텼다고 한다. 이후 기원전 7~8세기에는 고대 그리스 올림픽 참가자들이 갈아서 주스처럼 마셨다 하며, 인도에서는 심장·눈·관절을 위한 약으로 썼다고 한다. 전염병 돌던 16~17세기에는 껍질 벗긴 것을 병원에 두기도 했다.

음식으로는 계층별로 용도가 달랐다. 가난한 이들에게는 구워 먹는 일상식량이었고, 좀 있는 이들은 고기를 이용한 음식에 곁들여 사용했다. 오늘날은 전 세계에 걸쳐 조미료 등 첨가재료로 다양하게 사용된다.

양파 종류는 겉껍질 색, 출하 시기, 모양, 맛에 따라 나뉜다. 창녕에서는 종자를 대부분 일본에서 들어온다. 20년 전만 해도 국산종이 많았는데, 이후 일본에서 들어온 것이 퍼져 나갔다고 한다. 일본 사람들로부터 로비를 받은 판매상들이 농민들에게 적극 권한 것이 이유라고 한다.

손 빠른 일꾼들이 양파를 캐올린다.

붉은 양파망이 금새 그득해진다.

양파와 함께한 삶

30년 넘게 농사지은 **윤용주** 씨

"양파는 곧 창녕 사람 자존심이죠"

'양파 수확 철에는 죽고 싶어도 바빠서 그러지 못한다'는 말이 있다. 6월 중순 창녕군 대지면 세거리마을. 한창 정신없는 시기일 텐데 논에 나와 있는 농민은 거의 없다. 반쯤 채워진 붉은 양파망이 여기저기 널려 있을 뿐이다. 들판이 정지된 화면처럼 다가온다.

전날 비가 추적추적 내렸다. 논은 아직 질퍽거린다. 이 상태에서 거둬들인 양파는 부패율이 높다. 하루 정도 기다려야 한다. 곧 장마철이다. 일손 놓게 된 하루가 야속하기는 하다. 그래도 서두른다고 될 일이 아니다. 그걸 모르지 않는 이곳 사람들이다.

윤용주(64) 씨도 이날은 지난 시간을 더듬는 것으로 대신했다. 그는 고향 땅을 벗어나지 않고 한평생 지키고 있다. 농사일을 한 지 40여 년 됐다. 이 가운데 양파와 함께한 시간만 30년 훌쩍 넘는다.

"서른 살 됐을 때였나? 1980년대 초에 양파를 시작했습니다. 그때는 창녕에서 농사하는 사람 대부분 양파를 했어요. 집안 어른들이

하셨으니 저도 자연스럽게 이어받았죠. 규모가 2000평 정도 됐습니다."

옛 시절을 떠올리는 윤 씨 얼굴에 흐뭇한 미소가 흐른다.

"창녕 경기는 한 해 양파 농사에 따라 왔다갔다합니다. 1980~90년대에는 재미 좋았죠. 양파가 정말 잘 됐어요. 창녕에 활기가 넘쳤습니다. 양파는 20kg 망으로 가격을 매기는데, 보세요. 최근 가격이 9000원에서 1만 원 정도 됐어요. 그런데 20년 전 가격이 5000~6000원이었으니 괜찮지 않았겠어요?"

창녕 양파 전성기는 1990년대 초였다. 그때 번 돈은 지금까지 든든한 살림 밑천이 되고 있다. 하지만 점차 생산 비중이 줄었다. 전남 무안 같은 곳에 밀리는 처지가 됐다. 그사이 이곳 사람들은 좀 더 수익 나는 쪽으로 눈 돌렸다. 마늘이었다. 윤 씨도 그렇다.

그는 3만 3057㎡ 1만 평가량 되는 땅에서 농사짓고 있다. 이 가운데 양파가 1만 6528㎡ 5000평, 마늘이 1만 4876㎡ 4500평가량이다. 양파는 마늘보다 잔손은 덜 들어간다. 하지만 수확 철 장정들 힘을 더 필요로 한다. 크기 차이 때문이다.

"창녕에 마늘이 들어온 건 20년도 채 안 됐죠. 본격적으로 재배하기 시작한 건 10년 전부터일 겁니다. 저도 그때부터 마늘을 했어요. 그러다 한 6~7년 전부터 이 지역에서 마늘이 양파를 넘어섰어요. 지금은 대부분 두 개 다 같이 하죠. 양파·마늘은 가격이 번갈아 오르내립니다. 양파 가격이 전년도에 좋다 싶으면 재배량이 늘어 다음 해는 별로죠. 마늘은 또 그 반대고…. 그러기를 몇 해째 반복하고 있습니다."

결국 양파 생산량이 줄어든 가장 큰 이유는 마늘에 있는 셈이다. 여

기에 외부 환경도 더해진다.

"예전에는 그리 신경 쓸 일 없이 수확하는 재미만 있었는데…. 요즘은 기후 변화가 심해 어려움이 크죠. 겨울 지나면 봄 없이 바로 여름이 오잖아요. 온도 차가 급격히 변하기 때문에 병이 찾아와요. 영양제 같은 것으로 힘을 보태기는 하지만, 한계가 있죠. 양파연구소에서 새로운 종 개발에 나서고 있지만, 워낙 긴 시간이 필요합니다."

요즘은 특히 큰 걱정거리가 있다. 역시 인건비. 일손이 갈수록 부족해지는 탓이다. 양파 일을 하는 이들은 대부분 일흔을 넘긴 노인이다.

"양파 생산비용 가운데 반은 사람 쓰는 비용이에요. 올해 또 몇천 원 올랐습니다. 일할 사람이 없기 때문이에요. 창녕 안에서는 일손을 충당 못 해요. 버스 전세내 다른 지역에서 데려옵니다. 수확 철이면 외지 사람이 하루 1000명 정도는 들어올 겁니다. 일당은 비싸지만, 익숙하지 않은 사람도 많으니 효율성은 또 떨어지죠."

이러한 현실을 헤치기 위해 운영되는 단체가 창녕양파연구회다. 애초 양파연구소 내 동우회 형태로 운영되다 2013년 4월 창녕양파명품영농조합과 합쳤다.

"2007년 지리적 표시제 등록 이후 양파 연구가 활성화됐죠. 지금은 양파연구소·창녕농업기술센터, 그리고 생산자들이 함께 머리 맞대고 있습니다. 양파는 우리 창녕 사람들 자존심과 같습니다. 가격이 좋지 않을 때도 있지만, 그렇다고 손 놓을 수는 없지요."

애지중지 돌보는 양파는 밥상에서도 빠지지 않는다.

"우리야 늘 생양파를 된장에 찍어 먹고 그러죠. 양파즙 짜는 건강원이 지역에 100군데 정도 돼요. 저도 자주 애용하죠. 주변 어느 분은 양파즙 먹고 나서부터 아토피가 싹 사라졌다고 해요. 창녕 사람들은 양파뿐만 아니라 마늘도 많이 먹으니, 건강 하나는 다른 지역에 뒤지지 않습니다."

다음 날은 땅이 제법 굳어 본격적인 수확이 가능했다. 윤 씨 이마에 또 구슬땀이 맺혔다. 그때 윤 씨는 모르는 이로부터 전화 한 통을 받았다. 일손이 부족하다는 소식에 작은 힘이나마 보태겠다는 전화였다. 김 씨 얼굴이 활짝 펴졌다.

음식 이야기

'고기 먹을 때만 찾지 마라' 양파는 지금 변신 중

창녕 사람들에게 양파는 습관이다. 점심 한 끼 굶었다고 걱정하지 않는 것처럼 재배 면적이나 소득이 줄었다고 유별나하지 않는다. 저녁을 든든하게 먹으면 되고 다음 해에 더 풍성하게 수확하면 될 일이다. 이미 기름진 땅이 있고 축적한 세월이 있다. 그저 곁에 두고 있다가 언제든 찾으면 된다.

밥상 위에서도 사정은 같다. 따로 요리를 만들어 먹진 않지만 결코 없는 건 아니다. 양파는 조리 시 어떤 재료와도 잘 어울려 부담 없이 사용할 수 있다. 국에 들어가고 찬과 어울려 식욕을 증진시키고 생선과 육류 요리에 더해져 냄새를 잡고 소화를 돕는다. 애써 찾을 필요 없이 어느새 스며들어 음식의 풍미를 높여준다. 늘 곁에 있다.

양파는 수확기에 따라 여름 양파와 가을 양파로 나눌 수 있다. 이 중 요리로 쓰기에는 여름 양파가 좋다. 창녕 양파 역시 여름 양파로 과즙과 당분이 많은 것이 특징이다. 여기에 창녕 사람들은 한 가지 덧붙인다.

"조금 덜 맵고 특유의 아삭아삭한 맛이 있죠."

이에 창녕 사람들은 생양파를 즐겨 먹었다. 어릴 적 배고픈 시절에 는 자연스레 양파 하나씩 캐 베어 먹었다. 우리 논 남의 논 딱히 가 릴 이유도 없었다. 어차피 매운맛에 많이 먹을 수 없었기에 농민들 도 인심 좋게 받아줬다. 돌이켜보면 그만한 간식도 없었다.

여전히 생양파는 좋은 찬이자 간식거리다. 양파 통째로 베어 먹는 일은 줄었지만 보기 좋게 썰어놓고 장에 찍어 먹는 맛이 쏠쏠하다. 썹을 때 새어나오는 즙과 향은 은근 중독성도 있다. 그렇다고 주야 장천 생양파만 고집하진 않는다.

양파는 팬에 기름을 넣고 볶으면 매운맛이 사라지고 단맛이 나는 특징이 있다. 일찍이 가정에서 쉽게 만들어온 '양파전'이나 '감자·양 파 볶음'을 떠올리면 된다. 양파와 찰떡궁합인 음식도 있다. 대표적 인 것이 돼지고기다. 돼지고기는 비계가 많아 느끼한 맛을 주는 반 면 양파는 맵고 수분이 많아 기름진 음식을 먹을 때 입안을 개운하 게 만들기 때문이다. 함께 먹으면 먹을수록 좋다. '차'도 빠질 수 없 다. 깐 양파에 물을 붓고 끓여 먹는 '양파차'나, 바짝 마른 양파껍질 로 우려낸 '양파껍질차' 역시 양파가 빛을 발하는 음식이다.

새로운 요리 개발도 한창이다. 양파와 치즈를 접목한 '양파치즈구이' 나 버터, 소금, 노른자 등으로 반죽하고 양파를 더한 '양파애플파이', '양파깔조네'와 '양파전골', '양파스테이크'도 나왔다. 물론 여기에 그

치지 않는다. 어느 순간부터는 볶거나 굽고, 끓이는 걸 넘어 가공돼
나타나기 시작했다.

창녕군에는 25개가량의 대형 가공업체가 있다. 소규모 양파즙 생산
업체도 100여 개나 된다. 이들은 생식용 양파를 판매할 뿐만 아니라
가공품으로 개발하여 부가가치를 창출한다. 양파술 '우포의아침'과
양파와인, 흑양파즙, 양파고추장, 양파냉면, 양파 된장·청국장 등이
여기에 해당한다. 단연 돋보이는 것도 있다. 바로 '양파국수'와 '양파
즙'이다.

양파국수는 양파즙을 넣어 반죽한 면과 육수가 들어간 국수다. 면
발이 부드럽고 쫄깃하며 시원하면서도 적당히 매콤한 국물이 특징이
다. 여기에 분말을 추가해 다양한 모습으로 선보이기도 한다. 그 덕

양파 고추장을 만드는 창녕 주민들.

에 창녕에서는 오리지널 양파국수는 물론 양파 쑥국수, 양파 호박
국수, 양파 쌀국수, 양파 미나리국수도 맛볼 수 있다. 게다가 양파가
품은 좋은 효능이 고스란히 녹아 있다고 입소문을 타면서 기능성
건강식품으로 인기몰이 중이다.

양파즙도 마찬가지다. 근육 이완작용에 효과가 있고 변비에도 도움
이 된다는 등 갖가지 장점이 퍼지면서 찾는 이가 늘고 있다. 특히 다
이어트 상품으로 각광받는다. 양파즙은 지방 함량이 적을 뿐 아니
라 고지방을 녹이는 데도 유용하다. 또한 많이 먹어도 부작용이 없
고 피를 맑게 해주며 피부미용과 잔주름 예방에도 탁월해 여성에게
인기가 높다.

양파즙은 하루에 4~5개씩 3개월 이상 꾸준히 먹어주면 그 효능을 옳게 볼 수 있다고 한다. 이에 창녕 사람들은 수확시기에 1년치를 미리 준비하거나 수시로 건강원을 찾아 양파즙을 짜 먹는다. 덕분에 이곳에서는 '6개월을 꾸준히 먹어 혈압과 혈당이 정상 수치로 돌아왔다'는 이야기도 심심찮게 들린다. 습관처럼 있던 일이 발전하여 장점을 낳고 새 길을 개척하고 있는 것이다.

강창한(45) 씨가 창녕으로 온 까닭도 이와 궤를 함께한다. 초보 농사꾼은 창녕 양파를 조금씩 알아가고 있다 했다.

"교단을 떠나신 아버지는 어머니와 창녕으로 내려오셨죠. 어머니 고향이 창녕이라 낯설지 않았거든요. 저 역시도 3년 전에 귀농해 부모님과 함께 살고 있어요. 서툴기만 했던 양파 농사도 적응해 가면서 말이죠. 어릴 적 틈틈이 뛰어놀던 곳이 삶의 터전이 된 셈이죠."

강 씨는 마을에서 가장 젊은 농사꾼이다. 이미 습관처럼 논에 나가 양파를 재배하는 어르신들과는 차이가 있지만 그들이 품은 애착만큼은 확실히 느끼고 있다.

"여기에 정착한 이후로 자연스레 양파와 단호박을 중탕해 양파즙을 만들어 먹고, 장아찌, 양파볶음도 잘 만들어 먹어요. 이분들에게는 이미 생활인 것을 저 혼자 새삼스러워하는지도 모르죠. 오전 5시에 일어나 종일 양파와 함께한 세월이 몇십 년이니…. 자부심이 대단해요. 많이 배우고 성실히 이어받아야죠."

이곳 사람들에게 '창녕 양파가 다른 지역 양파와 어떻게 다르냐'고 물어보면 다들 얼버무리고 만다. 그러다 불현듯 툭 내던진다.

"달라요. 눈으로는 모르겠는데 먹어보면 확실히 달라요."

그들에게 양파는 이미 습관이고 삶이다.

추수 끝난 들판에 모종 심어 겨울을 견디고…

창녕 양파는 보통 9월 초순 파종에 들어간다. 6~9cm 간격으로 줄 뿌림하고, 흙을 5~6mm 정도 덮는다. 그리고 고르게 싹이 틀 수 있도록 짚을 덮는다.

파종 후 5~7일이 지나면 일제히 발아한다. 이후 적정한 시기에 짚을 걷어야 한다. 너무 이르면 수분조절, 늦으면 웃자라는 문제가 있을 수 있다.

벼 수확 후인 10월 25일에서 11월 10일 사이 논에 모종을 옮겨 심는다. 이때도 시기가 중요하다. 너무 늦어지면 뿌리 발육이 좋지 않아 겨울에 얼 수 있다. 너무 이르면 생육이 과도해진다. 옮겨 심을 때 자칫 병이 찾아들면 주변으로 퍼지기에 농민들은 바짝 신경 쓴다. 이후에는 물 관리가 중요하다. 너무 습하면 병에 시달릴 수 있다. 배수관리가 중요한 이유다.

이후 비닐을 덮고 호미로 일일이 구멍을 뚫어준다.

이듬해 설이 지나면 영양분을 공급한다. 겨울에 잘 버틴 녀석들에게 힘을 보충해 주는 것이다. 4월에는 계속 올라오는 풀과 한동안 씨름

벌어야 한다. 끝에서 끝까지 다 베고 나면, 풀이 저쪽에서 또 솔솔
올라오니 쉴 새가 없다. 물은 4월 말까지 공급해 준다.

줄기가 쓰러지고 나면 영양분이 뿌리로 간다. 그때 양파는 더욱 굵
어진다. 줄기가 거의 말랐다 싶으면 수확에 들어간다. 6월 초순부터
20일경까지 이어지는 수확 철에는 없는 일손을 어떻게 해서든 끌어
모아야 한다.

유통은 여러 경로가 있다. 농협 계약재배가 10%가량, 밭떼기 거래
가 20~30% 정도 된다. 그 외 도매시장 직접 판매, 저장 후 판매 등
을 통해 소비자에게 전달된다.

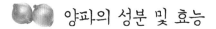 양파의 성분 및 효능

매일 먹으면 만병통치약이 따로 없다

양파가 품은 유효 성분은 150가지 정도로 알려졌다. '매일 먹으면 만병통치약이 따로 없다'는 창녕 사람들 말이 과언이 아니다.

양파 대표 성분인 황화알릴은 암을 예방하고 비타민 B1의 체내 흡수율을 높여준다. 덕분에 양파는 혈액 속 불필요한 지방, 콜레스테롤을 녹여 없애 동맥경화, 고지혈증을 예방·치료하는 데 유용하다. 이 성분은 양파 냄새를 나게끔 하고, 눈물이 나는 원인이기도 하다.

양파 속 유화프로필이라는 성분은 혈당치를 낮추는 효과가 뛰어나다. 또 인슐린 분비를 촉진해 당뇨병 예방과 치료에 도움이 된다. 더불어 양파에는 간과 창자의 해독작용을 강화하는 글루타티온이 많이 들어 있어 임신중독, 약물중독, 알레르기에도 효과를 보인다.

양파는 다이어트 식품으로도 인기가 좋다. 혈당 지수와 열량이 낮고 수분과 식이섬유가 풍부하기 때문이다.

양파 껍질도 함부로 취급할 순 없다. 양파 겉껍질에 들어있는 황색 색소인 케르세틴은 고혈압을 예방하고 알레르기 질환을 완화하는 데 좋다. 또 이 성분은 녹차에서 지방흡수 방지 효과를 낸다는 카테킨과 같은 플라보노이드의 일종으로 항노화 효과를 낸다고도 알려졌다. 양파 껍질을 차로 끓여 먹거나, 다시물을 낼 때 넣어 활용한다면 좋은 효능을 볼 수 있다. 한 꺼풀 벗긴 껍질에도 효능은 있다. 이 껍질에는 세포 생리 활성물질인 셀레늄이 함유돼 각종 성인병과 암 예방에 뛰어난 작용을 한다.

좋은 양파 고르는 법

껍질 색이 선명하고 광택 날수록 좋아

양파는 사철 먹을 수 있는 채소다. 하지만 수확시기를 잘 맞춘다면 더 신선하고 맛있는 양파를 고를 수 있다. 남부지방 양파는 5~6월경이 제철이다. 반면 강원도 고랭지 양파는 9월 중·하순 정도에 나온다. 따라서 출하 지역을 보고 제철인 것을 구매하면 된다.

좋은 양파를 알아보려면 먼저 양파 껍질을 살펴봐야 한다. 선명한 적황색이나 주황색을 띠고 광택이 나는 것이 좋다. 또 잘 건조되어 있는지 살피고, 상처가 있어 흰 속살이 드러나진 않았는지 확인해야 한다. 껍질이 얇은 대신 여러 겹으로 쌓여 있으며 잘 벗겨지지 않는지 확인할 필요도 있다. 모양은 중간 크기로 둥글고 밑 부분이 약간 볼록한 것을 권한다. 양파를 눌러봐도 알 수 있다. 일단 싹이 없어야 하고 눌러봤을 때 단단한 것이 좋다. 손에 얹어 무게를 가늠해보는 것도 좋다. 신선한 양파일수록 속이 알차서 들어봤을 때 무게감이 느껴진다. 냄새도 좋은 기준이 된다. 특유의 매운 향 대신 퀴퀴한 냄새가 풍긴다면 피해야 한다.

양파 저장성은 품종, 수확시기와 밀접한 연관이 있다. 이를 잘 따져 구입하는 일이 최우선이겠으나 올바른 저장법을 알아둘 필요도 있다. 껍질을 까지 않은 양파는 바람이 잘 통하는 그늘진 곳에 보관하면 된다. 더불어 종이봉투나 망사자루에 넣어 매달아 놓는 게 좋다. 혹 잘 마르지 않은 양파를 구입했다면 우선 응달에 쫙 펴서 말릴 것을 권한다. 깐양파는 랩을 씌워 보관하면 된다.

안고 있는 고민

~~~~~~~~

일손 부족에 신음…기계화도 여의치 않아

농촌 일손 부족은 창녕이라고 다를 리 없다. 농협은 외지 곳곳에서 일손을 끌어온다. 창원·통영·부산뿐만 아니라 대구 같은 곳에도 손을 내민다. 3년 전 하루 일당이 7만 원이었는데, 이듬해 7만 5000원으로 올랐다. 여기에 중참비 1만 원을 보태면 8만 5000원이다. 그런데 웃돈 1만 원가량 더 얹어 사람을 빼 가는 농가도 적지 않다. 노동 질이 높은 것도 아니다. 인력 시장서 데려오기에 농사일에 익숙하지 않은 이가 대부분이다. 숙련된 이들과 비교하면 60% 수준이다.

생산 비용 중 인건비가 50% 가까이를 차지한다. 농민들은 20kg 망이 1만 원 이상 되어야 소득이 된다고 말한다. 대략 3.3㎡ ^{1평}당 7000원가량 들어간다고 계산하면 3000원쯤 남는다. 9917㎡ ^{3000평} 가까이 해도 1000만 원이 채 안 된다. 벼농사를 병행한다고 하지만, 10월부터 6월까지 땀 흘린 것에 비하면 야속한 수준이다.

군에서는 기계화 보급에 나서고 있지만, 여의치 않다. 모종을 옮겨 심는 기계가 일본에서 개발됐는데 우리나라 재배법과 맞지 않는 부분이 있다. 수확 철 캐고 담는 것까지 연결되는 기계도 있지만, 5000만 원 넘는 가격이 농민들에게는 부담이다.

이런 가운데 군에서는 양파 농가 소득 증대를 위해 가공식품 개발에 신경 쓰고 있다. 창녕양파바이오특화사업단을 만든 이유다.

창녕 양파는 저장성이 낮다?

'저장성'은 양파 재배 농가 대부분이 안은 고민거리다. 보통 저장 중 양파 부패율은 10~20% 정도지만 수확 전후 관리 방법에 따라 큰 차이를 보이기도 한다. 심하면 저장 중인 양파 70%가 부패할 때도 있어 신경 쓰지 않을 수 없다. 하지만 창녕 양파 농가들은 고민 하나를 더하고 있다. '창녕 양파는 저장성이 떨어진다'는 말 때문이다.

한때 어떤 이는 그 탓을 농민에게 돌렸었다. '양파 구球를 키워 값을 많이 받으려 했던 농민들 욕심' 때문에 생긴 말이라 했다. 적정 수확 시기를 넘겨서까지 비료를 주고 수분을 공급한 탓에 출하가 늦어져 저장성이 떨어졌다고 생각한 것이다.

중간상인과 소비자를 지적하는 이도 있었다. '상대적으로 비싼 창녕 양파 가격을 내리기 위한 비겁한 술수'라 여겼다.

하지만 이는 근본적으로 잘못된 이야기다. 창녕군은 지난 2011년 열린 '양파 연작지대 저장성 향상 요인분석 및 조사를 위한 연구용역' 최종보고회에서 이를 명확히 했다. 전남 무안, 충북 제천 등 양파 주산지역 6개 시·군 양파와 창녕 양파를 직접 비교해 저장성 차이가 없다고 밝힌 것이다. 또 창녕 양파 수량성이 다른 지역보다 오히려 높다는 사실도 알렸다. 창녕 양파는 결코 다른 양파보다 저장성이 낮지 않다.

의령 망개떡

잎은 떡을, 떡은 팥을, 팥은 정성을 품고

'망개떡'은 오묘하다. 세 가지 맛이 있다.

잎·떡·팥이 저마다 내는 매력이다.

그렇다고 제각각이지 않다. 잎은 떡을, 떡은 또 팥을 품고 있다.

다른 듯하면서도 조화롭게 하나를 이룬다.

이 세 가지는 어느 것이 더하고 덜한 역할을 하지 않는다.

잎은 시원한 자연 향을 내뿜는다. 단지 그것으로 그치지 않는다.

떡이 변하지 않고 오랜 시간 버틸 수 있도록 돕는다.

그러기 위해 소금물에서 길게는 1년 가까운 시간을 견딘다.

잎을 살짝 벗겨 내면 떡이 하얀 속살을 드러낸다. 윤기가 잘잘 흐른다.

떡 모양은 빚는 방법에 따라 다르다.

네 모서리를 각각 접기도 하고, 돌돌 말기도 한다.

그래도 씹히는 맛은 다르지 않다.

찹쌀 아닌 멥쌀로 빚은 것이라 흐물거리지 않는다.

팥은 한입에 삼키는 이들에게는 그 모습을 드러내지 않는다.

과하지도, 모자라지도 않은 달달함을 전하며

그 존재를 알릴 뿐이다.

오늘도 의령에서는 100여년 전과 같이

망개떡에 정성을 쏟는 여인들을 볼 수 있다.

잎을 따고, 떡을 빚고, 팥을 끓이는 그 모든 과정 하나하나는

예나 지금이나 다르지 않다.

잎 따면서 가시에 찔리고, 팥 끓이면서 데는 것도 여전히 감내한다.

의령 망개떡은 이곳 여인들 정성이 빚은 조화로운 결과물이다.

망개떡이 특산물 된 배경

한철 별미 '소금 절인 잎'으로 사계절 인기

의령 망개떡에는 몇 가지 유래가 있다. '가야시대 이바지 음식' '임진
왜란 의병 음식'이었다는 게 우선 입에 오른다. 하지만 근거는 없다.
망개떡에 이 지역 역사를 녹여보려는 의령 사람들 노력 정도로 받
아들이면 되겠다. 정확히는 일제강점기에 지금과 유사한 형태가 등
장한 것이 그 시작점이라 보면 되겠다.

의령 관문에서는 '곽재우 동상'이 바깥사람들을 맞이한다. 이를 시작
으로 의병 숨결은 이 지역 곳곳을 채운다. 마찬가지로 의령을 대표
하는 음식인 망개떡에도 의병 이야기가 배어 있다.

1592년 임진왜란 때 곽재우 장군은 전국 최초로 의병을 일으켰다.
각 고을 장정들이 가세하면서 애초 10여 명이던 의병은 2000명으로

불어났다 한다. 싸움을 하는 데서 무기만큼 중요한 것은 병사들 음식이겠다. 의병들은 주로 주먹밥으로 허기진 배를 달랬다고 한다. 이를 전해주는 것은 아낙들 몫이었다. 산골짜기 여기저기 헤쳐가며 전달해야 했으니 예삿일이 아니었다. 더군다나 더운 날이면 넉넉할 리 없는 밥이 상하기까지 했다. 그래서 떠올린 것이 망개잎이었다고 한다. 망개잎은 방부제 역할을 하는데, 그 당시 여인들은 그 사실을 이미 터득하고 있었다고 한다. 여인들은 산 깊숙한 곳에서 큰 망개잎을 구해다 주먹밥을 싸기 시작했다고 한다.

그런데 이야기는 여기에 그치지 않는다. 곽재우 장군 부인이 밥 아닌 떡을 망개잎에 싸서 의병들 입을 달랬다는 것이다. 하지만 문헌에서 찾을 수 없는, 그냥 입으로 전해지는 이야기일 뿐이다. 오늘날 이곳 사람들도 '설화'라는 전제를 단다. 그냥 넉넉한 상상력으로 받아들이길 바라는 눈치다.

좀 더 시간을 앞당겨 '가야 이바지 음식'에 대한 이야기도 들려온다. 이 역시 구전이지만, 흥미롭기는 하다. 백제 어느 귀족이 사냥에 나섰다가 길을 잃어 가야 땅까지 흘러갔다고 한다. 말에서 떨어져 사경을 헤맬 즈음 산삼 캐는 남자를 만났다고 한다. 남자 집에서 몸을 추스르는 동안 딸에게 마음을 빼앗겼다고 한다. 훗날 백제로 돌아온 귀족은 그 여인에게 혼인을 청했고, 그 딸은 잎에 싼 망개떡을 혼인 음식으로 전했다는 것이다.

일제강점기에 독립운동 자금을 모은 '백산 안희제' 선생은 의령 부림면 출신이다. 안희제 선생은 독립운동을 위해 바깥을 떠돌다 이따금 집에 들렀다고 한다. 다시 떠날 때는 항상 떡을 한 보따리씩 들고 갔다고 한다. 그 종류가 30가지에 이르렀다고 하는데, 그 가운데 망개떡도 있었다. 오늘날과 같이 잎으로 감싼 것들이었다. 그때는 망개잎뿐만 아니라 뽕잎도 함께 사용했다고 한다. 안희제 선생은 여러 떡 가운데 특히 망개떡을 좋아했다고 한다. 맛은 둘째치고, 하얗고 고운 그 모양새가 '백의민족'을 떠올리기에 충분했기 때문이라고 한다. 해방 이후에도 선생 일가에서는 이 떡을 즐겨 빚었다고 한다. 지금 부림면에서 망개떡을 내놓고 있는 안희제 선생 손녀가 그 기억을 잊지 않고 있다.

이때까지는 살림 넉넉한 일부 계층만 즐기던 음식이었다. 그러다 여러 사람이 맛볼 수 있게 된 것은 1957년부터다. 집에서 해 먹는 것에 그치지 않고, 판매가 시작된 것이다. 넉넉했던 일본 생활을 뒤로하고 빈털터리로 한국에 돌아온 어느 여인 손에 의해서다. 이 여인은 먹고살기 위해 이런저런 떡을 만들어 팔았는데, 망개떡도 빠지지 않았다. 망개잎은 위생에 좋고, 떡이 눌어붙지도 않을뿐더러 보기에도 훌륭했다. 이 떡은 금세 사람들 입맛을 사로잡았다. 한번 맛본 이들은 여인이 떡 보따리를 머리에 이고 다시 찾을 시간만 손꼽아 기다렸다고 한다. 이 여인은 1970년대 중반 작은 방앗간을 마련했는데, 아들·손자가 지금도 그 자리를 지키고 있다.

망개떡은 의령 아닌 곳에서도 빚어졌다. 망개떡 장수가 골목을 누비던 기억은 많은 이가 안고 있다. 하지만 시간이 흐르면서 조금씩 사라졌다. 망개잎은 여름 한철 사용할 수밖에 없다. 1년 365일 만들 수 있는 음식이 아닌 것이다. 만드는 이, 파는 이가 망개떡으로 주머니를 채울 수 있는 기간은 1년 가운데 고작 몇 달 정도다. 그 기간 아닌 때는 또 다른 생업을 찾아야 한다. 그러니 한 해 두 해 지나면서 손 놓는 이가 많을 수밖에 없었다. 반면 의령에서는 망개잎을 소

소금으로 저장하는 망개잎.

방부제 역할을 하는 망개잎.

금에 절여 보관하는 방식으로 1년 내내 만들었다. 그 덕에 이제 '망개떡' 앞에 '의령'이 붙지 않으면 섭섭할 노릇이 됐다.

'의령 망개떡'이 전국에 본격적으로 알려진 것은 그리 오래되지 않았다. 길어야 10년 조금 더 됐다. 특별한 계기가 있었던 것은 아니다. 외지인들은 옛 기억으로만 떠올리던 이 귀한 떡을 의령 땅에서 접할 수 있으니 반가울 만도 했을 것이다. 그것이 조금씩 입으로 퍼지면서 의령 특산물로 자리 잡게 됐다.

'의령 망개떡'은 이 지역에 망개나무가 많았기에 가능했다. 망개나무는 경상도 지역에서 쓰는 말이다. 표준어는 청미래덩굴이다. 함양·산청과 전라도 지역에서는 '맹감나무'라 부르기도 한다. 백합과 덩굴성 낙엽관목인 망개나무는 자생환경이 까다롭다. 우리나라 중남부 지역, 일본·중국 등 전 세계 일부에서만 자라는 희귀종이다. 의령 땅은 기온이 적당히 서늘하고, 남강·낙동강이 흐르는 덕에 망개나무를 받아들일 수 있었다. '마땅히 편안한 땅'이라는 이 고장명을 떠올릴 만하다.

그 옛날 사람들은 떡을 오랜 기간 먹기 위해 술을 섞어 발효하는 방법을 이용했다. 방부제 역할을 하는 망개잎은 그런 번거로움을 덜게 했다. 한때는 망개잎뿐만 아니라 감잎·뽕잎도 종종 이용했다고 한다.

방부제 역할을 한다는 것은 살균 효과가 있다는 의미겠다. 동의보감에는 '청미래덩굴은 오랜 양매창^{성병}을 치료하며 독을 풀고, 풍을 없애고, 심히 허약한 증상을 보한다'고 되어 있다.

망개잎은 보기에도 곱다. 하트 모양, 혹은 사과 모양을 하고 있다. 그래서 '사랑의 잎'이라 불리기도 한다.

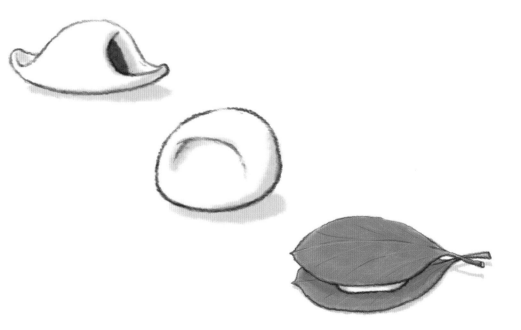

망개떡과 함께한 삶 (1)

40년 넘는 세월 바친 **임영배** 씨
"연구 끝에 망개잎 저장법 깨쳐"

의령 전통시장 옆 골목에는 남산떡방앗간이 자리하고 있다. 이 지역에서 제일 먼저 망개떡을 판매한 곳이다. 어머니 고 조성희 씨에 이어 아들 임영배(68) 씨가 대를 잇고 있다.

임 씨는 어머니가 망개떡과 인연 맺게 된 사연에 대해 전했다.

"부모님이 일본에 거주하셨습니다. 아버지가 관광가이드를 하셨는데 경제적으로 아주 괜찮았어요. 그런데 어머니께서 한국으로 돌아오고 싶다고 해서, 해방 이후 전 재산을 두고 고향 의령으로 오게 됐어요."

망개떡 저장 소금물.

돌아와서는 먹고 살기 위해 여러 장사를 했다고 한다. 그 가운데 하나가 떡 장사였다. 원래 손재주 있는 어머니였다고 한다.

"제가 초등학생 때인 1957년에 어머니가 떡을 팔기 시작했습니다.

인절미·송편 등 다양한 떡을 만들었죠. 이런저런 시도도 많이 하셨고요. 망개떡도 그 가운데 하나였습니다. 처음부터 멥쌀로 떡을 만들었죠. 사실 망개잎 성분 같은 건 잘 모르고 시작했지요. 주위에서 위생적으로 좋다 하고, 또 보기에도 괜찮아서 망개잎을 이용한 거죠. 어머니는 떡을 이고 팔러 다니셨는데 장날 때는 이내 다 팔려나갔어요. 저하고 아버지는 떡메를 치면서 돕고 했죠."

그렇게 10년 넘게 거리에서 장사하다, 1973년경 지금 자리에 방앗간을 마련했다. 쌀은 기계로 갈았으니 이전보다 한결 수월했다. 문제는 망개잎이었다.

"잎이 없으면 망개떡은 금방 굳어요. 그런데 그때는 잎 저장법을 모르니, 가을부터 봄까지는 장사할 수가 없는 거죠. 그래서 겨울에는 국수장사도 하면서 생계를 유지하고 그랬어요."

임 씨는 한때 어묵공장을 해볼까도 했지만, 결국 망개떡에 모든 것을 집중하기로 했다. 그러면서 소금물을 이용한 저장법을 깨쳤다. 그렇다고 잎에 대한 고민이 끝난 것은 아니다.

"지금 의령 내에서는 망개나무가 거의 사라졌어요. 서늘하고, 물도 있어야 하는, 그런 조건에서만 자라거든요. 아열대 기후로 변해가면서 생명을 다하는 나무가 늘었죠. 저는 다른 지역에서 들여오는 데가 있어 아직 걱정 없습니다. 서울 어느 곳에서는 중국산을 사용하더라고요. 역한 냄새가 나 상품성이 없다고 봐야죠."

방앗간 안에는 아주머니 7~8명이 떡을 빚고 있다. 시간 타임으로 일하는 이들이다. 팥을 얹고 떡을 빚는데 3~4초밖에 안 걸린다. 부인도 일을 함께하고 있고, 몇 년 전부터는 아들이 업을 잇겠다며 나섰다.

망개떡과 함께한 삶 (2)

백산 안희제 선생 손녀 **안경란** 씨

"이대로 쭉 망개 향기에 취해 살고파"

의령군 부림면 입산리에는 독립운동가 안희제 선생 생가가 있다. 이곳에서 얼마 떨어지지 않은 곳에 '백산식품'이 자리하고 있다. 안희제 선생 손녀인 안경란(76) 씨가 망개떡을 빚어내는 곳이다. 안 씨는 어릴 적 기억을 끄집어냈다.

"어릴 때 궁류면 쪽에 망개잎이 많았어요. 거기 잎을 따서 할머니가 망개떡을 빚어주셨습니다. 그러면서 할머니가 그러셨어요. '네 할아버지가 이 떡을 참 좋아하셨다'고 말입니다. 독립운동하던 할아버지가 집에서 망개떡을 많이 가져갔다고 해요. 할머니는 '아마도 배고픈 동지들 가져다주셨을 거다'라고 말씀하셨습니다."

잎을 싸지 않고, 멥쌀에 팥만 넣은 떡은 더 이전부터 만들었다고 한다. 적어도 120년 전 집안에서 자주 빚었다는 것이다.

"할아버지를 만나러 귀한 손님들이 많이 오셨다고 해요. 그때 자주 내놓던 것이 망개떡이었다고 합니다. 물론 그때는 잎을 싸지 않고 그냥 내놓았겠죠. 그때는 가난한 사람들이 해 먹는 음식은 아니었죠. 나중에 6·25전쟁 끝나고 장사하는 사람이 나오면서 여러 사람이 맛보게 됐습니다."

안 씨가 망개떡 판매에 나선 것은 그리 오래되지 않았다. 남산떡방앗간보다 한참 후다.

"임영배 씨가 장사하고 있었지만, 저희는 계속 집에서 해먹기만 했죠. 그러다 생활에 보탬이 될까 싶어 20년 전에 저도 판매에 나섰죠. 의령 아닌 외지에 파는 쪽이었죠. 백화점·농산물 전시장 같은 곳 말입니다. 그래서 오히려 바깥에서 더 소문난 것 같아요. 알다시피 여기 부림면까지 일부러 사러 오기는 어렵거든요."

안 씨는 여전히 옛날 방식을 고집한다. 기계를 사용하지 않는다. 여름날 팥 끓일 때 땀 뻘뻘 흘리며 일일이 손으로 젓는 수고를 마다치 않는다. 뜨거운 팥이 몸에 튀는 일도 다반사다.

"떡 잘 빚으면 예쁜 딸 낳는다는 말이 있죠. 정성을 다하라는 말입니다. 원래 팥이 잘 쉬어서 하루밖에 못 가요. 방부제니 뭐니 사용한다지만, 저는 그러고 싶지 않데요."

안 씨는 밋밋한 망개떡에 변화를 주려는 시도도 해 보았다. 포도진액·쑥·치자물 같은 것을 넣는 식이다. 팥 대신 땅콩을 넣어보기도 했다.

"아무도 안 사데요. 망개떡 하면 흰 것이어야 한다는 고정관념 때문

인 것 같습니다. 제가 봐도 잎이 하얀색 떡과 조화를 이루지, 색 들어간 것과는 어울리지 않는 것 같아요. 망개떡은 그냥 지금 이대로가 가장 좋은 것 같습니다."

안 씨는 여름날 땡볕도 아랑곳하지 않고 망개잎을 따러 나섰다. 도로 바로 옆 낮은 산에 잎들이 자리하고 있었다. 잎 한 장에 12~13원씩 한다고 하니 돈을 따는 셈이기도 하다.

안 씨는 잎을 따면서 연신 외쳤다. "아이고 예뻐라, 향이 정말 좋네."

망개떡과 함께한 삶(3)

떡 아닌 약이라 생각하는 **구인서·박연자** 부부

"만병통치약 달이는 마음으로 빚어"

망개떡에 특별한 사연을 담고 있는 부부가 있다. 10여년 전 부림떡 전문점을 시작한 구인서(54)·박연자(50) 부부다. 이들은 '약 달이는 마음으로 빚는 떡'이라는 말을 내걸고 장사한다. 그럴 만한 까닭이 있다.

구인서 씨는 지금은 편하게 옛이야기를 꺼낼 수 있다.

"아내 몸이 안 좋았어요. 갑상선 쪽이었죠. 이래저래 알아보니 망개 나무가 갑상선에 좋다는 걸 알았습니다. 고향이 의령이다 보니 망개 나무는 어릴 적부터 자주 접했습니다. 아주 다행이다 싶었죠. 그래

서 이 산 저 산으로 열매 같은 것을 따러 다녔죠."

열매를 구해서는 즙으로 만들어 먹였다. 하지만 그렇게 먹기에는 신
맛이 너무 강했다. 식초보다 더 셀 정도였다. 아내가 먹기 힘들어하
자 구 씨는 다른 방법을 생각했다.

"망개떡이 달잖아요. 그 안에 즙을 넣어 먹으면 되겠다 싶었어요. 실제로 아내도 한결 편해 했죠. 그렇게 몇 년 먹으니 차도가 있었어요. 물론 몸에 좋다는 다른 것도 이용했지만, 망개나무 덕을 본 것은 확실하다고 믿습니다."

구 씨는 아내 몸을 낫게 한 망개떡에 푹 빠지게 됐다. 아예 본업으로 삼고 가게까지 차렸다. 아내가 먹었던 떡을 상품으로 내놓기도 했다. 망개 열매즙 섞인 떡이었다. 하지만 새콤한 맛이 너무 강해 손님들 입맛을 사로잡지는 못했다. 구 씨는 늦게 시작한 일인 만큼 연구를 거듭했다. 일본에도 직접 다녀왔다. 망개떡과 비슷한 '가시와모치'를 직접 경험해 보기 위해서다.

"가시와모치는 망개잎이 아니라 떡갈나무 잎입니다. 그리고 멥쌀이 아니라 찹쌀을 사용합니다. 팥소도 엄청나게 달아요. 우리 입맛에는 맞지 않아요. 떡을 잎으로 감싼다는 것 말고는 망개떡과 비슷한 점은 전혀 없었어요. 그래서 망개떡이 가시와모치에서 비롯됐다는 것은 맞지 않는 이야기 같습니다."

부부는 '굳지 않는 떡'에도 신경 쓰고 있다.

"기존 떡은 입자가 크죠. 그런데 이걸 좀 더 오래 치대면 입자가 가늘어집니다. 굳지 않는 떡은 그러한 원리를 이용한 겁니다. 최대 5일까지 가능합니다. 그리고 팥이 잘 상하는 것도 문제인데, 이는 진공 포장을 통해 해결할 수 있습니다. 맛에는 차이가 없다고 보면 됩니다."

부부는 망개떡에 대한 그들만의 자료를 정리한다. 특히 망개나무 효능에 관한 관심은 여전하다. 자료에는 이렇게 적혀 있다. '망개떡은 만병통치 떡입니다.'

음식 이야기

각각의 재료가 빚은 조화로운 맛

"제일 손이 많이 가는 떡이 아닐까 싶어요. 기계가 하는 일도 있지만 결국에는 '손'이 필요하죠. 물론 힘들죠. 그렇다고 대충 만들어 내다 팔 순 없잖아요."

의령 사람들에게 망개떡은 '정성'이다. 처음부터 끝까지 손 안 가는 일이 없다. 그 때문에 각 가정에서 따로 만들어 먹는 일도 드물다. 망개잎만 봐도 그렇다.

망개떡 용으로 쓰이는 잎은 6월 말에서 7월까지만 채취 가능하다. 이 기간이 지나면 잎이 빨갛게 익기에 사용할 수 없다. 이 시기에 채취한 잎은 100장씩 묶어 염장한다. 망개잎이 지닌 독과 이물질을 제거하고 오랫동안 보관하기 위함이다. 염장에 들어간 잎은 길게는 1

년 가까이 둔다. 우리가 먹는 망개떡은 1년 전에 딴 잎을 사용했다 보면 된다. 염장을 마친 잎은 깨끗하게 씻은 후 찐다. 이후 혹시라도 남아 있을 소금기를 제거하고자 한 번 더 씻는다. 그리고 크기·상태 별로 정리하여 냉장보관 한다.

팥소 만드는 일은 더 바쁘다. 보통 팥 한 말을 달이는 데 7시간가 량 걸린다. 물론 마냥 넋 놓고 있을 수도 없다. 팥을 수시로 저어주 는 기계가 있다고는 하나, 바닥에 눌어붙는 걸 막으려면 주걱을 손 수 써야 한다. 끓어오르는 열기 곁에서 팥을 젓기란 여간 어려운 일 이 아니다. 달인 팥은 10시간 동안 그대로 두고 나서, 시원한 곳으로 옮겨 다시 한 번 식힌다. 이후 알맞은 양으로 나눠 담아 진공 포장 하고서 냉장보관해야 겨우 끝이다. 떡피도 마찬가지다. 우선 멥쌀을 8시간 넘게 물에 담갔다 꺼내 소금 간을 하고 분쇄한다. 분쇄한 멥쌀은 25분가량 찌고, 사래떡처럼 길게 뽑아 '피 밀이 기계'에 넣는다. 납작해져 나온 피는 적당한 크기로 잘라 정리하면 된다. 잎, 소, 피. 망개떡을 이루는 3가지 주재료는 이렇게 완성된다. 물론 다가 아니다. 이 재료들을 한데 모아 떡을 빚고 포장하는 일 역시 '수작업'의 연속이다.

이는 망개떡을 전문적으로 만들어 파는 업체에게도 고역이다. 일손이 많고, 시설이 잘 갖춰져 있을 뿐 딱히 다를 게 없다. 오히려 팥을 끓이다 덴 자국, 떡을 빚어 생긴 굳은살만 무성하다. 물론 좀 더 편한 방법을 찾아 쉽게 만들 수도 있다. 하지만 선뜻 나서는 이는 없다. 작은 변화는 있을지언정 옛 방식을 고수한다. 큰 수익이나 저 홀로 특출난 맛을 원하며 부리는 고집은 아니다. 그저 '더 맛있고 오래가는 떡'을 바랄 뿐이다. 괜한 자존심 때문도 아니다. 단지 그 속에

100장씩 묶어 보관하는 망개잎.

는 각기 다른 재료가 한데 모여 기막힌 맛을 내는 망개떡처럼 '공동체 의식'이 담겨 있다.

의령 사람들은 '혼자 잘나간다고 의령 망개떡 전체가 발전하진 않는다'는 것을 일찍이 깨달았다. 이에 느리더라도 함께 발맞춰 나아가는 길을 택했다.

우선 재료부터 달리했다. 쌀과 팥 대부분은 의령 농가들과 결연해 재배했다. 농가에겐 든든한 수입원이 생긴 셈이다. 망개잎은 100개 묶음당 1200~1300원가량 처줬다. 망개잎 가치 재해석, 새로운 소일거리 탄생, 부족한 일손 해결 등을 따져볼 때 탁월한 교류였다. 그사이 '국산 재료만을 쓴다'는 자부심도 키워갔다. 의령산 재료가 부족할 시에는 전국 각지로 망개잎을 찾으러 다녔고, 다른 도·시·군 농가와 손잡고 팥을 마련했다. 수입은 줄더라도 책임감은 늘렀다. 정량이상을 만들어 떡이 상하게 하거나 굳게 만드는 일도 줄였다. 덕분에 상품가치는 날로 올랐다. 더불어 주문·방문 판매를 활성화하며 의령을 알리는 데도 기여했다.

의령군도 힘을 보탰다. 지난 2008년 의령군은 의령망개떡협의회와 함께 지리적 표시제 등록 추진계획을 수립하고 연구용역 등으로 등록 준비를 꾸준히 해 왔다. 그리하여 2011년 의령 망개떡을 지리적 표시제 제74호로 등록시켰다. 이어 창원상공회의소 지식재산센터와 공동으로 '의령 망개떡 지리적 표시 단체표장' 등록을 추진, 2012년 3월 '등록결정'이라는 결실도 거뒀다. 이로써 의령 망개떡은 상품명칭 침해에 대해 민사·형사상 보호를 받을 수 있게 되었다.

업체들의 다양한 시도도 잇따랐다. 망개떡은 '하얗다'는 편견을 깨고 녹색, 노란색 등 색색 망개떡과 뽕잎·보리·현미 망개떡 등을 선보인

것이다. 떡피에 쑥을 갈아 넣거나 치자물을 섞고, 흑미로 반죽하는
등 갖가지 변화를 준 결과다. 하지만 아쉽게도 소비자 호응은 별로
였다. 홍보가 부족했던 탓도 있지만 소비자들이 고유한 망개떡 맛과
이미지를 쉽사리 떨쳐버리지 못했기 때문이기도 하다. 그렇다고 그
누구도 이를 고깝게 여기지 않았다. '소비자에게 맞추는 것이야말로
상도덕'이라며 망개떡 발전의 한 과정으로 여겼을 뿐이다.

오늘날 의령 3대 먹을거리에 망개떡은 당당히 이름을 올리고 있다.
더불어 소바, 소고기국밥에 비해 '부가적인 음식'이라는 인식도 점차
변하는 추세다.

여전히 노력도 지속하고 있다. 업체들은 한 입에 쏙 들어가는 떡을
만들고자 무게를 개당 30~35g 정도로 유지하고 있다. 여기에 팥소

는 10g, 떡피는 가로·세로 7㎝ 내외로 한다. 떡을 쌀 때는 돌돌 말거나 사각형으로 싸는 등 그 방식과 모양에 변화를 주기도 한다. 떡피를 반죽할 때 망개즙을 넣는 곳도 있고, 망개잎을 보기 좋게 일일이 자른 후 쓰는 곳도 있다. 소비자로서는 각 업체를 비교해가며 골라 먹는 재미도 생겼다. 최근에는 '굳지 않는 떡' 기술을 이전받아 '택배망개떡'이라는 새 시장도 개척한 상태다.

'망개~떠억, 망개~떠억'을 외치던 망개떡 장수는 이제 사라졌다. 이에 어떤 이는 예전 그 모습을 기억하며 추억에 잠길지도 모른다. 하지만 마냥 그리워할 이유는 없다. 옛 모습은 사그라졌지만 정성만큼은 여전하다. 게다가 한마음 한뜻 속에서 망개떡은 날로 진화 중이다. 그 차진 맛처럼 '의령'을 앞에 붙이고서.

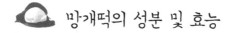# 망개떡의 성분 및 효능

망개잎, 해열·해독에 효과

망개떡은 뛰어난 맛만큼이나 다양한 효능을 품고 있다. 속을 가득 채운 팥소만 봐도 그렇다. 주재료인 팥은 탄수화물(68%)과 단백질(20% 내외)이 주성분이다. 이 중 탄수화물은 전분이 34%를 차지한다. 전분은 식후 포만감이 커 다이어트 식품으로 적합하고 삶아도 끈적이지 않아 가공하기에 좋다. 팥에는 우유보다 무려 6배나 많은 단백질이 들어있다. 더불어 철분이 117배, 니아신비타민 B3은 23배나 많아 심장, 간, 혈관 등에 지방 축적을 막아주는 데 유용하다.

망개떡 떡피는 100% 멥쌀로 만든다. 멥쌀은 콜레스테롤과 중성지방 농도를 낮추고 혈압을 조절하고 간 기능을 좋게 하며 소화흡수율이 좋다. 이에 떡을 멀리하는 중년 이상 남성이나 당뇨병 환자들도 망개떡은 쉽게 먹을 수 있다. 동의보감에서는 멥쌀을 일컬어 '성질이 따뜻하고 맛이 짜면서 시고 독이 없다. 답답한 것을 없애고 위를 조화시키며 설사를 멎게 한다'고 전하고 있다. 멥쌀이 '오곡의 우두머리'라는 말이 허투로 들리지 않는다.

망개잎도 빠질 수 없다. 망개잎은 방부제를 대신하고 특유의 향을 내고자 사용하지만 효능도 많다. 망개잎은 열을 내리고 독을 푸는 데 유용하다. 특히 수은 중독을 푸는 데 효과가 큰 것으로 알려졌으며 땀을 잘 나게 하고 소변을 잘 보게 하는 데도 뛰어난 효능을 보인다. 이에 의령에서는 망개잎을 달여 차로 먹기도 한다. 망개떡에는 들어가지 않지만 망개나무 뿌리 역시 예로부터 '토복령'이라 불리며 널리 사용돼 왔다. 망개나무 뿌리는 매독이나 종기·악창·만성피부염 치료에 좋고, 하루 10~30g을 달여 먹으면 간염·간경화·지방간 등을 예방할 수 있다고 한다.

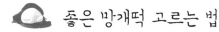 좋은 망개떡 고르는 법

'자연한잎' 브랜드 확인 필수

좋은 망개떡을 고르는 요령은 딱히 없다. 그전에 잘 굳고 상하는 망개떡 특성상 '오리지널 의령 망개떡'을 시중에서 만나기도 쉽지 않다. 망개잎을 보면 어느 정도 짐작할 수는 있다. '벌레가 먹지 않아야 한다'는 것은 당연하고 부드러운 앞면으로 썼는지, 잎 크기에 따라 한 잎 혹은 두 잎이 떡을 잘 감싸고 있는지 살펴봐야 한다. 염장한 잎을 사용하므로 '짙은 녹색'이 아닌 '녹갈색'을 띤다는 것도 알아둘 필요가 있다. 그렇다고 잎에만 의존하기에는 또 부담이 크다. 다행히 '오리지널 의령 망개떡'을 알아보는 방법도 따로 있다. 의령 지역 10여 곳에서만 맛볼 수 있는 귀한 떡은 '자연한잎'이라는 공동 브랜드(상자)에 담긴다. 지리적표시제 제74호로 등록된 (새)의령망개떡협의회의 '자연한잎 의령망개떡'은 곧 안전하고 신뢰할 수 있는 명품 먹을거리를 상징한다. 게다가 특허청에서 인증하는 지리적표시 단체표장도 새겨져 있다. 이는 다른 지역 상품과 구별되는 품질이나 명성, 그 밖의 특성을 지니고 있음을 나타낸다.

안고 있는 고민

~

민감하고 번식력 약한 망개나무 사라질까 걱정

이곳 사람들 옛 기억을 빌리자면 의령에는 망개나무 천지였다. 이산 저산 어디에서나 망개나무를 쉽게 볼 수 있었다. 그러다 보니 1960년대에는 망개잎을 일본에 대량 수출했다고 한다. 그 양이 줄기는 했지만, 10여 년 전까지도 수출은 이어졌다고 한다.

그랬던 잎이 갈수록 귀한 존재가 되고 있다. 번식력도 약할뿐더러 주변 큰 나무에 치이기 때문이다.

망개나무는 햇빛을 받지 못하면 쉽게 허약해진다. 오늘날 주변 여기저기에 소나무가 자리하면서 해를 가려버린 것이다. 이 때문에 시름시름 앓다 죽어가는 망개나무가 늘고 있다. 누군가는 "의령에서는 얼마 안 가 멸종될 것"이라는 전망까지 한다.

그래도 아직은 망개잎 무성한 뒷산을 어렵지 않게 발견할 수 있다. 망개잎 따는 이들은 자신들만 아는 장소가 다른 이 귀에 들어갈까 봐 마음 졸인다.

의령 아닌 경상북도·충청도 같은 곳에서 잎을 들여오기도 한다. 여기서도 중국산 이야기는 빠지지 않는다. 중국산은 거북한 냄새가 나 사용하기 어렵다고 한다. 하지만 다른 지역에서 생산되는 망개떡 가

운데는 중국산 잎이 사용되기도 한단다.

의령농업기술센터에서는 망개나무 번식을 시도하기도 했다. 하지만 별다른 성과는 없었다고 한다. 망개나무는 아주 민감하고, 까다롭다. 사람 손을 탄 것은 그리 잘 자라지 않는다고 한다. 인위적인 노력을 들인다고 해서 번식할 수 있는 종이 아니라는 것이다.

현재로서는 뾰족한 수 없이 그냥 자연에 맡겨둘 수밖에 없어 "답답한 노릇"이라는 한탄만 나온다.

한편으로 누군가는 소나무 걱정을 하기도 한다. 망개나무 줄기는 가시가 많다. 그러한 줄기는 주변 나무를 감는다고 한다. 이 때문에 소나무 역시 곱게 자라지 못한다는 것이다. 망개나무와 소나무는 함께하면 서로 좋을 게 없는 듯하다.

망개떡 유래는 일본 가시와모치?

의령 망개떡과 일본 가시와모치를 비교하는 이가 많다. 일본어로 가시와모치는 곧 떡갈잎으로 싼 떡을 말한다. 하지만 일부 지방에서는 떡갈나무 대신 망개잎을 쓰기도 해 모양조차 망개떡과 유사하다. 떡속도 망개떡이 덜 달긴 하지만 팥이 주재료로 쓰인다는 것은 같다. 이에 어떤 이들은 망개떡이 '일본에서 이식된 떡'이라 하기도 한다.

그러나 의령사람들은 한 입을 모아 '망개떡과 가시와모치는 다르다'고 말한다. 그 근거로 '떡피'를 내세운다. '망개떡 떡피가 100% 멥쌀로 만드는 것에 비해 가시와모치는 찹쌀로 만든다'는 것이다. 더불어 '찹쌀로 떡피를 만들 경우 입은 물론 떡을 감싼 잎에도 달라붙어 먹기가 번거롭다'며 '망개떡은 그런 일 자체가 없다'고 덧붙인다. 어떤 이는 지나치게 단 가시와모치 맛을 지적하기도 하고 망개떡이 훨씬 손이 많이 간다는 점을 강조하기도 한다.

'돌덩이 같은 떡'이라는 말이 있었다. 망개떡도 여기에서 벗어나지 못했다. 멥쌀로 만드는 까닭에 하루가 지나면 딱딱하게 굳어 버리곤해 전국판매에 어려움이 많았다. 하지만 지난 2012년 의령군은 한국식품연구원과 공동연구 개발로 방부제가 필요없는 '택배망개떡'을 개발했다. 떡을 찌거나 식히는 과정에서 쉽게 굳거나 상하는 것을 방지하는 방법을 찾은 것이다. 그 결과 고유의 쫄깃한 맛은 살리되 유통기한이 기존보다 3배 이상 긴 망개떡을 선보일 수 있게 됐다.

망개떡을 구매할 수 있는 곳

의령망개떡(남산떡방앗간)

의령군 의령읍 의병로18길 3-4/055-573-2422

부림떡전문점

의령군 부림면 대한로 1779/055-574-3331

의령백산식품

의령군 부림면 입산로2길 37/055-574-2843

의령부자망개떡

의령군 정곡면 법정로 973-5/055-573-5559

의령망개떡김가네

의령군 의령읍 충익로 22-1/055-572-1500

의령토속식품

의령군 칠곡면 산남길55/055-572-3718

고성 갯장어

보았다, 그것은 땀과 눈물의 바다에서 잉태되는 것임을

하루 온종일 한 땀 한 땀 낚싯바늘을 정리한다.
모두 잠든 새벽 3시, 바다인지 하늘인지 모를
어둠 속으로 출항한다.
하나씩 미끼를 끼워 더 먼 바다로 나간다.
모든 과정에 손 안 드는 것이 없다.
여름 한낮의 태양과도 싸워야 한다.

모양이 험하다 해서 맛까지 험할쏘냐.
하얀 속살에 숨은 가시를 하나하나 다듬는다.
모래진흙서 밥상에 오르기까지 하루가 걸리지 않는다.
모험 같은 나날이 이어져도 조급해 않는다.
하늘이 정해준 양대로 살기 때문이다.
모자라면 모자라는 대로 남으면 남는 대로….

갯장어가 특산물 된 배경

'자란만' 물은 따듯하고 바닥은 모래진흙

7월 중순, 고성군 삼산면 두포마을. 이 어촌마을은 오전 내내 조용하다가 낮 12시를 향하자 시끌벅적해진다. 바깥에서 연이어 들어온 자동차는 하나같이 '하모'라는 글이 내걸려 있는 갯장어 횟집들 앞에 멈춘다. 손길 분주한 주인장은 "통영에도 하모가 유명하다지만, 거기 사람들도 일부러 여기까지 와서 먹는다"고 말한다. 대수롭지 않게 한 마디 툭 던지는 듯하지만, 그 으쓱함은 숨길 수 없다. 여름날, 고성은 갯장어^{하모}로 꿈틀거리고 있다.

고성군은 기름진 땅 덕에 '쌀' 좋기로 이름난 고장이다. 넉넉한 바다까지 품고 있다. 그래서 굴·미더덕·멸치 같은 것도 쏠쏠하게 내놓는다.

하지만 이것들을 지역 특산물로 내세우기에는 좀 부족하다. 경남에서 굴은 통영, 미더덕은 창원 진동, 멸치는 남해가 떡하니 차지하고 있다. 그래서 갯장어는 이 지역에서 더 큰 의미로 다가온다. 갯장어 앞에 당당히 '고성'을 붙여도 토를 다는 이는 많지 않다.

고성 '자란만'은 갯장어를 품고 있는 곳이다. 갯장어는 따뜻한 물을 찾아다닌다. 5월이 되면 서·남쪽 연해로 몰려들어 10월까지 활동한다. 낮에는 수심 20~50m 모래진흙 바닥에 숨어 있다가 밤이 되면 활동한다. 이러한 환경이 들어맞는 곳이 고성 자란만이다. 이곳은 삼산면과 하일면에 걸쳐 있다. 1895년 만들어진 〈조선통어사정〉에는 갯장어가 '경상도 도처에 서식하고 있다'는 내용이 있는데, 고성 자란만이 그 중심이다.

고성군 자란만 일대에서 나고 자란 이들은 옛 기억을 쏟아낸다.

"그때는 이따 만한 놈들이 낚싯줄에 연신 올라왔지."

"고성에 쌀이 많이 나지만, 바다 주변에서는 귀할 수밖에 없지. 그래서 겨울에는 우선 쌀을 빌려다 먹어. 그리고는 여름에 잡은 갯장어로 그 값을 대신 치렀지."

"여름에 바짝 벌어서 한 해 먹고 살기 충분했던 시절이 있었지."

갯장어는 일제강점기는 말할 것도 없고, 1990년대 초반까지만 해도 상품성 있는 놈들은 전량 일본에 수출했다. 전체 어획량 가운데 상품 가치 있는 것이 80%, 그 나머지 부실한 놈들은 갯장어 잡는 이들 몫 정도였다.

국내에서 본격적으로 찾게 된 것은 20년 정도밖에 되지 않는다. 일본 사람들이 즐겨 먹는 방식인 '유비키'라 할 수 있는 '하모 샤부샤부'가 이곳 고성에 들어온 지도 10년 정도에 그친다.

갯장어는 뱀을 떠올리게끔 한다. 살아 움직일 때 모양새는 꽤 부담

스럽다. 그 탓에 옛사람들로부터 고운 대접은 받지 못했다. 옛 문헌
에는 '뱀을 닮은 모습에 사람들이 꺼리고, 먹기보다는 일본에 팔기
위해 잡았다'라고 언급해 놓았다.

한때 일본에 전량 수출되었던 것은 비싼 가격이 이유이기도 했다.
하지만 꺼릴 만한 그 외관도 한몫했던 듯하다.

여기다 교통 사정이 좋은 편이 아니어서, 바깥으로 내다 팔기도, 그렇다고 외지인들이 편히 들어와 먹기도 어려웠던 점도 있었다.

뒤늦게 그 매력에 빠진 사람들은 이제 여름 보양식으로 갯장어를 찾는다. 오늘날은 국내 소비량도 감당하기 어렵다. 이제 일본 수출은 전체 어획량 가운데 15~20% 수준으로 줄었다. 창원·진주 같은 곳에서도 여름이면 갯장어를 어렵지 않게 맛볼 수 있다. 전남 여수·고흥에서 들어오는 것도 있지만, 대부분 고성 것들이라 보면 되겠다. 수송 사정이 나아졌다고 한들 현지 것을 따라갈 수는 없겠다. 그 이유 중에 수족관 물이 큰 영향을 미치기도 한다. 고성에서는 갯장어 환경에 맞는 바닷물을 퍼 올려 수족관을 채운다.

그런데 수산 자원은 늘 그런 법이다. 무분별한 사람 손길을 언젠가는 감당하지 못한다. 갯장어 역시 그렇다. 사람들이 당장 눈앞 이득만 바라보고 어린놈까지 잡아 올리는 바람에 20년 전과 비교해 그 수가 줄었다. "한 해 한 해 올라오는 양이 다르다"는 푸념을 어렵지 않게 들을 수 있다. 수온이 높아지는 것도 이유지만, 지난 세월을 먼저 탓해야겠다.

그래도 뒤늦게라도 갯장어 수를 늘리기 위해 어민들 스스로 자정 노력을 하고 있다. '갯장어 자원회복 동참 어선'이라는 깃발을 저마다 달고 있다. 보통 3~4년 된 길이 60cm 이상 것을 잡는데, 40cm 이하 것은 그냥 두려 한다. 하지만 "그래도 잡을 수 있는 양이 워낙 적다 보니까…"라며 그 미련을 쉽게 버리지 못하는 눈치다.

식탁 앞에서는 '갯장어'보다 '하모'가 더 익숙하게 다가온다. 그 느낌에서 알 수 있듯 일본에서 들어온 말이다. '하모(ハモ)'는 '물다'라는 의미를 둔 '하무(はむ)'에서 비롯된 것으로 전해진다. 갯장어는 아무것이

나 잘 무는 습성이 있다. 그래서 '바다의 깨물기 대장'이라는 별명도 달라붙는다. 경상도에서는 '그래' '맞다'는 의미로 '하모'라는 사투리를 쓴다. 그래서 갯장어를 지칭하는 '하모'라는 말이 경상도 사람에게는 차지게 다가오는 면도 있다.

장어는 종류가 많아 헷갈리는 경우가 많다. 하모라 부르는 갯장어 외에 아나고는 붕장어, 곰장어는 먹장어, 민물장어는 뱀장어이다. 일반 사람들이 장어를 외형만 놓고 구분하기란 쉽지 않다. 다만 갯장어는 뱀에 가장 가까운 모습을 하고 있다는 것 정도로만 이해하면 되겠다.

갯장어는 '메가리', 즉 전갱이를 미끼로 해서 오직 주낙으로만 잡는다. 붕장어와 달리 통발 안으로는 들어가지 않는 습성이 있다고 한다.

활동성이 좋아 보고 있노라면 "살아있네~"라는 말이 절로 나올 법하다. 앞으로만 헤엄치는 것이 아니라 뒤로도 이동한다. 바다에서 잡은 놈을 수족관에 두면 하루 정도는 얌전하다. 하지만 변화된 환경에 익숙해지면 머리와 꼬리를 치켜든다. 공격적인 그 습성을 이내 드러내는 것이다. 갯장어는 날카로운 송곳니가 위에 네 개, 아래에 두 개 있다. 단지 무는 것으로 그치지 않는다. 스스로 온몸을 비틀어 치명타를 입히려 애쓴다. 칼로 머리를 끊어도 그 뾰족한 이빨을 드러내며 끝까지 위협하려 한다. 물리면 살점 떨어지는 것은 예사다. 갯장어 다루는 이들은 손목 주위에 갯장어에 물린 흉터가 여기저기 있다.

1814년 정약전이 쓴 어류학문서인 〈자산어보〉에는 갯장어를 '견아리 犬牙鱺'라 표현했다. '입은 돼지같이 길고, 이빨은 개처럼 고르지 못하

다'는 것이다. 장어 효능에 대해서는 '맛이 달콤하여 사람에게 이롭다. 오랫동안 설사하는 사람은 이것으로 죽을 끓여 먹으면 이내 낫는다'라고 설명했다.

갯장어 산란 환경은 정확하게 파악되지 않아 아직 양식으로 이어지지는 않았다. 여름 한철에다 오직 자연산밖에 없으니, 인간으로부터 귀한 대접을 받을만하다.

갯장어잡이배는 새벽 3시 잠에서 깬다.

힘넘치는 갯장어를 만나기 전에 할 일이 있다.

출항 후 갯장어 미끼인 전갱이부터 끌어올린다.

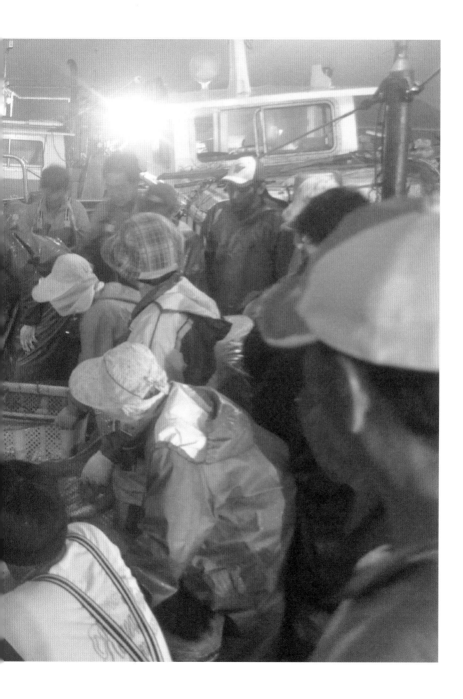

갯장어와 함께한 삶

삼산면 두포리서 식당 운영하는 **차태수** 씨

섬세한 칼질로 샤부샤부 선보이다

오전부터 점심 손님맞이로 분주하다. 11시 조금 지나서부터 몰려든 손님은 오후 2시 30분을 넘어서야 빠져나간다. 그때야 가족, 그리고 함께 일하는 이들이 뒤늦은 식사를 한다. 그러면 곧바로 또 저녁 손님 준비에 들어간다. 좀 이른 시간에 찾기로 한 예약 손님이 있어 식탁에 기본 찬을 깔기 시작한다. 오후 5시를 넘기자 손님 발길이 또 이어진다. 그렇게 정신없이 손님을 치르고 오후 9시나 되어서 저녁을 먹는다. 마지막 손님이 떠나고 정리하면 하루는 이미 지나 있다. 고성군 삼산면 두포리에서 '부산횟집'을 운영하는 차태수(49) 씨는 여름 내내 이러한 하루를 이어간다. 차 씨는 가족과 함께 식당을 운영하고 있다. 칠순 넘은 아버지, 예순 넘은 어머니가 직접 갯장어를 잡아온다. 물론 그것만으로는 손님 몫을 다 감당하지 못한다. 부족한 물량은 따로 들여온다. 그래도 이렇게 직접 잡은 것을 내놓는 횟집이 고성에 두어 군데밖에 없다. 오후 2시를 넘기자 부산횟집 창문

너머로 배 한 척이 들어온다. 차 씨는 큰 통을 들고 선착장으로 나간다. 갯장어잡이를 마치고 돌아오는 차 씨 부모 표정은 어제나 오늘이나, 많이 잡히나 적게 잡히나 늘 똑같다. 차 씨 옆에는 남동생이 서 있다. 주방에서 갯장어 손질을 맡고 있다.

차 씨 동생은 아버지·어머니에게 김밥 두 줄을 건넨다. 부모들은 10시간 넘게 배에 있으면서 간단한 식사를 하기도 한다. 하지만 작업에 열중해 끼니 놓치는 일이 잦다는 것을 모르지 않는 작은아들이다.

차 씨가 아버지한테 묻는다.

"오늘은 좀 잡히던가예?"

아버지는 심드렁한 표정으로 짧게 대답한다.

"별로다."

하지만 배에 담긴 갯장어를 본 차 씨 얼굴에는 엷은 미소가 흐른다.

"오늘은 많이 잡힌 편이네. 40kg 정도는 되겠는데?"

차 씨는 갯장어를 통에 옮겨 담고서는 동생과 함께 횟집 수족관으로 향한다. 횟집에서는 차 씨 아내가 밀려드는 손님을 상대하고 있다. 차 씨 부부, 부모님, 동생 등 7~8명이 횟집 일에 매달린다. 물론 여름 지나면 일반횟집과 다름없다. 이때는 손님이 덜하다. 사실상 갯장어 한철 장사다. 차 씨가 이곳에서 갯장어 횟집을 한 지는 10년 좀 넘었다.

"20대 때부터 부산 자갈치 시장에서 칼질을 10년 넘게 했거든. 주방에서 회 써는 것 배워 가며 오래 일했지. 그렇게 한동안 밖에서 지내다가 1997년에 고향 고성으로 돌아왔고."

차 씨 부모님은 고향에서 어장을 하고 있었다. 갯장어도 많이 잡았다. 부모님 일을 돕던 차 씨는 갯장어에 눈 돌리기 시작했다.

"아예 갯장어 횟집을 해 봐야겠다고 생각했지. 그 당시 고성에서 갯
장어 하는 집은 두 곳밖에 없었거든. 갯장어는 몸 전체가 가시라서
잘게 썰어야 하는 기술이 필요하거든. 전남 여수는 이미 갯장어로
이름 알려졌을 때라 거기서 다루는 법을 배웠지."

빚을 내서 땅 사고 건물을 지었다. 부산 자갈치 시장에 대한 기억이
있어 간판은 '부산횟집'으로 내걸었다. 그렇게 2003년 횟집 문을 열
었다.

물론 반응이 좋았다. 수천만 원에 이르던 빚을 3년 만에 깔끔하게

털었다. 차 씨는 여기서 한발 더 나아가기로 했다. 당시 고성에서는 갯장어를 회로만 먹는 정도였지, 샤부샤부는 구경할 수 없었다. 차 씨는 더 섬세한 칼질을 통해 샤부샤부를 선보였다. 불과 7~8년 전이다. 손님들로서는 흔히 접하지 못한 음식이었다. 뽀얀 속살을 육수에 적시니 칼집이 예쁘게 드러나는 것만으로도 훌륭했다. 가시가 입에 부딪히는 느낌도 없었다. 입안에 부드럽게 감기는 그 맛은 일품이었다.

한번 맛본 이들은 단골이 되었다. 회보다 값을 좀 더 치르고서라도 샤부샤부를 찾는 이가 늘었다. 주변 횟집에서도 내놓기 시작하면서 이제 삼산면 두포리는 '하모 샤부샤부'로 유명한 마을이 되어 있다.

"대전·서울에서 오는 건 예사지. 외국 살던 사람이 일 때문에 서울에 왔다가 갯장어 맛을 못 잊어 우리 집에 발걸음 하기도 했고."

차 씨는 갯장어에 대한 이야기를 이어갔다.

"내 어릴 때도 갯장어 잡는 배가 많았지만, 아는 사람들이나 조금씩 먹었지, 바깥사람들은 몰랐어. 가끔 휴가오는 사람들만 한 번씩 맛보는 정도였을까…. 여기서 잡은 거는 전부 일본에 수출했지. 갯장어잡이가 제일 좋았을 때는 1990년대 초반 정도였다고 보면 돼. 그때는 kg당 3만 원 정도 했다고 하니 엄청난 거야. 20년 지난 지금도 그 정도 가격이 안 되니까. 갯장어로 외화 많이 벌어들인 셈이지. 지금은 우리 먹을 것도 부족한데 수출할 수가 있나."

몸에 그리 좋다는 장어를 늘 접하고 있는 차 씨다. 그 덕을 좀 보고 있을까?

"우리야 뭐, 자주 먹으니까 한번 먹었다고 기운 넘치고 그러지는 않지. 그래도 몸 아픈 데 없는 걸 보면 그 덕 아니겠어. 허허허."

기다림 끝에 귀한 놈을 만나다

체력 유지가 어려운 여름이면 '보양식'이 많은 사람 입에 오르내린다. 제철 보양식으로 뭘 먹을지 고민하는 일은 여름에만 누릴 수 있는 특권이다. 이런 면에서 갯장어는 인기 만점이다.

갯장어는 5월 말부터 9월까지가 제철이다. 일부 어민은 '9~10월이 더 맛있다'고도 하나, 여름 한복판에서 맛보는 갯장어는 특별할 수밖에 없다. 고성군 삼산면 두포리 주민들이 매일같이 바다로 향하는 이유도 이 때문이다.

가격이 말해 주듯 갯장어는 그야말로 '귀한 몸'. 그도 그럴 것이 식탁에 오르기까지 '기다림'의 연속이다.

여름 한철을 기다리는 건 말할 것도 없다. 여름철이면 식중독이나 비브리오 위험 때문에 생선류를 금기시하기도 한다.

하지만 갯장어만큼은 예외다. 이에 고성군 일대 횟집에선 '하모 개

갯장어 샤부샤부.

시'라는 펼침막을 내걸며 여름을 반긴다. 물론 여기에는 갯장어 샤
부샤부가 큰 힘을 보태고 있다.

샤부샤부는 갯장어를 적당한 크기로 포를 뜨고서 펄펄 끓인 육수
에 데쳐 양념간장에 찍어 먹는 음식을 말한다. 부드러우면서 탱글탱
글한 육질, 시원한 육수 맛이 일품이다. 특히 익혀 먹다 보니 식중독
에 걸릴 염려가 없다. 더불어 신선한 채소·약재가 들어가 담백함을
더하고 기운을 북돋아 주니 해마다 찾는 이가 늘고 있다.

어떤 이는 경상도와 전라도 샤부샤부 맛을 비교하기도 한다. 전라도
는 깔끔한 국물이 특징인 반면 경상도는 그보다 더 맵거나 짜다는

것이다. 하지만 그 차이가 어떻든 제철 보양식을 맛볼 수 있다는 건 변함없다. 판매자로서도 여름철 든든한 지원군을 얻는 셈이니 '기다린 가치'가 충분하다.

샤부샤부도 좋지만 갯장어가 가장 빛을 발하는 건 역시 회다. 갯장어는 다른 장어류와 달리 횟감으로 맛이 뛰어나다. 게다가 100% 자연산이라는 점도 갯장어회가 사랑받는 이유다.

갯장어는 잔가시가 많다. 그 때문에 회로 내놓으려면 토막 내듯 잘게 썰어야 한다. 하지만 이게 보통 일이 아니다. 이곳 주민들조차 '기술자 아니면 힘들다'고 할 정도다. 게다가 어떻게 써느냐에 따라 그 맛이 달라진다 하니 신중을 기할 수밖에 없다. 또 갯장어는 유독 손이 많이 가는 생선으로 꼽힌다. 껍질을 벗겨 내고 잔가시, 지느러미, 내장, 머리를 제각각 다뤄야 한다. 버릴 게 없다 보니 주방장들은 칼질에 더 신경을 쓴다. 갯장어회가 나오기까지 시간이 한참 걸리는 이유도 여기에 있다.

막상 나온 갯장어회는 허겁지겁 먹기보단 천천히 음미할 것을 권한다. 갯장어회는 씹으면 씹을수록 고소한 맛이 나는 게 특징이기 때문이다. 물론 쌈을 싸먹거나 초고추장에 찍어 먹어도 무방하다. 콩가루를 얹어 먹거나 브로콜리, 오이, 당근 등 각종 채소를 곁들여 먹

갯장어 회는 콩가루를 얹어 각종 채소를 곁들여 먹는다.

는 것도 좋다. 그렇지만 방식이야 어떻든 제맛을 느끼도록 입안에서 적당히 '기다리는 것'은 필수다.

가장 맛있는 크기는 4~5마리 1kg으로 뽑힌다. 마리당 무게는 200~250g, 크기는 60cm 정도다. 너무 큰 것은 잔뼈가 억세 식감이 떨어진다. 반대로 40cm 미만의 작은 것은 어종 보존을 위해 낚시 때 곧바로 놓아준다.

구이용은 회보다 좀 더 큰 게 선호된다. 살이 통통하고 기름기가 꽉 차야 구웠을 때 부드러운 맛이 잘 살아난다. 이곳에서는 소금구이보다 양념구이가 더 인기다. 고춧가루, 마늘, 설탕, 파 등으로 만든 양념장은 맵지 않고 단맛이 강해 어린아이 입에도 딱 맞다. 양념 제조법은 각 횟집 기밀사항이기도 하다.

고성군 삼산면 두포리에는 갯장어를 전문적으로 취급하는 횟집만

갯장어 구이.

네다섯 군데 된다. 모두 인접해 있는 까닭에 손님이 많이 몰리는 점심·저녁 시간에는 색다른 풍경을 볼 수도 있다. 7~8명이 승합차 한 대에서 우르르 내려 횟집으로 향하는가 하면, 횟집 사이사이에서 한바탕 '만남의 장'이 펼쳐지기도 한다. 끊임없이 손님을 맞는 집, 상대적으로 한가한 집도 확연히 구분된다. 그렇다고 도로까지 나와 호객행위를 하거나, 서로 다투는 일은 결코 없다. 소비자로선 취향대로 자신만의 단골집을 만들어 볼만하다.

이들 횟집에서 맛볼 수 있는 갯장어 요리는 회, 샤부샤부, 구이로만 그치지 않는다. 어렵사리 잡은 갯장어는 전부를 내어준다. 껍질과 머리는 탕에 쓰인다. 갯장어탕은 토막 낸 살과 껍질·머리로 국물을 우려내고 고춧가루, 방아잎, 고사리, 숙주 등을 넣고 한소끔 끓인 후 마늘, 계핏가루 등으로 양념하는 음식이다. 흔히 회나 구이, 샤부샤부를 먹고 나서 식사류로 많이 찾는다. 특히 시원한 국물 덕에 해장 음식으로 널리 알려졌다. 몸은 횟감으로, 뼈는 샤부샤부 육수로 쓰인다. 뼈는 튀김으로 만들어 먹기도 하나, 대부분 너무 굵고 딱딱해 즐기지는 않는다. 내장은 수육으로 만들어 내놓기도 한다.

갯장어는 통째로 중탕해 먹기도 한다. 중탕은 커다란 솥에 3~4시간 달인 갯장어를 통째로 넣고 물로 희석해 10시간 이상 끓인 탕이다. 비린내를 제거하고자 기름에 한 번 볶기도 하나 완전히 없애기는 어렵다. 이에 꺼리는 이도 많다. 하지만 이곳 주민들은 "확실히 피곤함이 덜하다"며 그 효능을 극찬한다. 우스갯소리를 곁들여 '술도 잘 넘어가고 훨씬 많이 먹을 수 있다'며 반기는 이도 있다. 중탕은 헛개와 가시오가피 등 각종 약재를 넣어 함께 끓이기도 한다. 대신 체질에 따라 신중하게 고를 것이 권장된다.

이처럼 다루는 집도, 요리도 다양한 갯장어. 하지만 이곳에서는 그보다 우선시하는 게 있다. 주민들은 그 '성질'을 가장 먼저 내세운다.

"힘이 얼마나 센데. 처음 잡는 사람은 허리가 휘청거려. 수족관에 있다가도 한 이틀 지나면 꼬리를 확 치켜들곤 해. 뱀 같다니까."

그러면서 한 마디 덧붙인다.

"그래도 이 여름, 저놈 덕에 먹고살잖아."

횟집이든 요리든 성질이든 이래저래 재미가 쏠쏠한 게 고성 갯장어다.

갯장어잡이
배의 하루

미끼 끼우기부터 주낙 수거까지 10시간 훌쩍

새벽 3시 어둠 속 부두에서는 '갯장어잡이 여정'이 시작된다.
배는 40여 분을 달려 미끼잡이 배 근처로 향한다. 도착한 곳에서는
이미 3~4척의 배가 서로 선체를 묶은 채 대기하고 있다. 3척이 더
합류하자 이내 '징검다리'가 만들어진다. 노란 바구니를 든 어민들이
하나 둘 미끼잡이 배에 오르자 그물이 올려진다. 메가리^{전갱이} 떼가
그 모습을 드러낸다. 갯장어잡이 미끼는 전어를 쓰기도 하나 7월에
는 주로 메가리를 사용하는 편이다. 배 한편에선 정겨운 '승강이'가
오간다. '좀 더 퍼 줘라'. 장소를 옮겨 이 같은 장면을 한 번 더 반복
하고 나서야 배들은 뿔뿔이 흩어진다. 새벽 5시. 칠흑 같았던 어둠
이 걷힌다.
각자 계획한 '포인트'로 가기 전 부표에 선체를 묶고 멈춰선 배는
미끼 끼우기에 들어간다. 갯장어잡이에는 '주낙'이 쓰인다. 주낙은
500m 길이의 긴 줄에 130여 개 낚싯바늘을 단 짧은 줄이 일정한 간
격으로 붙은 낚시어구다. 한 번 나설 때 20여 통을 챙긴다. 어선 한
척에 평균 2명이 오르니 미끼 끼우기부터가 예삿일이 아니다. 굳은

1. 수백 미터 낚싯줄에 바늘을 끼운다. 한 바구니 끼우면 4000원을 받는다.

2. 출항 전 잡은 전갱이를 낚싯바늘에 꿴다.

3. 바다에 던진 낚싯줄을 감아 올린다.

5. 잡은 갯장어를 수족관에 넣는다.

4. 낚싯바늘을 문 갯장어를 빼낸다.

살 밴 손이 그간 세월을 말해준다. 아침 6시 15분 모든 준비가 끝난다. 배는 다시 10여 분을 달린다. 이윽고 부표 하나당 주낙 2통을 연결하고선 1m 간격으로 낚싯바늘이 던져진다. 선장이 배를 몰며 간격을 조절하고 부인이 리듬을 타며 던진다. 주낙 20통을 모두 던지는 데는 1시간 15분가량 소요된다. 보통은 이때 아침밥을 먹지만 건너뛸 때도 있다.

부표에 묶어 놓았던 줄을 풀어 기계에 걸면 본격적인 '낚시'가 시작된다. 선장은 연방 낚싯줄을 끌어올리고, 부인은 바늘과 줄을 정리한다. 하지만 130여 개 바늘 중 갯장어가 걸려오는 건 기껏해야 5~6개 정도. 그렇지만 '왔다'라고 간간이 외치는 선장과 이를 받아 낚싯줄째 잘라 보관하는 부인 얼굴은 늘 밝다. 끊거버린 낚싯줄을 놓고 서로 온갖 타박을 주고받을 때도 어김없다. 오후 1시, 그렇게 모든 주낙은 수거된다.

배는 다시 육지로 나아가 오후 2시에 도착한다. 이날 잡은 갯장어는 곧바로 횟집으로 향한다.

갯장어
비싼 이유 있었네

출항준비부터 횟감 손질까지 일일이 손갈 일

횟집 주인은 "가격이 올라서 먹는 사람이나, 내놓는 사람 모두 부담스럽다"라고 한다.

원래 갯장어는 비싼 몸이다. 사실 그 과정 하나하나를 들여다보면 고개 끄덕여질 만하다.

선착장에서는 한 할머니가 바닥에 엉덩이를 깔고 앉아 무언가를 하고 있다. 미끼줄 다듬는 것을 업으로 하는 할머니다. 한 통에 미끼줄 135개가 달려 있다. 엉킨 줄을 하나하나 풀어야 한다. 좀 덜 엉켜 있으면 한 통 끝내는데 40분가량 걸리지만, 진도가 안 나갈 때는 1시간 30분도 훌쩍 넘는다. 한 통 정리하는데 받는 돈은 4000원이다. 많이 하면 하루 10통가량 소화한다. 하루 3만~4만 원가량 버는 셈이지만, 일이 매일 있는 것은 아니다. 하루 10여 시간 이렇게 반복 작업을 하다 보니 허리도 아프고 눈도 침침할 수밖에 없다. 할머니는 "자식들이 등받이 의자를 사줬는데, 어디로 사라졌는지 없네"라며 그냥 바닥에 풀썩 주저앉은 채 묵묵히 일한다.

갯장어잡이에 나선 배들은 미끼통 20개를 싣고 떠난다. 낚싯줄 2700개와 씨름이 시작되는 것이다. 우선 미끼인 전갱이를 바늘에 일일이 다 꽂아야 한다. 노부부 두 명이 이 작업을 하는데 딱 1시간

미끼줄을 다듬는 할머니.

걸린다. 이후 배로 이동하며 일정한 가격을 두고 낚싯줄을 역시 하나하나 바다에 던진다. 역시 1시간 조금 넘는 시간을 필요로 한다. 좀 지나서는 걷어 올리기 작업이 이어진다. 이때는 다행히 기계 힘을 빌린다. 하지만 미끼에 걸린 갯장어뿐만 아니라 불가사리, 잡어, 그냥 올라오는 미끼 등을 떼기 위해서는 역시 사람 손이 필요하다. 이런 과정을 거치면 새벽 3시 나간 배는 오후 2시나 되어야 돌아올 수 있다.

물론 횟집으로 넘어와서도 호락호락하지 않다. 이빨 드러낸 갯장어 목을 잡아 숨을 끊어놓고는 먼저 뼈와 껍질을 벗겨 낸다. 그리고 2차로 가시를 한 번 더 다듬어야 한다. 회를 썰 때 역시 잔가시 느낌을 없애기 위해 잘게 썰어야 하고, 샤부샤부는 장인과 다름없는 손길을 필요로 한다.

이러한 고생을 모르지 않는 듯, 횟집을 찾은 이들은 "비싸다"는 불평을 늘어놓지 않는다.

갯장어의 성분 및 효능

단백질만 풍부한 것이 아닌 '팔방미인'

다른 장어들에 비해 단백질이 풍부해 여름철 보양식으로 인기 있는 갯장어. 특히 갯장어의 단백질에는 아미노산, 글루탐산 함유량이 높아 특유의 달고 고소한 맛을 낸다고 한다.

또한, 갯장어에는 혈전 예방에 좋은 EPA, DHA가 풍부하고, 허준의 〈동의보감〉에선 갯장어가 악창과 옴, 누창을 치료한다고 적혀 있다. 그리고 껍질에는 콘드로이틴이 함유되어 있어 관절 기능 개선에 효능이 있다고까지 하니, 남녀노소 누구나 즐기기에 부족함이 없어 보인다. 비타민A도 풍부해 더위로 인한 병을 예방한다니 팔방미인이 따로 없다.

8월 지나면 맛 떨어진다?

'8월 지나면 갯장어 맛이 떨어진다는 얘기는 전어 장사하는 이들이
지어냈다?'

갯장어는 5월 초순부터 9월까지 맛볼 수 있다. 성미 급한 사람들이
야 5월부터 갯장어를 찾지만 이때는 살이 덜하다. 왕성한 활동으로
7월이 되면 갯장어는 한창 살이 올라 그 맛도 최고에 이른다. 여름
철 보양식을 찾는 이들한테는 이만한 것도 없을 것이다. 몸 기운을
깨운다는 생각까지 더해지니 맛 그 이상 의미겠다. 시간 여유 있는
사람들은 평일에도 먼 길 마다치 않고 전문식당으로 발걸음 옮긴다.
그러다 8월 말에 이르면 인기가 시들해진다. 그런데 맛 자체가 떨어
진다는 이유가 따라붙는다. 갯장어 즐기는 이들도 9월이 되면 "지금
무슨 맛으로…"라며 시큰둥한 반응을 보인다. 물론 기름기가 많아지
기에 개인 입맛에 따라 받아들이는 느낌도 다를 것이다. 어떤 이들
은 9월까지는 그 맛이 변함없다고 말한다. 오히려 겨울을 앞두면서
살이 더 오르고, 맛도 담백해진다는 것이다.

이에 대해 덧붙는 얘기가 있다. 고성에서 갯장어 전문식당을 운영하
는 어느 주인장 얘기다.

"갯장어는 7월부터 9월까지 그 맛이 한결같지. 9월 되면 맛없다는

얘기는 뭘 모르고 하는 소리야. 그런데도 왜 그런 얘기가 나왔느냐? 전어 장사꾼들이 지어낸 얘기거든. 8월 중순 넘어가면 전어가 나오잖아. 전어 장수들도 철 되면 팔아먹어야 하니, 갯장어 맛이 떨어진다고 퍼트린 거 아니겠어?"

8월 말부터는 갯장어 뼈가 억세진다고도 한다. 이에 대해서도 다른 목소리가 들린다. 여기서는 일본 수출 이야기로 연결된다. 일본에서는 7월까지 주로 우리나라 것을 들여다 먹는다고 한다. 하지만 8월부터는 일본 연안에서도 갯장어가 활발히 잡히고, 중국산 수입도 많아진다고 한다. 상대적으로 우리나라 것을 들이지 않아도 아쉬울 게 없는 시기인 셈이다. 그 이유를 놓고 말들이 오갔나 본데, 그 가운데 하나로 '억센 뼈' 이야기가 나왔다고 한다.

어류 전문가들은 8월부터 갯장어 뼈가 억세지는 것은 사실이라고 한다. 또한 그때부터 일본 수요가 떨어지는 것은 기름기 많아진 갯장어에 대한 일본인들 거부감 때문이라고 해석한다.

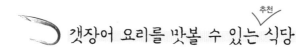

갯장어 요리를 맛볼 수 있는 식당 (추천)

부산횟집 갯장어 회, 갯장어 샤부샤부, 갯장어 구이

고성군 삼산면 두포1길 145 / 055-672-2354

나포리횟집 갯장어 회, 식사(장어탕+밥)

고성군 삼산면 두포1길 133 / 055-673-1481

함
양
산
양
삼

10년간 '산 기운' 오롯이 받아들인 이 귀한 뿌리

산과 산이 병풍처럼 둘러싼 함양.

여기 사람들은 이 척박한 땅을 이용해 귀한 것을 얻는다.

'산양삼山養蔘'이다.

한자 말을 옮겨보면 '산에서 기르는 삼'이 되겠다.

말이 기르는 것이지 제가 알아서 크도록 그냥 땅에 맡겨 놓아야 한다.

삼을 두고 '하늘이 내린 약초'라 한다지만, 땅이 들으면 섭섭할 일이다.

산양삼은 아무 곳에나 씨를 뿌린다고 나는 것은 아니다.

물·볕·바람, 이 모든 것이 들어맞는 땅에서만 결과물을 내놓는다.

그 옛날부터 사람 몸을 이롭게 한 귀한 삼이

사람 발길 잦은 데 있을 리 없겠다.

하지만 오늘날 산양삼은 그리 먼발치에 있는 것은 아니다.

함양군 서하면 운곡리 괘관산 850고지.

차에서 내려 몇 걸음 옮기니 산비탈 땅에 자리한

빨간 산양삼 열매가 눈에 들어온다.

그 모양새가 과하지 않고 적당히 예쁘다.

10년산 뿌리 몸통 크기는 기껏해야 어른 새끼손가락 정도다.

그 긴 시간 동안 자란 것이 고작 이 정도다.

바꿔 생각해 보면 또 예사로울 수 없다.

이 작은 놈이 10년 세월 동안

땅속 온갖 이로운 것은 다 빨아들였을 것이다.

그래서 '함양 산양삼'은 이 땅의 기운을 함께 담고 있다 하겠다.

산양삼이 특산물 된 배경

이 땅의 사람·물·바람·볕·흙 '가장 함양다운' 약초 길렀다

인삼은 사람 손길 가까운 곳에서 인위적으로 생육환경을 맞춰 기른다. 인공재배 개념이다.

산양삼은 '산에서 기르는 산삼'이라 하지만, 자연에 맡겨두는 쪽이다. 산삼 씨를 뿌린 이후에는 들짐승이 넘보지 못하도록 하고, 낙엽을 덮어주며 잡초를 제거한다. 사람 손길이 들어가는 건 그 정도다. 가장 중요한 것은 산양삼이 잘 자랄 수 있는 곳을 찾는 것이다. '함양 산양삼'에는 자연을 받아들이고, 이해하고, 호흡해야 하는 이곳 사람들 삶이 녹아있다.

남쪽 지리산[1915m], 북쪽 남덕유산[1507m]·금원산[1353m]·기백산[1331m], 서쪽 백운산[1279m]·삼봉산[1187m]…. 함양에는 1000m 넘는 산만 15개다. 전체 면적 가운데 농지로 쓸 수 있는 땅은 15%도 채 되지 않는다. 쌀·보리·감자·배추·마늘·양파 같은 것을 재배한다지만 다른 고장에 비

해 넉넉하게 내놓지 못한다. 살림살이도 풍요로울 리 없다. 그렇다고
둘러싼 산을 원망할 노릇만은 아니다. 그 덕을 본 것도 있다.

이곳 자연은 척박한 땅을 안긴 대신 약초와 나물을 내놓았다. 함양
사람들은 약초를 생활 깊숙이 가져왔다. 산에 나가 구하는 것뿐만
아니라 집에서도 습관적으로 약초를 키웠다. 민간요법에도 적극적으
로 활용했기에 병원이 들어서는 것을 크게 환대할 이유도 없었다.

그럼에도 약초가 이곳 사람들 삶을 풍성하게 하지는 못했다. 부족한
땅에서 논·밭 일구는 것도 여전히 기대하기 어려웠다. 그래서 이곳
사람들은 '가장 함양다운 것'을 생각했다. 그것이 산삼, 즉 산양삼이
었다.

오늘날 함양 사람들은 산양삼 이야기를 하면서 엮는 것이 있다. 진
시황 명을 받아 불로초를 찾으러 다니던 신하가 이곳 삼봉산에서
산삼을 구해갔다는 이야기다. 삼국시대에는 신라·백제 경계인 이곳
깃대봉[1015m]에서 산삼이 가장 많이 났다고 전해진다.

함양 땅은 산양삼이 필요로 하는 물·바람·볕·부엽토 같은 조건을
충족한다. 가물어도 땅을 파보면 땅이 적당히 젖어 있다. 동서남북
어느 방향으로든 바람이 잘 통한다. 과하지도, 모자라지도 않은 볕
도 내놓는다. 30년 이상 된 나무가 듬성듬성 자리해 좋은 부엽토를
선사한다.

군은 산양삼을 특산물로 키우기 위해 2003년 재배 농가 지원에 나
섰다. 10년간 250억 원을 들여 450여 재배농가를 육성했다. 5~7년을
필요로 하는 산양삼이 이제 본격적인 결실 채비를 하고 있다.

지난 2006년에는 전국 최초로 '산양삼 생산이력제'를 시행했다. 함양
사람들이 힘주어 말하는 부분이다.

산양삼 열매.

"산삼은 귀하고 비싸서 속여 파는 이가 많잖아. 사는 사람도 늘 미심쩍을 수밖에 없고…. 그런데 함양에서는 그럴 일이 없어. 산양삼 하는 농가가 생산이력제에 모두 참여해 하나하나 기록을 남기니, 누구 하나 장난칠 수가 없지."

옛 문헌을 보면 중국 〈급취장기원전 48~33년〉에 '삼參'이 처음 등장한다. 우리나라 것이 최초로 언급된 것은 〈명의별록451년〉에 '백제가 양나라에 인삼을 선물했다'는 내용이다. 〈삼국사기1145년〉에는 백제뿐만 아니라

고구려·신라도 중국에 인삼을 바치거나 교역했다는 기록이 있다.
오늘날 '한국산 인삼'을 지칭하는 '고려인삼'은 중국에서 우리나라 것을 구분해 부른 것이 유래라 한다. 삼국시대 고구려에서 나는 것을 '고려삼'이라 했다. 그러면서도 신라·백제까지 포함한 삼국에서 나는 삼까지 두루 말할 때 '고려삼'이라 했다. 당시 삼국 가운데 고구려 위세가 가장 강했기 때문일 것이라는 추측이 덧붙는다. 고려삼은 이후 '고려인삼'이란 이름으로 통일신라·고려·조선 시대뿐만 아니라 지금까지 이어지고 있다.

오늘날 인삼과 같은 인공재배가 시작된 것은 조선 시대 1500~1600년대 경으로 전해진다. 백성들이 산삼을 나라에 바쳐야 할 양은 정해져 있으니 그 걱정이 이만저만 아니었던 듯하다. 이를 견디다 못한 누군가가 꾀를 내 산삼 씨를 산에 심은 것이다. 그것이 몇 년 후 효과를 보자 집 앞까지 가져다 와 재배한 것이 널리 퍼졌다고 한다. 이후에는 중국·일본 무역품으로 활용하면서 제법 큰 돈 만진 이도 있었다고 한다.

최근에는 사람 손 많이 탄 인삼에 대한 아쉬움 때문인지 산양삼이 부쩍 이름 내밀고 있다. 산양삼은 귀에 익숙한 '장뇌삼'과 다를 것 없다. 중국산 장뇌삼이 국내에서 자연산으로 둔갑하는 일이 생기면서 그 이미지가 좋지 않았던 듯하다. 산림청에서 새 용어를 만든 것이 곧 산양삼이다.

서양에서는 1700년대 프랑스인 선교사에 의해 퍼져 나갔다 한다. 선교사는 압록강·두만강 사이에서 산삼을 접하고서는 비슷한 자연환경인 캐나다 어느 지역에도 있을 것으로 생각했다고 한다. 인디언을 통해 마침내 발견한 것이 '북미삼' 효시가 되었다.

산양삼과 함께한 삶

심마니산삼영농법인 **정성용** 씨

일곱 살 때 마음으로 오늘도 산에 오른다

덕유산과 지리산 가장자리가 만나 깊은 골을 이룬 함양군 서하면 운곡리는 구름이 낮게 깔려 있었다. 아침부터 잠깐씩 비가 뿌렸고, 비가 쉬는 틈을 비집고 매미소리가 덮치곤 했다. 20년째 여기 터를 잡고 삼을 키우는 정성용(61) 씨는 심마니다. 지금에야 심마니산삼 영농법인 대표라지만, 일곱 살부터 약초꾼을 따라 덕유산, 지리산 곳곳을 다녔다.

"나이 70~80 먹은 약초꾼과 땅꾼들이 산에 갈 때마다 하얀 쌀밥을 싸 주기에 그게 좋아서 따라다니기 시작했죠. 독사 한 마리 잡으면 20원, 비싼 독사는 400원씩 받았으니 괜찮았죠. 당시 웬만한 월급이 3000원이었으니…."

그때 이후로 제 밥그릇을 스스로 채워 살아온 그는 이제 이름난 심마니다. 얼마 전에는 산삼 다섯 뿌리를 캤다. 휴대전화로 찍은 당시

정성용 씨.

사진을 보여주는 그의 얼굴은 상기되어 있었다.

"강원도 가면 심마니들이 나를 '왕초'라 부릅니다. 한 번은 함께 산에 올랐는데, 한나절에 150여만 원어치를 캤더니 안 믿더군요. 그래서 믿게 하려고 다음 날 또 캐왔더니 그제야 인정하더군요."

삼을 찾아 전국을 떠돌던 그는 한때 서울서 정착하기도 했다. 스무 살, 남들처럼 살아 보고자 상경한 그는 세운상가의 풍로^{곤로} 공장에 취직한다.

"당시 곤로는 일본제품밖에 없었는데, 그거 조립하고 심지 갈아 끼우는 일이었죠. 근데, 월급이 고작 3000원이더군요."

산을 떠나온 기회비용치곤 터무니없다고 생각한 그는, 일주일 만에 어깨너머로 조립기술을 익혀 공장을 나왔다.

그 뒤로 곤로 심지 갈아 끼우는 일을 했는데, 처음에는 실수도 많이 했죠. 하지만 곧 손에 익어서 나중엔 하루에 6000원씩 벌기도 했어요."

그러기를 2년, 한창 수요가 늘기 시작한 선풍기도 함께 다루면서 제법 돈을 모아 전자 대리점을 차렸다. 직원도 여럿 두고, 결혼도 했다. 하지만 석유냄새 밴 자신의 손이 낯설었을까? 제법 살 만 했지만 그는 산에 가는 것을 멈출 수 없었다.

"한 달 정도 민박집에 머물며 오대산엘 다녔어요. 한적한 민박이었는데, 내가 매일 이런 저런 약초들을 캐 와서 나눠 주기도 하니까 사람들이 몰려들더군요. 그러면서 민박도 잘 되고, 주변 사람들도 좋아하는 것을 보니, 참 보람 있는 일이구나! 그런 생각이 들었죠."

망태에 괭이 하나, 믿을 것은 산과 하늘. 그리운 품을 찾아가듯 그곳에 안기고 나면 사람들의 행복으로 보상받는 일. 그는 더 늦기 전에 고향으로 돌아갈 것을 결심한다. 20년 전, 그가 귀향을 결심한 이유다.

"처음엔 실패도 많이 했죠. 그게 다 '크게' '많이' 하려고 욕심을 부린 탓이죠. 흙에도 여유를 줘야 하고, 낙엽도 있어야 하고 자연이 허락한 만큼 해야 하는 일인데 말이죠."

잘나가던 일을 접고 마주한 실패를 예사로운 일인 듯 회상하는 그에겐 그만한 이유가 있다. 심마니들은 그보다 더한 생명의 위험과 자주 마주해야 하기 때문이다.

"19년 전쯤이었죠. 독사에 물려 급히 해독제를 맞았죠. 그런데 독이 어찌나 강했던지 오른쪽 눈이 심하게 부어 앞을 볼 수 없었죠. 그래도 괜찮겠거니 하고 다시 산엘 갔다가 그만…"

양승거 씨.

10m 아래 절벽으로 떨어지던 그는 죽음을 예감했다. 그 '찰나'의 시간이 천천히 흘렀고, 마음은 잔잔해졌다.

"막상 죽겠구나 생각하니, 맘이 평온해지면서 받아들이게 되더군요. 그 짧은 시간에도 말이죠."

절벽 끄트머리의 소나무에 걸려 기적적으로 살아온 그는 이제 나이 들어 산에 오르는 것이 부담스럽다.

"3~4분쯤 후에 깨어나 피투성이 몸으로 절벽을 기어올라 왔죠. 지금 하라면 못 할 일이죠."

함께 이야기를 듣고 있던 양승거(57) 씨의 표정이 진지하다. 20년 전 정 씨의 전자대리점에서 일한 인연으로 3년 전 귀농했다. 새벽 네시 새소리에 잠 깨는 일이 요즘 행복이라 말한다.

산을 학교 삼아 다녔지만, 정 씨는 공부도 곧잘 했다. 중학교 진학을 권유하기 위해 선생님이 집에 찾아오기까지 했지만, 그는 산에 남았다. 후회는 없다지만, 배우고 가르치는 일에 대한 아쉬움이 없을 리가 없다.

"양 씨에게도 그렇고, 내가 가진 것들을 나누고 싶습니다. 한 1년 정도 와서 일하면서 배우고자 하는 사람이 있으면 저는 언제든지 환영입니다. 제 아들도 곧 귀농할 예정입니다."

그와 대화하는 동안 전화 수신음이 쉴 새 없이 울린다. 삼을 찾는 사람, 감정하고자 하는 사람들인데, 전국 각지에서 연락이 온다. 통화 중인 그의 뒤에 2010년에 캔 150년 된 산삼이 있다.

"멧돼지가 뛰어와 나를 덮치는 꿈을 꾸고 이 삼을 캤죠. 가격이 안 맞아서 팔지 못 하겠더군요. 그래서 술에 담갔습니다."

이야기를 나누는 사이 비가 멎었고, 구름들이 지리산 쪽으로 물러났다.

"비도 그쳤으니, 산양삼 보러 갑시다. 사실, 방송에서도 여러 번 왔는데, 부담스럽죠. 다른 농장도 많은데."

산양삼으로 담근 술.

산에 오르는 뒷모습만 봐선 나이를 가늠할 수 없는 그는 간혹 처음 산에 오르던 일곱 살 아이로 보이기까지 한다.

"크고 두껍다고 좋은 삼이 아닙니다. 낮은 온도와 바람, 습도를 이겨 차곡차곡 단단하고 작게 여물어진 것이 좋은 삼입니다. 밭에서 약 쳐서 재배한 삼과는 비교할 수 없죠."

좋은 삼에 대해 설명하는 그는 산삼을 닮아 있었다.

음식 이야기

맛보기 힘든 귀한 몸, 2차 가공식품으로 무한 변신

"심 봤다!"

복권 당첨 소식이 아니다. 꿈에 그리던 이상형을 마주쳐 외치는 소리도 아니다. 말로만 듣던 진짜 '산삼'이다.

유명 사극에서나 들어봤을 혹은 효성 깊은 자식이 부모 병을 고치고자 맨발로 온 산을 헤매다 뱉었을 듯한 가슴 찡한 말. 그만큼 산삼은 접하기 어렵다. 심지어 구분조차 쉽지 않다. 산삼 대신 산 도라지를 잔뜩 캐고선 남몰래 기뻐했다는 우스갯소리가 퍼져 있을 정도로. 일각에서는 100% 자연산 산삼이 있겠느냐는 볼멘소리도 나온다.

하지만 그 누구도 부정하지 못하는 게 있다. '죽은 사람도 살린다'는 신비의 명약, 산삼이 품은 효능은 오래전부터 익히 알려져 왔다.
물론 여전히 자연삼은 보기 어렵다. 하긴 새가 삼 씨를 먹고 배출한
배설물이 산에서 오롯이 잘 자라기란 얼마나 어려운 일인가. 그렇다
고 마냥 아쉬워하지 않아도 된다. 사람 손을 거쳤다 하지만 산삼만
큼 귀하게 자란 '함양 산양삼'이 있기 때문이다. 게다가 산삼 효능을
고스란히 품어 날로 찾는 이가 늘고 있다. 보는 것만으로도 힘이 샘
솟는 산양삼. 하지만 산양삼의 진짜 묘미는 먹을 때 있다.
산양삼은 생으로 먹는 게 가장 좋다고 알려졌다. 이에 캔 자리에서
흙만 털어 먹거나, 잘 씻은 다음 잠자리에 들기 전이나 아침 공복 시
에 먹으면 효과가 좋다. 오랫동안 향을 음미하면서 꼭꼭 씹어먹는
습관도 필요하다. 대개 10분 정도 씹다 삼키는 것이 좋다. 대신 입
안 가득 퍼지는 쓴맛은 감수해야 한다. 쓴맛이 너무 강하다 싶으면
꿀에 찍어 먹어도 된다. 양은 하루에 한 번 한 뿌리씩 꾸준히 섭취
해야 올바른 효능을 볼 수 있다.
산양삼 뿌리와 잎, 줄기는 생으로 먹기도 하지만 줄기와 잎은 말려
두었다가 가루 내어 차로 먹기도 한다. 특히 완전히 마른 잎은 한두
잎만 넣어도 진한 향을 느낄 수 있어 녹차를 대신하기도 한다. 줄기
는 꿀에 재웠다가 산양삼 줄기차로 먹거나 고추장을 만들 때 함께
넣는다.
산양삼은 달여 먹어도 좋다. 삼을 올바르게 달이려면 약탕기에 산양
삼 한 뿌리와 물 1L, 기호에 따라 대추 등을 함께 넣고 중불에서 물
이 절반 정도 남을 때까지 달여야 한다. 이후 먹기 알맞은 만큼 식
히고 약 4~5번에 걸쳐 나눠 먹는 일도 필수다. 혹자는 "산에서 나는
귀한 약재일수록 금속성분과 맞지 않다"며 "산양삼을 달일 때는 반

드시 약탕기나 유리용기를 이용하라"고 강조하기도 한다.

산양삼은 열매도 먹는다. 열매는 6월 중순에 따서 진액으로 만들거나, 30분 이상 찐 열매를 3~4일 바짝 말리고서 냉동보관한 후 틈틈이 꺼내 먹는다.

산양삼 '뇌두'와 관련해선 여전히 이런저런 말이 많다. 이에 '봄·여름 뇌두는 먹어도 상관없지만 말린 산양삼 뇌두를 먹으면 구토 증상이 있을 수도 있다'고 경고하는 이도 많다. 하지만 함양 사람 대부분은 '먹어도 무방하다'는 반응이다. 대신 생으로 먹기보단 달여 먹는 것을 권한다.

오래 씹고 2시간 이상 달이고 3~4일을 말리고. 산양삼을 먹고자 기다리는 건 예삿일이다. 그렇다고 성급할 이유는 없어 보인다. 산에서 꼬박 7년을 자라 내 몸을 찾는 만큼 한 뿌리 한 뿌리 자연을 맛보는 것이야말로 제대로 먹는 방법일 테다.

제 몸으로도 충분히 빛나는 산양삼이지만 다른 재료 어울리기에도 부족함이 없다. 산양삼을 활용한 음식으로는 백숙, 비빔밥, 김치, 새싹 부침개, 갈비찜, 냉면, 해장국 등이 있다. 대개 산양삼을 갈아 넣거나 육수를 우려낼 때 산양삼을 함께 넣는 식으로 만드는 요리들이다. 이 중에서도 산양삼 백숙은 단연 돋보인다.

산양삼 백숙은 먹기 좋게 손질한 토종닭에 마늘과 산삼진액, 5년 이상 된 산양삼 두 뿌리를 함께 넣고 압력솥에서 30분 이상 삶은 음식을 말한다. 산양삼이 들어간다는 것 외에 일반 백숙과 다를 게 없어 보이지만 마냥 그렇지만은 않다.

우선 향부터가 다르다. 산양삼과 헛개를 섞어 만든 진액이 스며든 닭은 비린내가 전혀 없다. 육질은 쫀득하고 기름기는 덜하다. 퍽퍽하

산양삼이 들어간 백숙.

기 쉬운 가슴살에도 부드러움이 감돈다. 여기에 산양삼 잎으로 싸먹는 재미도 쏠쏠하다. 씹을수록 단맛이 느껴지는 잎은 느끼함을 잡아주고 아삭함을 더해준다. 산양삼을 갈아 넣어 만든 막걸리도 백숙과 찰떡궁합이다. 걸쭉하고 진한 맛이 일품이다. 더불어 잘게 갈린 산양삼 잎은 시각적 효과까지 살려준다.

식탁은 산양삼 백숙과 잘 익은 김치, 어린 고추, 산양삼 된장, 장아찌가 전부지만 부족함이 없다. 죽까지 먹고 나면 한여름을 거뜬히 날 수 있을 정도로 속이 든든하다.

산양삼 백숙을 다루는 식당 주인은 이렇게 말한다.

"비싼 산양삼을 요리 재료로 쓰기에는 가격경쟁력이 낮죠. 특히 우리같이 직접 재배를 겸하지 않고서는 많이 힘들어요. 함양 산양삼 위상이 높아진 만큼 다양한 활용방안도 함께 고민해야죠."

함양군은 '함양기능성식품 RIS사업'으로 산양삼주, 산양삼겔, 산양삼캔디, 산양삼파우치 등 2차 가공식품을 꾸준히 개발·출시하고 있다. 더불어 산양삼을 발판삼아 전국적인 약용작물 재배지로 인지도를 높이고, 인프라 구축과 산업화도 적극적으로 추진 중이다.

하지만 이런 변화에도 함양 사람들이 반드시 잊지 않는 신념이 있다.

"모든 약재는 마음먹기 나름이에요. 산양삼이 몸에 좋다고 생각하면 정말로 좋은 것이고, 그렇지 않으면 안 좋을 수밖에 없죠. 생으로 먹을 때도 음식에 넣어 먹을 때도 긍정적인 마음가짐은 필수죠."

앞으로 산양삼이 이끌어낼 발전과 무한한 변신, 그 속에 담긴 함양 사람들의 의식도 주목해 볼만하다.

산양삼을 캐다

보일 듯 말 듯 애태우는 고운 자태

함양군 서하면 운곡리 해발 850m 골짜기. 소나기가 스쳐 지나간 자리에 햇살이 드리운다. 심마니산삼영농법인의 산양삼 농장.

족히 30년은 자랐을 듯한 낙엽송 수천 그루와 사방에서 불어오는 바람, 풀잎마다 맺힌 빗방울이 한데 어울린다. 한여름이 무색할 정도로 그늘진 숲은 시원한 바람을 몰고 온다. 물기를 머금은 땅은 푹신하지만 물이 잔뜩 고인 곳은 없다. 그만큼 배수 조건이 좋다. 살짝 낀 안개는 운치를 더한다. 어쩌면 비가 내린 게 행운이다.

고개를 돌리자 산양삼을 수확·재배하고자 지은 집이 눈에 들어온다. 일꾼들이 주로 생활하는 이 집 마루에는 산양삼·더덕 등으로 담근 술들이 전시돼 있다. 그 진귀한 모양에 눈이 팔린 사이 농장 대표가 슬쩍 다가온다. '접대·시식용'이라고 넌지시 알려주는 그의 손엔 어느새 목장갑과 두발괭이가 쥐어 있다.

땅에 난 모든 풀이 산양삼으로 보인다. 행여나 밟을까, 잰걸음으로 묵묵히 따르는 사이 농장 대표는 "이건 5년산, 저건 7년산"이라며 보는 대로 척척 알려준다. 지면 위로 고개 내민 푸른 잎 사이사이 밴 노란빛이 남다른 고귀함을 자랑한다. 아마 저 아래에 '진짜 귀한 몸' 이 있으리라.

얼마 안 가 자리를 잡은 그가 두발괭이를 산양삼 뿌리 아래로 깊숙이 쑤셔넣는다. 뿌리가 다치지 않게 살포시 뜨더니 줄기를 잡고 흙을 털어내기 시작한다. 뭉친 흙은 손으로 떼어내고, 봄바람에 치마

가 나풀거리듯 한들한들 흔든다. 투박해 보이던 손은 한없이 섬세하다. 곧 제 모양을 잘 갖춘 산양삼 한 뿌리가 그 모습을 드러낸다. 물론 이 작업을 모두 마치는 데는 채 10초도 걸리지 않았다.

"이제 직접 저기 큰놈 한 번 캐보세요."

얼떨결에 두발괭이를 들었지만 마음먹은 대로 손이 가질 않는다. 쭈그리고 앉아 어설픈 괭이질도 해보지만 '목표'와는 한 뼘 이상 떨어져 있다.

"좀 더 옆으로. 이 밑에 푹 넣었다 올리면 됩니다."

마음이야 당장에라도 '심봤다'를 외치고 싶으나 생각 따로 손 따로임

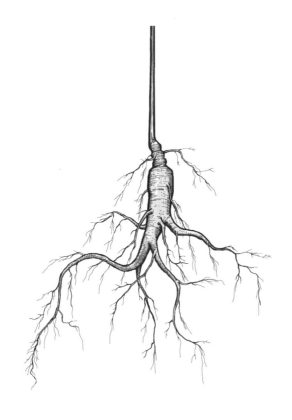

을 어찌하리오. 그래도 '잘하고 있다'는 말에 용기를 얻어 두발괭이를 옆으로 옮겨 본다. 그제야 슬며시 보이는 뇌두. 배운 대로 산양삼 줄기를 잡고 흔들어 본다. 하지만 봄처녀처럼 여린 뿌리는 말뚝이 박힌 것처럼 묵직하다.

'두둑.' 절대 잔뿌리는 아닐 터. 그저 '잡풀'이 산양삼을 시샘하는 소리라 여긴다. 다시 살짝 살짝, 괭이를 들었다 놓기를 반복한다. 갓난아기 다루듯 조심 또 조심.

농장 대표가 "거의 다 캤네요. 이제 여기서 이렇게"라며 손을 대자 산양삼 한 뿌리가 나온다. 살포시 들어 흙을 털어내자 고귀한 모습이 드러난다.

"이 정도면 거의 최상급입니다."

생긴 게 참 곱다. 문득 그 모습이 '여자 마음' 같다고 여겨진다. 보일 듯 말듯, 마음을 줄듯 말 듯한 것이 얄밉지만 사랑스럽다.

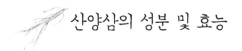 산양삼의 성분 및 효능

사포닌 많아 항암·혈관청소 효과

함양 산양삼은 해발이 높고 게르마늄 성분이 높은 토양에서 자라 주요 성분인 사포닌 함량이 뛰어나다고 한다. 진세노사이드^{Ginsenoside}라 불리는 삼의 사포닌은 인체 흡수율이 높아 항암과 혈관을 깨끗하게 하는데 효과가 있어 여름철 기력이 쇠한 이들에게 좋다.

또한 향긋한 삼의 향기는 피톤치드와 같은 삼 특유의 정유성분 때문인데. 이는 박테리아·바이러스·병균 등이 살지 못하는 환경을 만들어 인간의 생활을 쾌적하게 해 준다고 한다. 이외에도 항암과 항산화작용, 장작용 등에 좋은 폴리아세틸렌, 페놀계, 알칼로이드 성분 등이 있어서 흔히 만병통치약으로 불리기도 한다.

예로부터 훌륭한 약재로 널리 사랑받아 온 삼. 때문에 동의보감 탕액편 에서도 원기 회복에 좋고, 혈액을 생성하며 심장을 튼튼히 하고 정신을 안정시키는데 효과가 있고, 폐를 보하고 비장의 기운을 회복시키며 몸속에 쌓인 독을 풀어 준다고 기록하고 있다.

하지만 이처럼 몸에 좋은 산양삼도 재배 과정이나 복용하는 사람의 체질에 따라 차이가 난다고 한다. 복용 후 사람에 따라 신열, 어지럼증, 구토, 설사 등이 나타날 수 있다고 하니 주의가 필요하다고 하겠다. 또한 씹었을 때 따끔거리는 맛이 나면 농약성분 탓이라 하니 해야겠다.

좋은 산양삼 고르는 법

잔뿌리 많고 만졌을 때 까칠한 지 살펴봐야

산양삼은 캐기 전 잎·가지·열매 상태만 보고서는 몇 년산인지 알 수 없다고 한다. 뿌리를 통해 가늠하는 것이 몇 있는데 그 가운데 하나가 뇌두 개수다. 줄기가 붙었던 자리인 뇌두는 1년에 한 개씩 붙는다. 그런데 중국 같은 곳에서는 뇌두로 장난을 치기도 한다. 오래된 것으로 보이게 하려고 뇌두를 잘라 화학약품으로 다른 것에 붙인다는 것이다. 그렇게 하면 한평생 삼을 본 이들도 속을 정도라고 한다. 이것 아니더라도 산양삼은 생육환경이 맞지 않으면 성장을 멈추기에 뇌두 개수만으로 몇 년산인지를 온전히 구분하기는 어려운 듯하다.

좋은 산양삼은 생김새가 사람 모양새와 비슷할수록 좋다. 또한 몸통을 감고 있는 가락지가 많고 깊은 것을 높이 쳐준다. 잔뿌리가 많고 만졌을 때 까칠한 것도 기준이 된다 한다. 맛을 봤을 때는 향이 진하고 단단한 것이 좀 더 나은 것이라 보면 되겠다.

중국에서 들어온 것은 한국산에 기준을 맞추기에 외형만 놓고 구별하기는 쉽지 않다고 한다.

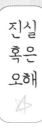

열 많은 사람에게는 안 좋다?

종종 이런 얘기를 하는 이가 있다.

"나는 몸에 열이 많아서 삼이 몸에 맞지 않을 거야."

열 많은 사람이 열 많은 음식을 먹으면 좋을 리 없을 것이라는 지극히 상식적인 판단이다. 하지만 들여다보면 꼭 그렇지만도 않다.

한의학에는 '명현瞑眩 현상'이라는 것이 있다. 치유 과정에서 나타나는 일시적인 여러 현상이다. 산삼에도 이것이 적용된다고 한다. 몸이 후끈 달아오르면서 졸음·어지럼증·설사·코피 등이 동반된다는 것이다. 이 현상이 일정 정도 나타난 이후에는 오히려 몸이 가벼워지고 기분이 상쾌해지는 것을 느끼기도 한다.

50년 넘게 삼을 찾아다닌 심마니는 이렇게 말한다.

"열 많은 사람이 산삼을 먹으면 처음에는 열이 더 올라가는데, 몇 번 더 먹다 보면 열이 치유됩니다. 열을 열로 다스리는 것이죠."

그러면서 듣고 흘려도 될 얘기 하나를 덧붙인다.

"우리나라 고려삼이 열을 나쁘게 올린다는 얘기는 다른 나라에서 퍼트린 것입니다. 자기네 것 팔아먹기 위해서 말입니다."

하지만 사람에 따라서는 부작용이 뒤따르기도 하는데 그 부작용을 명현 현상으로 받아들이는 경우도 있어 종종 낭패를 보기도 한다. 특히 임산부·수술 환자 등은 함부로 복용해서는 안 된다고 한다. 결국 소량 복용 후 그 반응에 따라 판단하고 조절할 수밖에 없겠다.

산양삼 요리를 맛볼 수 있는 추천 식당

우리들농장

산양삼 백숙, 산양삼, 산양삼 된장, 산삼헛개진액,
산양삼 막걸리

함양군 백전면 앵백리 산 1-1 / 010-8854-6533

지리산오도재관광농원

산양삼옻닭백숙, 산양삼주

함양군 마천면 별약수길 176 / 055-962-5777

남해안 전어

돈 아까운 줄 모르고 사게 된다는 남해 바다의 자산

한 해를 기다린 어부 손길이 바빠진다.

"한 놈씩 올라온다."

올해도 어김없이 그놈이 찾아왔다.

성질이 아주 급하다. 그물에 걸려 올라오는 순간 죽기도 한다.

바닷물에서 나온 이후에는 이틀을 넘기지 못한다.

제아무리 좋은 수족관에서도 말이다.

그래서 살아있는 것 좋아하는 사람들로부터 외면당했던 적도 있다.

이제는 귀하디귀한 몸이다.

8~9월 횟집 수족관은 온통 이놈들 차지다.

양식으로 자라는 호사도 누린다.

찬바람 불어야 사람들이 찾는다지만,

사실 산란기 지난 놈들은 8월이면 이미 살이 무르익는다.

기름기도 이미 잘잘 흐른다.

'돈 나가는 줄 모르고 사게 된다.'

'며느리 친정 간 사이 문 걸어 잠그고 먹는다.'

'집 나간 며느리도 굽는 냄새 맡으면 집에 돌아온다.'

'이것 대가리엔 참깨가 서 말.'

참 달라붙는 말이 많기도 하다.

하동·남해·사천·마산·진해, 전남 광양….

이놈들을 잡을 수 있는 데는 여러 지역이다.

누구만의 것이 아닌, 남해안에 두루 걸쳐 있는 자산이다.

그 이름은 '전어'다.

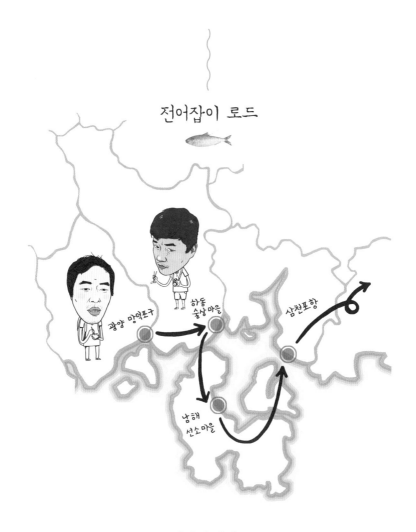

전어잡이 로드

광양 망덕포구

하동
술상마을

삼천포항

남해
선소마을

1. 광양만 망덕포구

섬진강 하류 망덕포구는 강 건너 하동과 마주하고 있다. 전어로 유
명해진 이유도 이 때문이다. 섬진강 민물이 바닷물과 만나 전어의
먹잇감이 풍성해진 것이다. 비로 강물이 불었을 때는 하류에서 잡히

전어 활어를 맨 처음 시작한 박창오 씨.

고, 가물면 하동읍까지 오른 바닷물을 따라 전어가 올라간다. 강에서 내려오는 풍부한 유기물 덕에 이곳 전어는 살이 많고 뼈가 부드럽다. 찾는 사람이 많을 때 모자란 양은 인근 여수나 삼천포에서 보충한다.

포구에선 이곳 전어를 썰어 고기만 파는 곳도 있고, 횟집도 있다. 창원시 진해에 비해 약간 싼 편이다.

횟집에선 풀코스 요리를 제공하는데, 회·무침·구이를 한 번에 즐길 수 있다. 봄에서 초여름까지 산란을 하고 살이 올라야 제맛을 내는 전어는 때를 기다려 먹어야 하는데, 상대적으로 발육환경이 좋은 이곳 전어는 그 시기가 약간 앞서 있어서 7월 말부터 전어를 먹는다.

이곳에서 10대를 이어 사는 박창오(60) 씨는 전국에서 전어 활어회를 처음 시작한 이로 알려져 있다. 30년째 전어를 잡고 있는데, 잡히는 대로 포구에서 대야에 담아 팔러 나가던 기억이 아직 생생하다. 전어 등과 배 사이에 노르스름한 부분이 있는 것이 이곳 전어의 특징이라는 게 그의 설명이다.

2. 하동 술상마을

망덕포구에서 섬진대교를 건너 19번 국도를 따라 해안쪽으로 30분여 가면 오른편에 술상전어마을 입간판이 보인다. 마을로 들어가 포구까지 내려가면 '술상전어마을공동판매장'이 나온다.

예년에 비해 어획량이 반 이하로 줄었다는 것이 모든 산지 주민들의 공통된 의견인데, 술상마을은 그래도 좀 나은 편이다.

이곳 전어는 대부분 술상 앞바다에서 잡아 포구에서 소진한다. 지금은 공동판매장에서 활어로 대부분 판매하고, 양이 늘면 하동, 남해, 광양 등지로 팔려 나간다.

공동판매장은 종일 전어를 찾아온 가족 단위의 관광객들로 북적인

다. kg당 가격에 회 써는 비용을 지불하면 싸온 음식들과 함께 포구에서 즐길 수 있다.

술상 앞바다는 맞은편 사천과 아래 남해에 둘러싸여 좋은 조건을 갖추고 있다. 민물 영향이 큰 망덕전어에 비해 식감이 차지고 비릿함이 덜해 횟감으로 뛰어나다는 관계자의 설명이다.

미식가들이 좋아한다는 전어밤젓도 이곳에서 구입할 수 있다. 포구로 들어온 활어를 바로 요리할 수 있기에 가능한 일이다. 값도 저렴해서 큰 잼 용기 크기 한 개에 1만 원을 넘지 않는다.

양식 전어가 들어올 틈이 없다는 것이 이곳의 특징인데, 공동판매장 수족관 전어가 다 나가면 그날 장사는 접는다.

3. 남해 선소마을

"여기는 바다밖에 없었어. 다른 곳은 벼도 심고, 밭도 일군다지만, 호구지책이 바다밖에 없었던 덕에 전어도 많이 잡았지!"

남해군 남해읍 선소리 선소마을은 일명 '원조' 전어마을이라 부를 만하다. 1948년생 선소마을 유문옥 씨는 그의 할아버지와 전어 잡았던 기억이 생생하다고 하니, 어림잡아도 100년은 넘는다.

척박한 환경 탓에 이곳 사람들은 바닷일을 먼저 깨쳤고, 노를 저어 나가 명주그물로 전어를 잡았다. 배가 들면 줄 선 아낙들이 대야에 전어를 담아 머리에 이고 팔러 나갔다.

하지만 나일론 그물과 동력선이 등장하면서 선소 전어는 원조의 무게감을 잃었다. 선소마을만의 그물 짜는 기술은 필요 없게 된 것이다.

하지만 일제시대에 쌓은 방파제 위의 선소마을 위판장은 매일 아침 분주하다. 전어마을의 명성은 희미해졌지만, 인근 바다의 다양한 해산물을 부족함 없이 얻을 수 있다.

"어릴 때 할아버지, 아버지하고 배 타고 나가면 전어 움직임, 소리 듣고 주변을 에워싸 잡았지. 요새 같이 막 하지는 않았어. 요즘은 전어 한 마리, 한 마리 다 살려서 잡아야 하니 사람 손도 많이 필요하고, 장비도 필요해. 우리가 할 일이 없어진 거지."

'횟감'이기 이전에 전어는 가난한 저녁 밥상을 채워주던 이름 없는 '영웅'이었다.

4. 삼천포항

삼천포항에서 만난 전어 활어차 기사는 이렇게 말한다.

"전어는 삼천포에서부터 시작한다. 수온이 높아 전어 맛이 일찍 들거든."

6월까지 산란기가 지나면 7월 1일부터 전어잡이에 나선다. 삼천포 사람들은 삼천포항을 기준으로 바다를 둘로 나눈다. 거제·진해 쪽은 동쪽 바다, 그 반대 남해안 일대는 강진만이다. 어느 쪽으로든 쉽게 접근할 수 있으니 전어 집산지일 수밖에 없다는 설명으로 귀결한다.

전어 맛에서는 남강 물, 일명 '육수'가 흘러나와 뼈도 연하고 기름기 많은 강진만 쪽에 후한 점수를 주는 분위기다. 삼천포항으로 들어온 전어는 서울·부산·마산·통영 등으로 나간다.

삼천포항 팔포매립지에서는 다른 지역보다 한 달가량 이른 7월 말 전어축제를 연다. 하지만 전어축제가 삼천포항에서 열리는 것에 대해 아쉬움을 드러내는 이들도 있다. 사천시 서포면 주민들이다. 오래전부터 '서포 전어' 라는 말은 제법 차지게 입에 붙어 있다. 하지만 나비 모양을 한 사천 땅 왼편 아래에 자리한 서 포면을 찾아드는 발길은 예전만 못한 듯하다. 사천 실안에서는 배로 10분 거리인 마도라는 작은 섬이 눈에 들어온다. 마도는 '전어의 고향' 같은 곳이다. '사천 마도 갈방아소리'라는 민속놀이가 이어지고 있다. 지금과 같은 어구과 발달하기 이전에는 전어잡이 그물을 만드는데 많은 땀을 필요로 했다. 그 만만찮은 노동을 견디기 위해 부른 노래가 '사천 마도 갈방아소리'다. 마도에서는 그 옛날 어민들의 땀에 젖은 노랫소리가 귓가에 맴돈다.

'이 일을 끝내고 놀고 놀자~ 에야 디야 갈방아야~.'

5. 마산 어시장

전어 철이면 횟집 대부분은 구색 맞추기용으로 이 은빛 고기를 수족관에 넣어둔다. 8월 초 마산 어시장은 광양·하동·사천 같은 곳과 달리 아직은 조용하다. 제법 알려진 횟집에서는 "아직 열흘은 더 있어야 내놓는다"라고 한다. 물론 이미 내놓는 횟집이 여럿 있기는 하다. 이 또한 진해만에서 잡아왔을 것이라는 기대에 좀 어긋난다.

마산 전어 축제 시식용 전어회무침.

한 횟집 주인은 이렇게 말한다. "특히 올해는 날이 더워서 지금은 고기가 안 올라와. 지금 내놓는 것은 삼천포에서 들여온 것들이지." 옆에 있던 이는 "전라도 군산·목포 같은 데서도 가져온다"며 한 마디 거든다.

마산에서만큼은 '가을 전어'라는 말이 매우 어울린다. 마산 어시장에서는 지난 2000년부터 매해 9월 이후 전어 관련 축제를 열고 있다. 마산어시장에서 만난 상인은 이렇게 말한다. "우리나라에서 전어를 찾게 된 것은 15년도 채 안 됐을걸? 마산에서는 전어축제를 2000년부터 했지. 그러면서 여기저기서 '전어, 전어'하게 된 거야. 다른 곳에서도 마산을 보고서는 축제를 한 거지. 그런 면에서 마산이 전어 대중화에 큰 역할을 했지."

물론 이에 앞서 전라남도 광양에서는 1998년에 전어축제를 시작했다는 점은 참고해야겠다. 어찌 됐든 1년 가운데 마산어시장이 가장 활기 띨 때는 전어 철임이 분명하다. 이때는 어시장에 발붙이고 있는 모든 이에게 호기다. 마산어시장 노점에서 30년 가까이 칼을 팔고 있는 할아버지는 "횟집에서 칼 쓸 일 많은 전어 철에 나도 재미를 보지"라고 한다.

6. 진해만

진해만은 고요하다. 태풍 오면 피항하는 곳이다. 물살이 세지 않다 보니 이곳 전어는 뭉텅하고 살이 올라있다. 떡처럼 통통하다 하여, 혹은 떡처럼 고소하다 하여 '떡전어'라는 말이 나왔다고 한다. 애초

진해 행암만 일대.

'덕전어'가 유래라는 이야기도 전해진다. 조선시대 부임한 관리가 '산란기에 전어를 잡아서는 안 된다'고 버티는 자 목을 치려는 순간, 바다에서 전어 떼가 튀어 올라 '덕德' 자를 이루며 죽었다고 한다. 그곳이 내이포, 즉 오늘날 진해 웅천지역이다. 그때부터 이곳에서 잡히는 전어를 '덕전어'라 부르다 발음을 세게 하면서 '떡전어'로 바뀌었다는 것이다. 진해 어민들은 이 이야기를 풀며 그 특별함을 더 내세우기도 한다. '진해만 떡전어'는 회로 썰었을 때 핏빛이 많은 특징이 있다.

진해에서는 주로 소형 어선이 행암만 일대에서 전어를 잡는다. 이곳에는 진해 해군통제수역에서 흘러나오는 고기가 제법 된다. 그래서 진해 어민들은 해군통제수역을 '전어 양어장'이라고 한다. 여기에 만족하지 않고 그 안으로 들어가 전어를 넘보는 이들도 적지 않다. 어민-해군 간 '전어전쟁'은 해마다 벌어진다. 어느 마을은 어민 모두가 '전과자'라는 말이 있을 정도다. 벌금을 감수하더라도 돈이 되기 때문이다.

15년 전에는 전어잡이 배가 많지 않아 가격을 잘 받았지만 지금은 그렇지 못하다. 더군다나 이제 전어는 서해안 쪽에서도 넘쳐난다. 서해안에서 잡은 것을 들여오면 운송비를 빼더라도 싸게 먹힌다고 하니, 진해 어민들 처지에서는 전어잡이 재미가 예전만 못한 듯하다.

동이 트지 않은 새벽 5시

진해수협위판장 경매가 시작된다.

전어와 함께 붕장어, 꽃게 등 다른 해산물도 수산시장의 주인공이다.

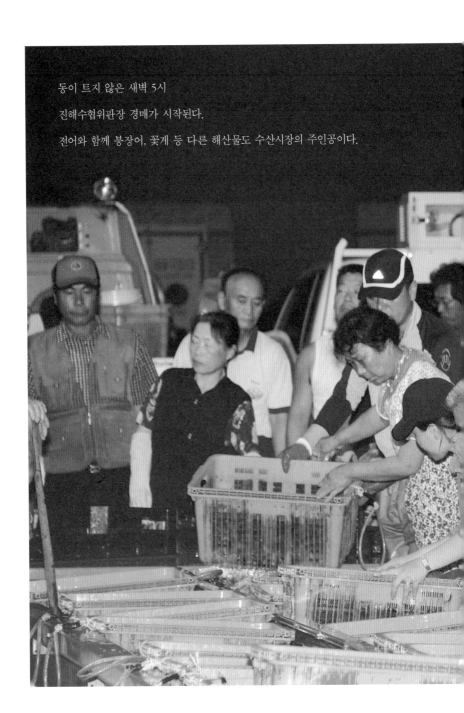

전어와 함께한 삶

광진호 선장 **양태석** 씨

"노력한 만큼 돌아오는 바다가 내겐 논이고 밭이야"

창원시 진해구 자은동 광진호 선장 양태석(67) 씨 집은 마당이 절반이다. 짙푸른 잎이 꽉 찬 정원 가운데 비파나무가 솟아 있고, 한쪽엔 텃밭도 있다.

대문 앞 수돗가에서 새벽에 잡아온 전어를 다듬는 동안 부인 원우선(63) 씨는 된장을 으깨고, 텃밭에서 고추며, 깻잎을 딴다. 말없이 각자 할 일을 하는 모습은 배 위에서의 그것과 닮았다. 두 사람은 수신호로 배에서 소통했다.

"젊었을 때는 전어 잡으러 가덕도, 낙동강 하류, 태종대, 거제 학동까

지 갔었지. 지금은 욕심 안 부리고 할 수 있는 정도만 해."

전어잡이 17년, 그가 배를 탄 것은 IMF 외환위기 직후다.

"그때 하던 일을 말아 먹었지. 다른 일을 해도 안 풀리고, 그래서 배를 샀어. 막둥이가 학교 졸업한 지 10년 넘었는데, 그때 어려웠지. 뱃일도 익지 않았고."

진해가 고향인 그는 답답해서 배를 샀다. 되는 일도 없는데, 속이라도 편했으면 하는 바람에 바다에 나갔다. 소일 삼아 낚시라도 하고

양태석 씨와 아내 원우선 씨.

있으면 살 것 같았다. 그래서 그 맛에 조금씩 뱃일을 배워 여기까지 왔다.

"지금 생각해 보면 잘했다 싶어. 이 일은 정년도 없고, 그래서 자식들한테 손 벌릴 필요 없고, 상사 눈치 볼 필요도 없잖아. 무엇보다 고기 올라오는 게 그렇게 재밌어."

돌고 돌아 돌아온 바다. 남보다 늦은 출발. 때문에 그는 공부에 더 열중했다. 대부분 자망어선에 있는 수중 모니터 탐지기와 그물 올리는 기계도 그가 어민들과 함께 추진한 일이다.

진해연안자망자율관리 공동체라는 게 있다.

"어민들이 자율적으로 바다도 지키고, 소득도 올리고자 하는 일이지. 많이 정착했어. 앞으로는 유통도 함께 할 수 있는 방법을 찾고 있지. 그리고 그런 장비 덕에 나이가 들어도 부부가 함께 일을 할 수 있어. 아니면 힘들어서 못 해."

마당이 보이는 그의 집 거실은 아담했다. 벽이며 수납장 위는 가족 사진, 손자, 손녀 사진으로 찼고, 안방 문 앞엔 근육통에 쓰인다는 로션이 자기 자리인 양 거기 있었다.

"이 집에서 1남 2녀 키웠지. 사위들이 회를 좋아하는데 내가 썰어주는 거 먹고는 횟집 회는 맛없어서 못 먹겠다고 그래. 하하."

거제가 고향인 부인과는 부산에서 학교 다니며 만났다. 이제 둘만 남은 이 집. 쓸쓸하지는 않을까? 아내 원우선 씨의 말이다.

"둘만 있으면 수월하지. 애들 많을 때보다야. 잘 싸우지도 않아. 싸우는 것도 누가 봐야 재밌지. 결혼할 때 이 사람 엄청나게 잘사는 줄 알았어. 그런데 알고 보니 집만 컸던 것이었어. 하하하!"

잘사는 집 아들로 보였다는 양태석 씨는 사실 근방에선 알아주는

대농 집안이었다. 8남매 중 둘째였던 그는 어려서부터 타고난 농사꾼이었다. 부친도 그런 그를 아꼈다.

"농사꾼이 되고 싶었어. 꿈이었지. 그런데, 일대가 개발되면서 농사지을 땅이 사라진 거야. 어떻게 살아야 할지 모르겠더라고. 그래서 어린 시절에 방황도 했어."

지금 그에게 바다는 논이고 밭이다. 농사짓는 심정으로 바다에 나간다고 한다. 씨 뿌려 모종 키워서 심고, 물 대고, 잡초 뽑아 수확하기까지 쉴 틈 없는 농사일을 하듯 바다에 나간다.

"오늘도 사실 그물 한 번 더 치려고 했어. 늘 그런 맘이 들어. 매일 바다에 나가고 있어. 그래야 더 잘할 수 있을 것 같거든. 풍년이 들어도 어찌 될지 모르는 농사와 달리, 뱃일은 그런 게 없어. 노력한 만큼 돌아와. 욕심을 부려서도 안 돼."

하얀 민소매 속옷 밖으로 드러난 그의 팔뚝은 나이를 가늠할 수 없다.

"늦게 시작한 데다가 모르고 시작했고, 지금도 모르긴 마찬가진데 긍지는 있어. 계속 연구해서 공동체 사람들과 나누는 것이 그거야. 지금 장비는 내가 제일 잘 다뤄. 가르쳐 줘야지."

이곳 전어는 어떤 특징이 있을까?

"진해만 전어? 붉은 부분이 있어서 특히 맛있어. 고등어에도 있지. 그런데 우리 전어가 제일 맛있다고 말 못하겠어. 제일 맛있는 전어? 그런 거 없어. 그냥 자기 지역에서 난 전어가 제일 맛있는 거야! 어릴 적 엄마 밥이 제일 맛있는 이유와 똑같아!"

회 떠먹고, 구워 먹고, 무쳐 먹고

전어회는 써는 방법에 따라 맛이 다르다. 흔히 뼈째 썬 것을 '세꼬시'
라 말하고 뼈를 발라내고 살을 길게 썬 것을 '포를 뜬다'고 말한다.
전어회는 머리와 내장, 비늘을 제거하고 껍질째 먹는다. 알려지길 전
어회는 지방이 많아 고소하다 하지만, 그 맛을 돋우는 데 전어 껍질
의 역할도 적지 않다.
'세꼬시' 방법도 다양한데, 칼을 수직으로 내려 작고 반듯하게 썬 것
과, 무국에 무를 썰어 넣듯이 비스듬히 썬 것이 일반적이다. 또한 씨
알이 작은 전어를 통째 네다섯 등분으로 잘라 칼집을 내 먹는 것도
괜찮다.
'전어회 맛은 된장맛'이란 말이 있다. 고추장을 좀 섞어도 괜찮고, 거
기에 잘게 썬 마늘과 고추를 섞어 먹으면 유달리 쌈장 사랑이 깊은

경상도 지방 전어회가 된다. 갓 내린 참기름까지 얹어 먹으면 일품이다. 이미 전어회 자체로 고소한데 그럴 것까지 있느냐 따져 물을 수도 있지만, 깻잎에 올린 전어회에 된장, 마늘, 고추를 얹어 먹는 맛은 간섭을 불허한다.

지방이 많고 뼈와 껍질까지 함께 먹는 전어는 간혹 소화기관에 부담을 주기도 한다. 전어회를 먹고 속이 더부룩하다든가, 체하는 경우가 그것이다. 때문에 가정에선 매실을 챙긴다. 된장이나 초장에 매실 진액을 섞어 먹으면 한결 편안하다. 진액을 내고 남은 매실 껍질을 쌈 채소와 함께 먹어도 아주 괜찮다. 초여름 전어회를 먹을 때 생매실을 잘게 썰어 먹는 것도 잘 어울린다. 횟집에선 경험하기 힘든 호사다.

남은 전어회는 버리지 말고 냉동보관 했다 초고추장과 함께 회비빔밥을 해 먹어도 좋다. 그러니까 전어회는 가정에서 먹으면 더 풍성해지는 음식이다. 텃밭이나 베란다에서 기른 야채와 함께라면 여름 보양식이 따로 없다.

나이 드신 분들께 전어를 물어보면 빠지지 않고 나오는 단어가 '대야'의 일본어 표현인 '다라이'다.

가을 횟감으로 인기를 얻기 전, 전어는 '다라이'에 담겨 시장에서 골목에서 구이 재료로 팔렸다. 가난한 밥상에 한철 썩 괜찮은 단백질 공급원이었던 것이다. 그러니까 전어 요리의 시작은 '구이'란 말이다. 가을 전어의 명성을 전국적으로 알린 '집 나간 며느리도 돌아온다'는 말도 구이에서 비롯한 것이니 전어는 구워 먹어야 제맛이다. 그런데, 횟집에서 구이만 주문하기엔 머쓱하다. 최소 1만 원부터 주문하는데, 함께 나오는 차림상에 민망하기도 하고, 더 먹기에도 부담스러운 것이 사실이다. 그렇다고 집에서 구워 먹는 일도 쉽지 않다. 전어 굽는 냄새는 맛보다 구수해서 풍미를 더하지만, 어찌된 일인지 꽉 막힌 주방에선 불청객이다. 온 집안에 며칠씩 그 냄새가 남기 때문이다. 때문에 전어구이는 회나 무침에 곁들인 메뉴로 오른다.

구이용 전어는 추석 지나 제대로 살이 오른 흔히 '떡전어'를 구워야 제맛이라 알려져 있다. 하지만, 전어구이의 추억을 가진 분들이라면 고만고만한 전어를 머리부터 꼬리까지 제대로 맛본다. 큰 전어는 오

히려 전어구이 본래의 장점을 해친다. 양손에 들고 중간을 꺾어 한 입에 넣기엔 크기도 크고, 뼈나 머리가 부담스럽기 때문이다. 특히 잘 구워진 전어의 잔뼈는 지방과 어울려 고소함을 더하는데, 잔 전어를 싸게 많이 사서 마구 먹어야 한다.

기실 전어는 연탄불에 구워야 제맛인데, 요즘엔 찾기 힘들다. 현대화한 삼천포 어시장 옆 포장마차 골목에서 간혹 연탄불에 구워 주기도 하는데, 찾아다닐 만한 맛이다.

전어축제가 열리는 곳이라면 전어무침이 빠지지 않는다. 싱싱한 채소와 함께 버무린 전어를 관광객들에게 공짜로 나눠주는 장면은 익숙하다. 조리법도 익숙하고 너무 흔해서 특색이 있겠냐 싶겠지만, 무침도 썩 괜찮다.

사실 무침이야말로 지역색이 그대로 배어 있다. 싱싱한 채소가 없으면 불가능한 음식이기 때문이다. 지역에서 난 채소로 만들 수밖에 없는 전어무침은 밥과 함께 먹기에 제격이다.

전남 광양만 망덕포구에서 전어무침을 주문했더니 백합조개국과 함께 나왔다. 여기서도 깻잎 사랑은 여전한데, 특이한 점은 쌈장이 없었다는 점이다. 강 건너 하동과 마주하고 있어도 전라도는 전라도인 것이 고구마 줄기, 도라지 등 나물이 네 가지나 나왔다. 밥과 함께 주문하면 김 가루에 참기름을 두른 대접을 준다. 밥과 함께 비벼 먹으란 제안이다. 단단하게 여문 무, 잔파, 양파, 양배추에 양념을 두르고 깨소금을 듬뿍 뿌렸다. 따뜻한 밥과 비벼 먹으면 채소의 수분을 밥이 흡수해 차진 맛이 괜찮다. 미나리가 주를 이룬 경상도 지역과 차이가 있다. 단맛보다는 매운맛이 강한데, 먹고 나오면 혀 안쪽이 깔끔하다. 조미료가 없거나 적다는 뜻이다.

.

사천시 삼천포항 어시장 뒤편 한정식 집에 가면 색다른 전어무침을 만날 수 있다. 각종 해산물로 한 상 차려지는데, 전어무침이 빠질 수 없다. 특이한 점은 방풍나물과 함께 나온다는 점이다. 풍을 막아 준다고 해서 이름 붙여진 이것에 전어무침을 싸서 먹으면 색다른 맛이 있다. 맵고 고소한 기본에 쌉싸래한 맛을 더해 건강해지는 느낌이다.

기름진 전어는 자체로 장점이지만, 느끼함을 차마 무시할 수 없는 경우가 있다. 이럴 때 전어무침은 고소함은 더하고 느끼함은 빼주는 음식이다. 썰어준 전어를 사서 가까이서 싸게 구할 수 있는 채소 몇 가지와 무쳐 먹으면 한 끼 밥 반찬으로 훌륭하다. 밥만 있으면 그만이기 때문이다.

전어잡이
배의 하루

귀한 몸 납시니 새벽조업 피로도 '싹'

오전 3시 30분. 창원시 진해구 장천부두는 고요하다. 양태석(67)·원우선(63) 부부의 차가 어둠을 뚫고 부두로 들어온다.

전어잡이는 어두울 때 한다. 전어가 낮에는 그물을 피해 다니지만, 어두울 땐 걸려들기 때문이라 한다.

"군항·항로·항내에서는 작업을 하면 안 되거든. 피조개 양식장까지 많아서 작업할 때가 별로 없어."

그래도 행정기관이 생계형 소형 어선에는 좀 관대하다는 말도 덧붙인다.

출발한 지 8분 만에 자망^{걸그물}을 던진다. 초록색 전구등 달린 부표로 그 지점을 알려준다. 오늘은 자망 세 개를 싣고 왔다. 배 방향을 바꿔 진해루 인근에 두 번째, 또 인근에 세 번째 자망을 투척한다. 출발해서 자망 세 개를 모두 던지는 데까지 35분 걸렸다.

배는 인근 진해수협위판장으로 향한다. 내놓을 게 있어서가 아니다. 시간도 때울 겸 해서 잠시 들렀다. 오전 5시 경매가 시작됐다. 전어는 한 상자밖에 없다. 붕장어·해삼·꽃게 등이 주를 이룬다.

하늘이 조금씩 밝아지기 시작했다. 양 씨 부부는 다시 배를 움직인다. 마지막으로 투척한 자망 지점에 도착했다. 양 씨는 물옷으로 갈아입는다. 인양기에 그물을 건다.

"인양기가 한 사람 몫을 하거든. 이게 있으니 노부부 둘이서 할 수 있는 거야."

이제 전어를 만나야 할 때다. 하지만 반갑지 않은 손님을 먼저 맞이한다. 해파리다.

"이러니 고기가 올라올 수가 있나…."

조금 지나자 전어 한 마리가 모습을 드러냈다. 몸집은 작지만 그물에 팔딱거리는 그 힘이 여간하지 않다.

다시 한동안 빈 그물만 올라오다 또 한 마리 올라왔다. 양 씨가 그

물에서 빼던 전어를 놓쳐 바다에 빠트리고 말았다. 본능적으로 입에서 "으아~"하는 앓는 소리가 나왔다. 듬성듬성 올라오는 이런 날에는 그 한 마리가 아쉬울 수밖에 없다.

그물에는 불가사리·고등어·전갱이·갈치·쑤 같은 것들이 전어 대신 올라온다. 15분간 끌어올린 자망에서 잡힌 전어는 30마리가량 된다. 두 번째 지점으로 향했다. 여긴 분위기가 좀 다르다. 제법 쏠쏠찮게 올라오기 시작한다. 양 씨 부부도 신이 난다.

"한 마리씩 온다. 이놈들도 손님 온 줄 아는가 보네."

"어제는 여기서 한 마리도 안 나왔는데…. 같은 장소라도 하루 사이에 이리 다르다."

물통에 전어가 제법 묵직이 채워졌다. 마지막 자망 있는 곳으로 향했다. 다시 빈 그물이다. 양 씨가 멋쩍은 표정을 한다.

"이래 한 마리도 안 올라오면, 선장이 욕먹지 않겠나? 허허허."

오전 6시 5분경 작업을 마무리하고 뭍으로 향했다. 위판장 아닌 포구로 향한다. 양이 얼마 되지 않아 활어차에 바로 넘길 참이다. 배가 닿자 활어차가 저만치서 왔다. 저울에 올리니 10kg이다. 기름값은 나오는 정도다. 그래도 100kg 이상 잡던 기억이 머릿속을 맴도는 건 어쩔 수 없어 보인다. 그래도 양 씨 부부는 의연하다.

"전날 좀 괜찮은 곳을 봐 뒀다가 다음 날 그물을 던지지. 옆에 어민들한테 물어봐서는 절대 좋은 지점을 안 가르쳐 줘. 그래서 전어가 안 잡히더라도 매일 바다에 나가야 해. 부지런하고 공부하는 사람이 많이 잡을 수밖에 없지."

오전 6시 30분 양 씨 부부는 집에 도착했다. 오후 5시에 조업을 한 번 더 하려면 낮에 좀 자 두어야 한다.

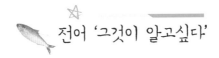

전어 '그것이 알고싶다'

가을·야행성·난류성·하루살이…

전어는 배고픈 시절 물물교환용이었다. 여자들이 죽은 전어가 담긴 고무대야를 이고 나가서는 쌀·보리와 바꿔왔다. 수족관 보관, 유통 환경이 나아지면서 30여 전에야 활어가 조금씩 나왔다. '제철 전어를 꼭 맛봐야 한다'는 이들이 급격히 늘어난 건 2000년대 들어서다. 전어는 청어목 청어과 바닷물고기다. 전어鐥魚는 '돈 전錢' 자를 사용한다. 조선 후기 생활과학서 성격을 지닌 〈임원경제지林園經濟志〉에는 '소금에 절인 전어 맛이 좋아 양반이나 천민이나 돈 생각 않고 산다 해서 이름 붙여졌다'고 나와 있다. 이때 소금에 절인 전어는 오늘날 젓갈과 비슷한 것으로 해석된다.

주로 남해안에서 올라오던 난류성 전어가 해마다 수온이 오르면서 서해안으로 이동했고, 이제는 동해안에서도 잡힌다. 남해에서 만난 전어 횟집 주인 말이다.

"15년 전만 해도 서해에는 전어가 거의 없었어. 10년 전부터 본격적으로 잡기 시작했는데, 어구나 기술이 부족해 우리 남해안 사람들이 가서 가르쳐주고 그랬지."

전어 철은 남해안보다 서해안이 늦다. 그래서 '가을 전어'는 위쪽 지역에서 나온 말이라고 해석하는 이도 있다. 사천에서 만난 활어 차 기사는 "가을 전어? 외지 사람들이나 찾지 우리는 잘 안 먹는다"고 말한다.

전어 산란기는 4~8월이다. 그 이후 체내 지방성분, 즉 기름기가 세 배 정도 많아지고 살도 통통히 오른다. 남해안 일대 기준으로는 8월 중순부터 회 맛이 오른다. 가을에 접어들면 기름기가 많아 회보다는 구이가 적격이다. 그런 면에서 회는 늦여름, 구이는 가을에 좀 더 어울리는 쪽이다.

전어 귀할 때는 양식전어가 등장한다. 양식 전어는 꼬리에서 특징을 나타내는데, 검은빛이 많이 돌며 거칠지 않고 잘 정돈된 느낌을 준다. 자연산 전어는 '하루살이 전어'라 불리기도 했다. 성질 급하고 스트레스를 잘 받아 수족관에서 하루를 버티기 힘들었기 때문이다. 지금은 활어차·수족관에 민물을 섞어 좀 더 길게 버티게 하는 등 환경이 좋아졌다. 그래도 48시간을 넘기지 못한다. 반면 양식 전어는 살던 환경과 비교적 차이가 적기에 수족관에서 좀 더 오래 산다. 그러다 보니 횟집 주인들은 양식 전어에게 눈길 주지 않을 수 없다 한다.

전어는 야행성이다. 전어잡이 배는 새벽에 나간다. 작은 배에서 주로 두어 명이 자망으로 잡는 것은 '따닥발이 전어', 큰 배에서 12~15명이 힘을 모으는 것은 '이수구리 전어'라 한다. 작은 배는 5~10분 거리 앞바다에 나가 잡아서는 곧장 활어 차에 넘긴다. 그물에 걸린 것을 털지 않고 손으로 떼니 상처도 덜하다. 씨알도 일정하다. 그래서 더 귀한 대접을 한다고 한다.

전어잡이하는 이들은 종종 변을 당하기도 한다. 그래서 '매해 사람 한둘 바다에 바치고 전어를 얻는다'는 말도 있다. 전어 굽는 냄새가 고소하다지만, 일본에서는 사람 타는 것과 비슷하다 하여 달갑지 않게 받아들인다고 한다.

전어의 성분 및 효능

간 기능 도와준다고 하니 술꾼들 반할만

고소함을 더하는 전어의 잔뼈는 건강에도 좋다고 하는데, 뼈째 먹는 전어는 칼슘섭취에 도움을 줘 골다공증이나 성장기 아이들에게 좋다고 한다. 특히, 비타민D와 E가 들어있어 칼슘의 흡수율을 높인다고 하니 기특한 생선이라 아니할 수 없다. 또한, DNA와 EPA 등 불포화지방산이 풍부해 콜레스테롤을 낮춰 성인병 예방에도 좋다고 한다. 한방에선 전어가 위장을 보호하고 장을 깨끗하게 하며 이뇨작용을 도와 아침마다 몸이 붓고 팔다리가 무거운 이들에게 좋다고 알려져 있다.

글루타민산과 핵산을 많이 함유한 전어는 두뇌기능과 간 기능 개선에도 도움을 준다고 하니 술꾼들이 반할 만도 하다. 하지만 전어회가 맛있다고 해서 급히 먹거나, 조리를 잘못하면 체하는 경우가 종종 있으니 주의해야 한다.

전어 요리를 맛볼 수 있는 식당 ^{추천}

하동 술상전어마을 공동판매장

전어회 시가 판매

하동군 진교면 술상길 189 '술상전어마을 공동판매장' / 055-884-3656

남해 선소횟집

전어회, 전어무침, 전어구이

남해군 남해읍 선소로 176 / 055-864-2077

사천 대포어촌체험마을

어촌계서 시가 판매

사천시 심포2길 10-1 / 055-834-4988

마산 청도횟집

전어회, 전어구이

창원시 마산합포구 신포동 1가 117-31 / 055-224-1199

진해 등대횟집

전어회, 전어구이

창원시 진해구 행암로 229-1 / 055-545-2145

함양 흑돼지

땅·돼지·사람의 돌고 도는 인연 쌓인 '오겹'

고기도 귀했고, 똥도 귀했던 시절 흑돼지는 '똥돼지'였다.
자라는 만큼 키워서, 먹을 만큼 먹고, 팔리는 만큼 팔았다.
그러니 그 맛조차 귀해질 수밖에 없었다.
먹히기 위해 태어난 동물이 어디 있으랴?
다만, 땅은 돼지를 먹이고, 돼지는 사람을 먹이며,
사람은 땅을 먹일 뿐이다.
돌고 도는 '인연'으로 겹겹이 어울린 그 맛은
달고, 차지고, 촉촉하다.
흑돼지의 맛에는 이런 비밀이 녹아있다.

흑돼지가 특산물 된 배경

척박한 땅이 만들어내다

함양 흑돼지 하면 '똥돼지'를 떠올리는 이가 많다. 그 옛날, 지리산을 찾기 위해 함양에 들어온 관광객들이 오면 가면 재래식 똥돼지를 보고서는 그 놀라움을 전했던 듯하다. 서울 마장동 축산물시장에 함양 마천면 사람들이 제법 진출해, 이들이 고향 똥돼지 얘기를 쏠쏠찮게 한 것도 명성에 한몫했다고 한다. 하지만 오늘날 이곳 흑돼지는 모두 사료 먹인 것들이다.

흑돼지는 온몸이 검은 털로 덮여있고, 백돼지라 불리는 일반돼지에 비해 몸집이 작다. 고구려 시대에 중국 북부지역에서 들어온 것으로

전해진다. 2000년 전으로 추정되고 있으니, 긴 세월을 거치며 우리 땅에 맞게 안착하면서 '재래종'이 되었다. 시간이 한참 흐른 후인 350년 전에는 '버크셔'라는 외국 품종이 들어왔다고 한다. 이 품종은 영국 버크셔 지방에서 유래했다. 이 지역에는 왕실 친위대가 있었는

똥돼지를 키우던 흔적. 위에는 화장실, 아래는 돈사다.

데, 그들이 '버크셔'를 먹어보니 맛이 아주 쫄깃했다고 한다. 그래서
아예 길러서 먹기 시작했다고 한다. 이 '버크셔' 품종은 미국으로 건
너가 그곳 토양에 맞게 개량됐고, 그것이 한국에 들어왔다는 얘기가
전해진다. 그러니 국내 흑돼지는 중국서 들어온 것, 이후 서양에서
들어온 것이 섞여 있다 하겠다.

흑돼지는 인분을 먹고 자란 '똥돼지'라는 또 다른 이름으로 대변된
다. 똥돼지가 자라는 공간은 특별하다. 2층 구조로 위쪽은 화장실,
아래는 돈사다. 인분, 볏짚, 돼지 배설물 엉킨 것이 곧 똥돼지 먹이
다. 그 오래전부터 중국 북부지역에서 이용하던 방식으로 전해진다.
똥돼지는 질병 저항력이 좋아 이러한 환경에서 버틸 수 있었다고 한
다.

함양 어느 토박이는 어릴 적 기억을 전한다.

"어릴 적 외가에서도 똥돼지를 키웠어요. 처음에는 화장실 가는 게
무서웠죠. 볼일 보려는데 밑에 살아 있는 물체가 어슬렁거리니 제대
로 일을 볼 수 있겠어요? 그런데 그것도 차츰 익숙해지니, 나중에는
똥돼지가 주둥이를 벌리는 순간 일을 보는 여유까지 생겼죠."

함양 내 농가에서는 대부분 똥돼지 한두 마리 정도는 키웠다. 그 이
유는 척박한 땅에서 찾을 수 있겠다. 험한 산이 병풍처럼 둘러싼 이
곳은 농사지을 만한 넉넉한 땅을 내놓지 않았다. 가축이라도 길러야
했지만 이 또한 변변치 않았으니, 돈사와 화장실을 한 공간에서 해
결하는 것에 생각이 뻗은 것이다. 똥돼지를 만들기 위해서가 아니라,
자연환경에 따라 똥돼지가 만들어진 셈이다. 동시에 좋은 거름까지
함께 얻을 수 있었으니 이래저래 득이 됐다.

재래식 방식으로 키우는 똥돼지는 1970년대 초반까지 함양을 비롯

한 산청·남원·구례 등 지리산 주변, 그리고 충청도·강원도 산골 주변에서 주로 볼 수 있었다. 하지만 1980년대 들어서면서 대부분 농가가 일반돼지로 모두 옮겨갔다. 흑돼지는 특성상 성장 속도도 느리고 몸집도 일반돼지에 비해 작아 생산성이 떨어졌다. 더군다나 갈수록 퇴화했다. 흑돼지 수 자체가 많지 않다 보니 근친 교배가 많았다. 수놈 두어 마리 키우던 농가에서는 발정하면 어느 농가로 찾아가 교미를 시키는 식이었다. 그 새끼가 자라면 또 그 어미를 찾아 교미하는 일이 흔했다. 같은 유전자끼리 부딪치다 보니 열성이 많아 퇴화했고, 경제성은 갈수록 떨어졌다.

그리고 위생 문제도 한몫했다. 못 살던 시절에야 고약한 냄새도 감내했고, 우물이 얼마나 깨끗한지도 지금보다 덜 중요한 문제였다. 시대가 변하면서 위생과는 거리 먼 똥돼지가 설 자리는 좁아질 수밖에 없었다. 그럼에도 함양을 비롯한 지리산권에서는 다른 지역에 비해 좀 더 오랫동안 재래식 똥돼지가 이어졌다. 깊은 산골이고, 개발도 더디게 진행되다 보니 옛것이 좀 더 오래 남았던 듯하다. 축산업이 발달한 충청도·강원도 지역은 좀 더 빨리 사라졌다 한다.

함양에서는 지금도 재래식 똥돼지 흔적을 그리 어렵지 않게 찾을 수 있고, 실제 그 명맥도 이어지고 있다. 하지만 아는 이에게 의뢰를 받아 한 마리씩 키워 용돈 벌이하는 정도다. 지금 흑돼지는 대부분 사료로 키운다.

재래종은 70kg 정도 되면 더 이상 자라지 않는다. 새끼도 5~8마리밖에 낳지 못한다. 일반돼지보다 생산성이 확연히 떨어진다. 하지만 그 쫄깃한 육질을 못 잊는 이들이 많아, 쉽게 포기할 수도 없었다. 2000년대 이후 흑돼지에 다시 눈 돌렸다. 순수 버크서 품종을 사육

하거나, 종에 상관없이 우량 교배를 통해 퇴화하던 흑돼지를 되살리기 시작했다. 함양에서는 순수 버크서종을 적극적으로 활용했다. 버크서는 이마, 발 네 개, 꼬리 부위 등 모두 여섯 개의 흰점이 있어 '육백'이라 불리기도 한다.

지금은 일반돼지보다 10kg밖에 적지 않은 100~110kg까지 자란다. 사육기간은 일반돼지에 비해 45일가량 더 긴 180일 정도다. 사육기간이 길기에 육질이 쫄깃하다. 빨리 비대해지면 육질이 흐물흐물할 수밖에 없는데, 흑돼지는 시간을 두고 조금씩 살이 붙어 아주 단단하다. 육질 차이는 유전적인 부분이 크지만, 사료도 크게 좌우한다. 출하 두 달을 앞두고서 육질을 단단히 하는 사료를 집중적으로 먹인다고 한다. 함양에 500마리 이상 하는 대형 농장에서는 저마다 사료 개발에 정성을 쏟고 있다.

일반돼지는 한번에 새끼 12~13마리를 낳는 것에 비해 흑돼지는 9~10마리 정도 낳는다. 대부분 농가의 어미돼지 비율은 10%가량 된다. 어미돼지는 1년에 두 차례 등 모두 6~7회 출산하면 도태한다. 그러면 농가에서는 또 다른 암놈을 채운다. 어미돼지는 새끼 때부터 건강한 놈을 눈여겨봐 두어 '모돈 후보'로 표시해 두었다가 60일가량 지나면 선정 여부를 결정한다. 어릴 적부터 허약한 놈들은 기간이 지나도 크게 호전되지 않고 폐렴 같은 질병으로 죽는 경우가 많다 한다.

농가 처지에서는 사육기간이 길고 한 번에 태어나는 마릿수도 적기에 일반돼지에 비해 더 비싼 값을 매길 수밖에 없다. 함양에서 출하된 흑돼지는 읍에 있는 도축장으로 옮겨져 손을 본 후 전국 각지로 유통된다.

'진짜' 똥돼지는 귀해졌지만

그 흔적은 함양 곳곳에 남아있다.

2012년 함양 어느 농가에서 기르던 똥돼지 실제 모습.

흑돼지와 함께한 삶

'복 있는 농장' **박영식** 씨

20마리에 인생 걸었더니 7000마리 얻었다

함양군 유림면 대궁리. 도로에서 좀 떨어진 곳에 '복 있는 농장'이 자리하고 있다. 민가 밀집 지역과는 거리가 있다. 흑돼지 7000여 마리를 키우고 있으니, 될 수 있으면 사람 사는 곳에서 떨어져 있는 편이 나을 것이다.

농장을 운영하는 박영식(56) 씨는 이곳에 자리 잡은 지 11년 됐다.

"나름 동네에서 떨어졌다고 생각하고 터를 잡았죠. 그런데도 여름·장마철이면 냄새 난다 해서 민원이 많이 들어왔어요. 그래도 동네

행사 있으면 발걸음하며 인사도 드리고, 그렇게 10년 넘게 함께 지내다 보니 이제는 주민들도 이해해 주는 편이죠."

박 씨가 태어난 곳은 이곳 유림면 바로 옆 동네인 휴천면이다. 농사 짓는 부모님 아래서 어린 시절을 보냈다. 그의 꿈은 좀 남달랐다.

"아이 때는 보통 대통령·장군·사장, 뭐 이런 사람이 되고 싶다고 말하잖아요. 저는 초등학교 6학년 때 선생님께 '가축 기르는 사람이 되고 싶어요'라고 했죠. 특별한 계기가 있었던 건 아닙니다. 그냥 어릴 때부터 좀 현실적이었던 것 같습니다. 돈 생기면 형은 자동차 사겠다고 한 반면, 저는 말을 산다고 했으니까요."

고등학교 졸업 후 연암축산대학^{현 천안연암대학 축산계열}에 들어갔다. 고향에서 가축을 키우며 한평생 살겠다는 그의 꿈도 무르익어갔다. 군대를 다녀온 후 바로 그 꿈을 실현하려 했지만, 그러지 못했다.

"돼지·소를 키우려면 돈이 있어야 하는데, 그럴 사정이 안 됐죠. 그냥 취직을 선택해 축협에 들어갔습니다. 그렇게 직장생활을 17년 가까이했습니다."

결과적으로는 자신의 꿈을 좀 더 야무지게 이룰 수 있는 과정으로 작용했다. 그때 쌓은 지식과 현장 경험은 아주 값진 것이었다. 돈도 어느 정도 모을 수 있었다. 그는 흑돼지에 남은 인생을 걸어보기로 했다. 정부 지역특화사업을 신청했다. 총 11억 원 가까이 되는 초기 사업비 가운데 절반을 지원받을 수 있었다.

"흑돼지는 육질이 좋잖아요. 그래서 그 틈새시장이 있을 것으로 생각했습니다. 백돼지만 찾는 사람은 어쩔 수 없는 거고, 흑돼지 즐기는 사람들을 위해 한번 해보겠다고 나선 거죠."

2002년 그렇게 20마리로 시작해 지금은 7000마리로 늘었다. 함양

한약재를 섞은 사료.

뿐만 아니라 전국에서도 최다규모다. 지금에 이르기까지 우여곡절이
없을 리 없다.

"여름에는 기온·습도, 그리고 환기가 특히 중요하죠. 2010년이었나,
누전으로 환풍기가 멈추는 바람에 출하를 앞둔 400마리가 폐사했어

요. 그때는 보험도 제대로 들어놓지 못해서 타격이 컸죠.”

박 씨는 이러한 위기를 딛고 일어섰다. 흑돼지 생육 환경을 높이기 위해 완전자동화시설을 갖추는데 이르렀다. 박 씨가 농장을 안내했다. 임신실·분만실·자돈실·육성실·비육실로 나뉘어 있다. 흑돼지 배설물은 예전같이 사람 손 들어갈 일이 없다. 축사 아래로 빠진 배설물은 관을 타고 한곳에 모여 처리된다.

사료는 흑돼지 육질을 좌우하는 큰 요소 중 하나다. 농장마다 사료가 조금씩 다르다. 박 씨는 아주 특별한 것을 사용한다. 한약재에 많이 쓰이는 당귀다.

“함양에 당귀를 정제하는 공장이 들어섰어요. 거기서 나오는 찌꺼기를 사료로 사용하면 좋겠다 싶었죠. 3개월 정도 실험 끝에 본격적으로 사용했습니다. 새끼 돼지들은 어미 젖을 먹고 나면 설사를 많이 합니다. 그런데 당귀 사료를 먹고 나서는 일절 설사를 안 합니다.”

박 씨는 이렇게 180일가량 키운 흑돼지를 유통업자에게 넘기는 것까지만 한다. 한때 서울에 있는 백화점에 납품하기도 했다. 시간·비용적인 측면에서 큰 도움이 되지 않아 접었다. 현재로서는 좋은 흑돼지를 키워내는데 공을 들이고 있다.

박 씨는 지난해부터 이름도 생소한 ‘레소토 공화국’을 드나들고 있다. 함양을 찾았던 레소토 왕실과 인연이 되어 현지에 축산기술을 전수하고 있다. 함양 흑돼지가 그곳 땅을 밟을 날도 머지않았다. 박 씨는 또 다른 계획을 세우고 있다.

“생산 노하우는 이제 완전히 정착했다고 생각해요. 이제는 판매·체험·시식·관광 쪽으로 생각하고 있어요. 이런 걸 한 곳에서 할 수 있는, 일종의 ‘흑돼지 타운’을 준비하고 있습니다.”

음식 이야기

쌈 채소 없이 먹어야 육즙 느낄 수 있다

함양군 함양읍 중앙시장 내 '병곡식당'. 예닐곱 평 되는 가게는 수수하다. 순대와 머리고기가 주메뉴다. 국물을 내는 사골까지 모두 흑돼지가 재료다.

피순대, 머리고기 한 상이 꽤 푸짐하다. 특이한 점은 순대국수를 주문하는 사람들이 많았다는 것이다. 흑돼지 사골로 육수를 낸 순대국수가 이가 성하지 않은 노년층에 적당하고, 여름철인 영향도 있을 것이다.

어느 시골 장에나 대표 국밥은 있는데, 함양장은 이 흑돼지 순대국밥이 대표다. 병곡식당 맞은 편과 시장입구 큰길 건너편에도 꽤 붐비는 순대국밥집이 있다.

먼저 맛본 머리고기는 달았다. 연골과 껍질의 조화도 훌륭해서 어울리진 않지만 '싱싱하다'는 표현이 절로 떠올랐다. 매일 장사할 만큼 고기를 사 온다는 주인 김정애(51) 씨는 재료에 대한 자부심이 대단하다.

흑돼지 부산물로 만든 순대국밥.

이 집 요리의 으뜸 재료가 뭐냐는 질문에 주저 없이 '물'이라 말한다. 지리산이 내린 '물' 말이다. 사온 머리고기는 흐르는 지하수에 1시간을 담가 피를 뺀다. 고기 군내가 없는 이유다. 피순대는 잘게 간 머리고기에 양파, 대파, 양배추, 배추, 깻순, 부추, 당근 등을 넣어 만든다. 상에 오른 것은 대창으로 만들었지만, 막창으로도 만드는데, 그 맛이 훨 차지다며 자랑하신다. 신선한 선지가 터져 나올 듯하지만 먹기에 불편하지 않다. 그 맛은 담백하고 야채와 고기 선지가 제맛을 다 낸다. 건강해지는 느낌이랄까? 흑돼지 부산물을 맛만 보고 자리를 뜨려 했던 입은 어느새 순댓국을 주문하고 있었다. 함양 물과 사골로 낸 국물 맛은 없던 느끼함도 잡아줬다. 좋은 해장국을 먹으면 전날 술을 먹은 것 같은 '기시감'이 드는 것과 비슷한 이유다. 파, 부추를 듬뿍 추가해 다 마셨다.

돼지고기는 삼겹살이다. 삼겹살 사랑이 유별난 우리네 입맛을 지적한 이도 있지만, 어쩌겠나? 돼지고기는 삼겹살이다. 억지 주장이 아니다. 돼지고기의 껍질, 지방, 뼈, 육질을 동시에 맛볼 수 있기 때문이다. 특히, 살과 고기가 겹겹이 오겹살을 이룬 함양 흑돼지는 이미 맛있는 조건을 타고났다.

흑돼지 오겹살을 맛보기 위해 찾은 곳은 함양군 마천면의 '월산식당'이다. 이곳 주인 아주머니는 시어머니 뒤를 이어 19년째 흑돼지 요리를 팔고 있다. 식육식당이라 하여 고기도 따로 파는데, 생고기를 보관한 냉장고와 육절기가 따로 문을 낸 가게 한편에 있다. 그리고 여기에 이 집 맛의 비밀이 있다.

짧고 검은 털이 간간이 껍질에 박혀 있고, 고기는 선홍빛이라기보다, 옅은 붉은 빛에 가깝다. 피를 잘 빼고 숙성된 생고기에서 볼 수 있는 빛깔이다. 여기만의 숙성기술로 고기 맛이 뛰어나다는 주인의 주장이 설득력이 있다. 익혔을 때 숙성한 생고기에서 흔히 느낄 수 있는 껍질의 이물감이 거의 없다. 맑은 육즙과 지방의 조화가 훌륭했다. 군내가 없는 것은 흑돼지 특유의 장점으로 꼽히기도 한다.

기실, 함양 흑돼지가 유명해진 것도 마천에서 흑돼지 맛을 본 등산객들의 입을 통해

흑돼지 오겹살에 붙어있는 검은 털.

흑돼지 갈비찜.

서였다 하니 그야말로 '명불허전'이다. 쌈 채소는 필요 없었다. 육즙
의 풍미를 방해하는 느낌이 들었기 때문이다. 소금도 치지 않았다.
고기 원래의 단맛을 더 느끼고 싶었다. 들기름으로 무친 파절임과
함께 먹으면 천천히 오래 즐길 수 있다.

갈비찜이 나왔다. 채소, 양념과 함께 압력솥에 25분 정도 찐 갈비찜
은 새콤달콤하고 담백했다. 단호박과 당근, 파프리카 등 채소가 풍
부했다. 압력솥에 찐 덕인지 부드럽게 뼈와 살이 분리되면서 입에 감
겼다. 다만, 짠맛이 강해 술안주보다 한 끼 밥반찬으로 제격이지 싶
다. 이 식당을 추천한 이도 갈비찜과 밥을 먹으면 최고라 했다.

마천면에서 조금만 지리산 쪽으로 오르면 '백무동'이다. 계곡이 좋
고, 천왕봉 등산에도 제격인 이곳에서 여유를 즐기고 갈비찜으로 배
를 채운다면 부족할 것이 없겠다.

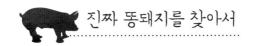# 진짜 똥돼지를 찾아서

전통방식으로 기르는 축사 흔적들

"흑돼지 하면 '똥돼지' 아닌가?" "똥돼지를 먹어야 진짜 흑돼지지!"
함양 흑돼지 취재를 주변에 알렸을 때, 대부분 첫 반응은 이랬다.
몇 년 전 공중파TV 프로그램의 '지리산 흑돼지'편을 뒤져보며 화면
속 할머니 얼굴을 유심히 봤다.

어쩌면 저 할머니를 알아보고 찾을 수 있지 않을까 싶었다. 들르는
곳 마다 '똥돼지'를 목격한 곳이 있는지 물었다. 군 관계자는 이렇게
말했다. "어렸을 때 나도 거기다 똥 많이 쌌는데, 처음엔 이상해도
익숙해집디다. 근데 요새 잘 모르겠는데… 마천 가면 있을라나…."

읍에서 30여 분 달려 마천면에 도착해 수소문했다. 파출소에 들러
물었다. "글쎄요… 잘 모르겠는데, 저기 저 쪽으로 저 길 따라서 쭉
가면 '축동'이란 데가 나오는데 그쪽에 가면 어쩌면 있을지도…."

마천면 한 식당주인은 또 이렇게 말했다. "축동? 에이, 거기보다 저기
서 왼쪽으로 꺾어 읍 쪽으로 좀 가면 '창원 마을'이라고 있는데, 거기
서 '똥돼지' 아직 키운다고 알고 있는데…."

창원마을로 향하니 초입부터 심상치 않다. '생태마을 조성' 입간판이
진짜 뭔가 있을 법한 분위기를 풍겼다. 좁은 마을 입구를 약간 돌아
서 산 쪽으로 향하니, 경사 높은 골목이 빼곡히 들어선 집들 사이로
길게 이어졌다. 꽤 큰 마을이었는데 좀체 사람이 없었다. 돼지 소리
도 들리지 않았다. 그러던 차에 어느 마당을 둘러보다 뭔가를 발견

했다. 마당 뒤쪽에 얼기설기 나무를 세워 아래위로 칸을 나누고 대충 지붕을 씌운 구조물을 발견했다. '똥돼지 우리'였다! 몇 집을 돌았다. 아니나 다를까 대부분 주택에 똥돼지 우리가 있었다. 어떤 곳은 제법 현대화해서 콘크리트 슬래브로 지어 돼지의 활동 공간이 넓었다. 하지만 아쉽게도 돼지를 만날 수 없었다.

한때 흑돼지를 키웠다는 칠순의 아주머니 얘기다. "우리도 안 키운 지 한 10년 됐어. 건너편에 흑돼지 축사 생기고 나서는 안 했던 것 같네. 가격경쟁이 안 돼서 팔기도 힘들고, 개량한 주택에선 키울 수도 없고…. 글쎄…. 저 위쪽으로 올라가면 키우는 데가 있을지도…."

골목을 오르다 만난 아저씨는 또 이렇게 말했다. "똥돼지? 나도 요새 본 적은 없는데… 마을 제일 위 절 밑에 가면 한 군데 키운다고 하긴 하던데…."

그곳에 발걸음 했지만 이런 답만 돌아왔다.

"우짜노! 지난달에 팔았는데…. 여름엔 키우기 힘들어서 팔았지."

흐적만 남아 있는 똥돼지 전통 축사.

흑돼지의 성분 및 효능

마른기침 잡아주는 효과

동의보감에는 돼지고기가 신장과 위장, 간장을 튼튼하게 하고, 건조한 것을 촉촉하게 하는 효능이 있다고 나와 있다. 때문에 돼지고기는 체액 분비 이상으로 더웠다 추웠다 하는 증상을 치료하고, 마른기침을 하거나 허약해지는 것을 치료하는데 효과가 있다고 한다.

이렇게 몸에 좋은 흑돼지도 주의해서 먹어야 한다. 돼지고기는 찬 성질의 음식이기 때문에 잘 익히지 않고 과하게 먹으면 소화기병이나 기력손상이 올 수도 있다.

간혹, 돼지고기를 지방 때문에 먹기를 피하는 사람도 있는데, 돼지고기에는 필수 지방산인 리놀산이 풍부하고 비타민E·비타민B1·비타민B2 등의 함량이 쇠고기보다 월등하다 하니 안심하고 먹어도 좋다.

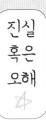
흑돼지는 토종돼지? 중국·서양 품종 섞여

오늘날 흑돼지 개념은 모호하다. 고구려 시대부터 이어진 재래종, 서양에서 들어온 버크서종, 똥돼지·토종돼지 같은 것들이 혼재해 있다. 흑돼지를 취급하는 이들조차 속 시원한 설명을 못 하는 눈치다. 중국 북부지역에서 들어온 재래종은 우리나라 환경에 맞게 자연적으로 그 형태도 조금은 변했다. 한편으로는 키우는 방식 때문에 똥돼지라는 말도 함께 덧붙었다. 하지만 이후 서양 품종인 버크서가 들어왔다. 이 버크서 가운데도 역시 인분을 먹고 자란 놈들도 있었으니 마찬가지로 똥돼지이기도 했다.

최근 품종 개량을 통해 좀 더 건강한 흑돼지를 만드는 노력이 이어졌다. 그러다 보니 버크서와 재래종 간 교배도 있다. 우수한 유전자를 가진 순수 버크서도 있고, 우수한 재래종끼리 교배해 순수 혈통을 이어가기도 한다. 포괄적으로 이러한 모든 것들이 흑돼지인 셈이다. 다만 '흑돼지는 곧 토종돼지'라는 등식은 적합하지 않아 보인다.

또 다른 얘기를 하자면, 흑돼지 삼겹살에는 까만 털이 듬성듬성 붙어있다. 남녀노소 흑돼지 고기를 찾으면서 거부감을 느끼는 이들이 많다. 제대로 처리하지 않았다는 생각이 들 법도 하다. 하지만 까만 털이 있어야만 흑돼지라 믿고 먹던 시절이 있었다. 일종의 보증수표 같은 것이다. 지금도 그런 이들이 적지 않다. 흑돼지 취급하는 이들은 여전히 이 털을 증표로 남겨두는 것에 신경 쓰는 눈치다.

흑돼지 요리를 맛볼 수 있는 식당 ^{추천}

월산식육식당

소금구이, 주물럭, 갈비수육, 갈비찜, 족발찜, 내장탕

함양군 마천면 천왕봉로 1138 / 055-962-5025

병곡식당

돼지국밥, 순대국밥, 순대국수, 내장국밥, 따로국밥, 모둠순대, 피순대

함양군 함양읍 중앙시장길 2-29 / 055-964-2236, 055-963-5784

지리산식육식당

삼겹살

함양군 마천면 당흥길 2 / 055-963-7227

거
창
사
과

사과는 과일이 아니라 과학이다

꽃에서 태어나 구름과 태양을 먹고 자란다.
뿌리는 양분을 찾아 깊이 깊이 땅을 파고,
가지는 열매를 위해 뻗지 않고 허리를 숙이며,
그 잎은 제 몸을 짜내어 끝끝내 열매를 익힌다.
이렇듯 온 우주가 그 한 알을 위해 생겨난 듯해도,
품종마다 땅이 다르고, 태양이 달라도,
보란 듯이 주렁주렁 한 알의 우주가 많이도 열렸다.
그러므로 사과는 과일이 아니라 과학이다.

사과가 특산물 된 배경

깡촌에서 부촌으로…그 시작은 400여 그루 사과나무

거창군 고제면 사과 재배 단지. 주렁주렁 달린 사과는 빨갛다 못해 검붉은 빛까지 내며 그 농익은 자태를 뽐낸다. 사과를 수확 중인 이가 한 마디 던진다.

"맛 한번 보서. 얼마나 달달한지 입술에 쩍쩍 달라붙어."

하나를 따서 옷으로 문지르니 새 구두처럼 반짝반짝 광이 난다. 먹기 아까울 정도다. 그래도 한입 베어 물었다. 단 육즙이 금세 퍼지며 입안을 마비시킨다.

거창 사과는 2012년 기준으로 재배 면적 1479ha·생산량 2만 7658톤가량 된다. 생산량만 보면 전국의 7.3%다. 경북 영주·의성·안동·청송·문경, 충남 예산에 이어 일곱 번째로 많다. 도내 생산량에서는 66.5%를 차지한다. 거창군 전체 농업소득에서는 3분의 1이 사과 몫이다. 이 고장을 먹여 살리는 소중한 자산이다.

'거창 사과'는 1930년 거창읍 대동리에서 처음 재배된 것으로 전해

진다. 본격적으로 퍼지게 된 것은 1941년으로 보고 있다. 거창읍 정장리에 사는 최남식이라는 이가 국광·홍옥 400여 그루를 심으면서 대량생산으로 이어진 것이다. 1966년에 정부 농특사업에 지정되면서 한 단계 더 발돋움했다. 1987년에는 지역 내 제1 농·특산물로 완전히 자리매김했다.

머리 희끗희끗한 이들은 옛 기억을 꺼내놓는다.

"1960년대에도 이미 읍내 쪽에 사과나무가 많았죠. 그런데 지금처럼 작은 나무를 촘촘히 심은 게 아니었어요. 한 나무에서 한 트럭을 딸 정도의 큰 나무였습니다. 학교 마치고 오다 배고프면 서리해서 먹기도 하고 그랬죠."

사과 당도를 높이는 데는 일교차가 큰 역할을 한다. 밤에 기온이 많이 떨어질수록 낮에 축적된 당 성분이 덜 빠져나간다. 거창은 일교차가 심한 대륙성 기후 지역이다. 연간 평균 일교차가 11.6도로 큰 편에 속한다. 전 지역이 해발 200~900m에 이르는 고지대이기도 하다. 여기에다 물·흙에 대한 이야기도 덧붙인다.

"거창에는 다른 지역 물이 한방울도 흘러들어오지 않아요. 우리 지역 내 깨끗한 물로 모든 것을 해결합니다. 땅에는 사질양토가 많아 사과하기 더없이 좋지요."

그런데 시간이 지나면서 주 재배지도 변하고 있다. 1960~1980년대에는 해발 200~300m인 거창읍·남상면·가조면 같은 곳이 알맞은 지형이었다. 하지만 평균기온이 갈수록 높아지면서 사과도 좀 더 높은 곳을 찾아들었다. 평균 해발 500m 이상 되는 고제면 같은 곳이다.

고제면은 한때 '깡촌'이라 불릴 정도로 험하고 살기 힘든 곳이었다. 고랭지 채소를 하거나 약초를 캐며 생계를 이어가는 정도였다. 하지만 사과가 완전히 바꿔 놓았다. 1990년대 초부터 사과를 본격적으로 재배하면서 여기저기 부농이 나왔다. 재미 좋을 때는 1년 농사로 집 한 채 사는 이들도 있었다. 고향 떠났던 젊은 사람들까지 하나둘 찾아들었다. 지금 이곳에는 고급 승용차에 농기계 실려 있는 모습이 흔하다. 사과 농사 마친 겨울에는 인근 무주에서 스키를 즐기며 시간 보내는 이도 많다고 한다.

한편으로 '사과 농사'는 고제면에서, '자식 농사'는 교육 여건 좋은 읍에서 하는 분위기다. 과거 고제면 사람들이 읍내 사과농가에 품 팔러 오던 모습과 완전히 대비된다.

오늘날 거창 사과는 여러 품종 가운데 부사라 불리는 후지가 55%, 홍로가 30%가량 차지한다. 올해는 지난해보다 생산량이 좀 적을 것으로 예상한다. 봄에 서리 피해가 있었고, 여름날 밤에 고온현상이 이어지면서 많은 양분이 소모됐기 때문이다.

어느 농사든 다 그렇듯, 사과도 일손 부족에 애를 태운다. 읍내에서, 혹은 다른 지역에서 사람을 데려다 쓴다. 행여나 그 일손이 일당 더 많은 곳으로 옮겨갈까 싶어, 밥도 사고 때로는 차비도 줘 가며 인력 관리를 한다고 한다.

거창에는 사과 테마파크, 사과 이용연구소, 사과 거점산지유통센터가 자리하고 있다. 이를 통해 생산·가공·유통이 유기적으로 맞물려 돌아가고 있다. 사과산업특구 지정을 위해서도 애쓰고 있다. 그 속에서 끊임없는 연구와 실험이 이어지고 있다.

사과로 만든 와인.

거창에 있는 거점산지유통센터 내 선별장.

그래서 거창 사과는 과학적이고 체계적으로 관리된다는 느낌을 줄 만하다.

'아담과 이브' '만유인력의 법칙' '빌헬름텔 화살' '내일 지구가 멸망하더라도 나는 한 그루의 사과나무를 심겠다' '스티브 잡스의 애플'…. 사과는 인류의 굵직한 이야기 속에 자주 등장한다. 그만큼 그 역사가 오래됐고, 또 친숙한 과일이기 때문일 것이다.

사과 원산지는 유럽 남부인 발칸반도로 전해진다. 그 재배 역사는 4000년 이상 된 것으로 추정하고 있다. 16~17세기에는 유럽 전역에서 재배됐고, 19세기 초까지는 영국이 최대 생산국이었다. 19세기 말부터는 미국을 비롯해 중국·프랑스·이탈리아·터키가 많은 생산량을 자랑한다.

우리나라에서는 고려시대 어휘를 풀이한 〈계림유사^{鷄林類事·1103}〉에 오늘날 '능금'이 등장한다. 17~18세기 문헌에는 '능금 재배법'이 소개돼 있다. 이때까지는 재래종인 능금 위주였다. 서양 사과는 1884년 선교사들이 들여와 관상용으로 심은 것이 최초인 것으로 알려져 있다.

1900년에는 대구에 대규모 사과 과수원이 조성되기도 했다. 그러던 것이 1901년 윤병수라는 이가 황해도 원산에 국광·홍옥을 심었는데, 최초의 상업적인 재배로 받아들여진다. 1906년에는 서울 뚝섬에 원예모범장이 들어서며 사과 재배 기틀이 마련됐다.

사과는 쌍떡잎식물 장미목 장미과의 사과나무 열매다. 그 품종만 해도 전 세계적으로 700종이 넘는다. 국내에서는 국광·홍옥·후지 등 10여 종이 재배되고 있다. 단순화해서 수확 시기만 놓고 분류하면 조생종·중생종·만생종으로 나뉜다. 8월에 수확하는 조생종에는 파란사과, 과즙이 많은 선홍·서광 등이 있다. 9월에 나는 중생종에는 홍로·홍옥이, 10월에 수확되는 만생종에는 후지·감홍이 해당한다.

사과는 촌수를 따지기도 한다. 같은 품종끼리는 수분^{종자식물 화분이 암술머리에 옮겨붙는 것}이 되지 않는다. 그래서 '양반 사과'라 일컫기도 한다.

사과 재배하는 처지에서는 일손을 좀 더 보태면 그 가치를 올릴 수 있다. 사과는 꼭지에 가려 햇빛을 못 받는 부분이 있다. 그 부분만 익지 않고 허옇게 남는 것이다. 작은 흠집에 불과하지만, A급이 못되고 B급으로 떨어진다. 그래서 수확 철이 다가오면 '사과 돌리기'라는 것을 한다. 사과 방향을 조금만 틀어주면 고루 햇빛을 받을 수 있는 것이다. 하지만 일손이 달려 그리하지 못하는 어려움이 있다.

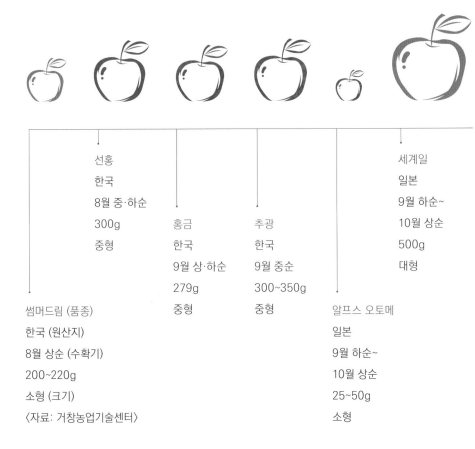

사과 품종별 크기 및 수확 시기

선홍
한국
8월 중·하순
300g
중형

홍금
한국
9월 상·하순
279g
중형

추광
한국
9월 중순
300~350g
중형

세계일
일본
9월 하순~
10월 상순
500g
대형

썸머드림 (품종)
한국 (원산지)
8월 상순 (수확기)
200~220g
소형 (크기)
〈자료: 거창농업기술센터〉

알프스 오토메
일본
9월 하순~
10월 상순
25~50g
소형

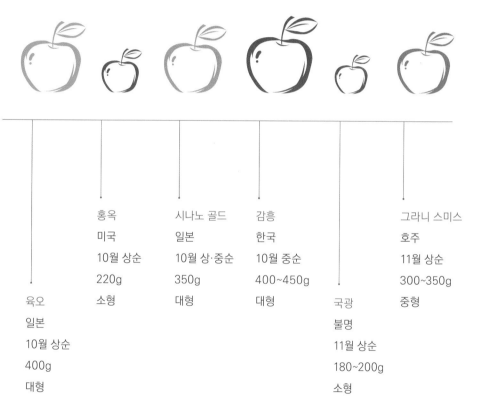

홍옥
미국
10월 상순
220g
소형

시나노 골드
일본
10월 상·중순
350g
대형

감흥
한국
10월 중순
400~450g
대형

그라니 스미스
호주
11월 상순
300~350g
중형

육오
일본
10월 상순
400g
대형

국광
불명
11월 상순
180~200g
소형

※조생종(7월 하순~8월 하순), 중생종(9~10월), 만생종(10월 하순~11월)

사과와 함께한 삶

'사과 박사'로 통하는 **성낙삼** 씨

"품종·재배법 다양한 요놈…알면 알수록 어려워"

거창 사과테마파크 체험장에서 한 농민이 알은 척을 했다.

"선생님, 사과대학에서 강의 잘 들었습니다."

성낙삼(59·거창군 농업기술센터 농업소득과장) 씨를 향한 인사였다. 성 씨도 "고맙다"며 화답했다. 하지만 누군지 정확히 알지 못하는 눈치다. 그도 그럴 것이 2008년 '사과대학' 개설 때부터 강의에 나섰으니 그 제자만 수백 명이다.

이렇듯 성 씨는 거창에서 '사과 사부님'으로 통한다. 전국적으로도 '사과 박사'로 유명하다. 그는 30년 넘게 공직생활을 하고 있다. 그 가운데 15년 넘게 사과와 함께했다.

"1981년 창원에서 공무원 생활을 시작했어요. 2년 후 동읍 단감 관련 업무를 보면서 과실나무를 접하게 됐죠. 그러다 1984년 고향으로 발령받으면서 거창 사과와 연을 맺었습니다. 그러면서 농업과학기술원에서 2년간 연수도 받았습니다. 그때 과실나무에 대해 분석·시험하고, 또 관련 서적을 엄청 봤죠. 거창은 사과가 주종이다 보니 이쪽에 좀 더 집중하게 된 거고요."

1980~90년대만 하더라도 사과 재배 농가들은 재래 영농에 의존하고 있었다. 재배기술이 체계적이지도 못했으며 장기적인 안목도 없었다. 성 씨는 '이대로는 미래 경쟁력이 없다'고 생각했다. 마을 단위로 흩어져 있던 사과 작목반을 하나로 모아 '거창사과발전협의회'를 만들었다. 이를 통해 체계적인 재배기술 보급에 나섰다.

"낮에는 행정 업무 때문에 시간이 나질 않죠. 인력 교육은 주로 밤에 할 수밖에 없었죠. 오토바이 타고 밤에 이 마을 저 마을 구석구석 돌아다녔습니다."

시험재배를 통해 기후 변화에 맞는 품종 개량에도 애썼다. 판로 개척에서도 눈을 넓혔다. 외국 시장을 뚫기로 했다. 그리고 1999년 187톤을 수출하는 데 성공했다. 사과대학도 개설해 토양학·비료학·농약학·작물생리학, 재배 관련 기술, 유통·마케팅 등 전 분야를 체계적으로 교육했다. 사과대학에서는 연간 강의 100시간 가운데 80시간 이상 이수하고, 논문을 제출하면 학위를 줬다. 이 논문을 매년 하나로 모아 책으로 내면 그 또한 훌륭한 기술서적이 됐다.

이러한 성 씨 노력이 큰 몫을 하며 오늘날 '거창 사과'는 이 지역 특산물로 굳건히 자리하고 있다.

사과와 함께한 지난 세월 속에서 풀어놓을 얘기는 한두 가지가 아니다.

"사과뿐만 아니라 모든 농사는 기본을 잘 지켜야 합니다. 그러기 위해서는 우선 땅을 잘 만들어야죠. 그러면 10년이 편합니다. 하지만 농민들은 급해요. 땅이 제대로 안 된 상태에서 그냥 고달픈 농사를 하는 거예요. 그러다 결과가 좋지 않으면 술 한잔 먹고 찾아와서는 막말을 쏟아내요. 나중에 알고 보면 저보다 한참 밑에 후배인 경우도 있고…. 어휴, 그런 일이 다반사입니다."

반면 성 씨가 권유하는 대로 실행에 옮긴 이들은 '고맙다'며 머리를 숙인다.

"다른 일을 하다가 처음 사과에 손대는 이들도 많죠. 그런 분들 가운데 오직 내 말만 믿고 100% 실천한 분들이 있어요. 몇 년 지나 '빚을 다 갚고 다시 일어나게 됐다'며 고마워하시죠. 그럴 때면 제 노력이 헛되지 않음을 느끼게 됩니다."

성 씨는 어릴 적 거창읍에서 살았다. 1960~70년대에도 주변에 사과는 흔히 볼 수 있었다. 철없을 적에 서리했던 기억도 남아있다. 하지만 농사와는 거리가 멀었다.

"아버님은 공직에 계셨어요. 땅이 좀 있었지만 직접 농사를 지은 건 아니에요. 그러니 어릴 때 농사일할 기회는 없었죠. 군인이 되고 싶었는데, 막상 사병으로 가 보니 체질에 안 맞더라고요. 제대 후 공무원 시험 3개월 준비했는데 바로 합격한 거죠. 공무원 되고 나서 과수 업무를 맡으면서 결국 여기까지 오게 됐네요."

성 씨는 완벽을 추구하는 스타일이다. 어릴 적 학교 다닐 때도 과제물을 하면 확실히 하고, 어중간하게 할 바에는 아예 안 했다. 사과 연구도 마찬가지였다.

"책만 보면서 머리로만 이해하면 안 되죠. 현장을 알아야죠. 그래서 농업기술센터 내에 품종별 재배를 하면서 전 과정을 익혔습니다. 그렇게 하니 농민들과 대화도 잘 됐어요."

그래도 사과는 여전히 어려운 존재다.

"포도·배·복숭아 같은 과일에 비해 품종도 다양하고, 더 많은 재배 기술을 필요로 합니다. 재배 기술에서 예전에는 답이 아니던 게, 환

경 변화에 따라 지금은 정답인 것도 있습니다. 알면 알수록, 하면 할수록 어려운 게 사과죠. 그래서 사과 농사는 힘들어요. 제가 사과에 대해 많이 안다지만, 개인적으로 재배할 엄두는 못 내겠어요."

성 씨는 이런저런 계획이 머릿속에 서 있다.

"농업기술센터는 어려움에 부닥쳐 있는 농민들에게 처방을 내려줘야죠. 그게 안 되면 '농업행정센터'라 불러야죠. 기술 없는 직원이 앉아 있어서는 안 될 일입니다. 현장·기술을 익히고 꾸준히 연구해야 합니다. 제가 터득한 사과 재배 기술과 경험을 후배들에게 물려주면 큰 도움이 되겠지요. 개인적으로는 퇴임 후에도 농민들을 도울 수 있는 '사과 재배 컨설턴트'가 되고 싶네요."

음식 이야기

사과와 돼지고기는 환상의 궁합

사과 요리가 생소할지 몰라도 우리가 알아보지 못했을 뿐이지 의외로 많다. 흔히 접할 수 있는 것은 탕수육이다. 탕수육 소스엔 사과가 필수다. 카레도 있다. 깎은 밤알 크기로 썰어 카레와 익히면 카레의 센 맛을 잡아주고 소화도 돕는다. 뿐만 아니다. 각종 샐러드엔 없어선 안 된다. 이처럼 사과는 요리 재료로도 훌륭하다. 하지만 막상 사과를 활용해 요리를 하려면 난감하다. 카레나 샐러드는 너무 흔하고, 탕수육은 부담스럽기 때문이다.

가정에서 쉽게 해먹을 수 있는 사과요리를 창신대 외식조리학과 주종찬 교수에게 부탁했다. 주 교수는 "요리에서 사과는 돼지고기와 잘 어울린다. 돼지고기를 활용해 가정에서 할 수 있는 요리를 보여

창신대 주종찬 교수가 사과 요리를 만들고 있다.

주겠다"며 직접 레시피를 만들었다. 말하자면, 공개된 적이 없는 요리란 말이다.

재료는 거창에서 갓 수확한 홍로를 사용했다. 주 교수는 좋은 사과라 감탄했다.

첫 번째 요리는 사과를 이용한 돼지고기 등심롤이다.

"사과가 풍미를 더해주는 것도 있지만, 무엇보다 육질을 부드럽게 하고 소화를 돕는 역할을 합니다. 소화효소가 새우젓보다 더 많이 들어있다는 점은 잘 알려져 있지 않죠."

주 교수는 돼지고기와 사과가 어울리는 이유를 이렇게 설명했다. 때문에 돼지 등심스테이크엔 사과소스가 필수라고 한다. 사과 돼지고기 등심롤에 들어갈 재료는 등심, 깻잎, 치즈, 느타리버섯이다.

먼저, 껍질을 벗긴 사과를 얇고 잘게 썰어 버터를 녹인 냄비에 넣고 센 불에 볶는다. 5분 후 자작할 정도로 물을 부어 졸인다. 불을 줄이고, 끓고 있는 사과를 수분이 증발할 때까지 가끔 저어주면 된다. 등심은 겉의 지방을 약간 걷어내고, 얇게 포를 떠 랩에 올린다. 랩에 싼 고기는 고기망치로 두드려 펴는데, 가정에선 칼 등이나 유리병으로 두드려도 상관없다. 잘 펴진 등심위에 소금과 후추로 간하고, 슬라이스 치즈, 깻잎을 차례로 올린 다음에 버터에 볶은 사과를 푸짐하게 올린다. 이어서 김밥을 말 듯 말아서 면실로 묶어 형태를 고

돼지고기 등심롤.

정해주면 된다. 요리용 굵은 면실이 없더라도, 가정에서 바느질 할 때 쓰는 면실을 쓰면 된다. 김밥처럼 말린 등심을 식용유를 넉넉하게 두른 프라이팬에 돌려가며 겉을 익힌다. 이제, 오븐에 넣으면 끝. 200℃에 10분 정도 익히면 요리가 완성된다. 오븐에서 익는 동안 아랫부분을 잘라낸 느타리버섯을 길게 두 등분해 다진 마늘, 소금, 후추를 넣어 버터에 살짝 볶아서 담아둔다. 잘라낸 아랫부분은 오븐에 등심을 넣을 때 아래 깔아주면 타는 것을 막아준다.

두 번째 요리는 햄 사과 크레페다.

요리 방법은 간단하다. 시중에 파는 라운드햄과 사과만 있으면 된다. 햄은 돼지고기 함량 92%를 선택했다. 60~70%햄은 권하지 않는다. 함량에 따라 맛과 식재료의 차이가 크기 때문이다. 이 요리의 핵

햄 사과 크레페를 위해 사과를 볶는 모습.

심은 햄을 얇게 써는 것이다. 육절기가 없는 가정에선 조금 힘든 일일 수 있으나, 최대한 얇게 썬다고 생각하면 된다. 얇게 썬 햄을 담아 놓고, 껍질을 벗긴 사과를 12등분 해 버터에 볶는다.

"이렇게 해 놓으면 사과의 갈변현상도 막아 주지요."

3분여 볶은 사과를 식혀 하나씩 세워 접시에 담는다. 이어서 얇게 썬 햄을 한 장씩 사과에 덮고 이쑤시개 종류로 고정하면 완성이다. 정말 쉽다.

맛은 어떨까? 볶은 느타리버섯 위에 올린 등심롤을 먼저 먹었다. 씹는 순간 사과의 육즙이 돼지고기를 감싼 느낌이다. 마치 돼지고기에

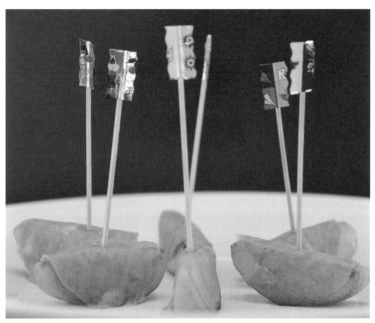

햄 사과 크레페.

서 육즙이 나온다고 착각할 정도다. 기름기가 적어 자칫 퍽퍽할 수 있는 등심에 수분과 풍미를 동시에 더했다. 볶은 느타리버섯을 반찬 삼아 함께 먹으면 싱겁다 느낀 이들에게 딱이다. 치즈와 어울린 사과의 맛을 제대로 보기 위해선 잠시 식혔다 먹는 것이 좋다.

이어서 시식한 크레페는 기대치가 낮았던 탓일까? '반전'있는 맛이었다. 특별한 조리법도 없었고, 만드는 방법도 간단했지만, 조화가 훌륭했다. 늦은 밤 부담 없는 술안주로 적극 추천할 만한 맛이다.

집에 찾아온 손님들에게 '사과 등심롤'이나 '햄 사과 크레페'를 만들어 내놓는다면 그들에게 아주 특별한 기억을 안길 수 있을 듯하다.

사과 수확 풍경

딸 때는 상처 없도록 아기 다루듯 조심

사과농장 체험을 위해 찾은 곳은 거창읍 동변리 풍상농원. 농장주 표상권(59) 씨는 40년째 사과농사 중이다. 해발 250m 위치의 이곳은 만생종인 후지가 주품종이고, 다음이 홍로다.

농장은 선별작업에 바빴다. 새벽에 수확한 홍로가 20kg 들이 노란 상자에 담겨 쌓여있고, 옆으로 그의 어머니와 부인이 '숙도'와 '크기'에 따라 사과를 선별했다. 표 씨는 선별한 사과를 상품상자에 담아

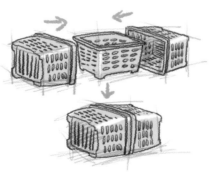

쌓고, 틈틈이 과수밭에 가 사과를 따다 날랐다.

선별할 사과를 수확하러 가는 그의 운반차 뒤 칸에 따라 올랐다. 운반차에는 플라스틱 노란상자들이 세 묶음 실려 있다. 오르막과 내리막을 거침없이 달리는 운반차는 많이 흔들렸다. 무서워서 양쪽 가장 자리를 꽉 잡아야 했다. 과수밭에 도착해 상자를 내리고 5kg 들이 둥근바구니를 받았다. 바구니 끈에 달린 s자형 고리를 사과나무 가지에 걸고 사과를 따는 것이다.

사과를 따는 방법은 까다로웠다. 과실에 상처가 나면 안 되기 때문이다. 꼭지가 달린 사과의 윗부분이 가지에 닿는 것을 막기 위해 기술이 필요했다. 표 씨의 코치를 받아 엄지손가락을 사과와 가지 사이에 끼고 옆으로 돌리니 툭! 하며 분리되었다. 지렛대의 원리를 이용해 힘을 줄이고, 상처를 방지해주는 일석이조의 비법이다.

하지만 시간이 지날수록 힘들어졌다. 사과의 달린 모양새가 제각각이어서 배운 방법이 통하지 않았기 때문이다. 또한 숙도와 색을 위해 과수 아래 깔아놓은 은색비닐에 반사된 햇볕은 뜨거웠다. 허리를 숙여 몸을 이리저리 비틀며 따는데 금세 땀이 났다. 그래도 열매가 큰 덕에 바구니는 곧 찼다. 여러 차례 바구니를 옮기고, 바구니에 담

긴 사과를 노란상자에 옮겨 담았다. 20kg 용량이라고는 하나, 가득 채워선 안 된다. 차곡차곡 상자를 쌓아야 하기 때문에 자칫 윗상자에 눌려 열매가 상하는 일이 생겨선 안 되기 때문이다.

그렇게 사과는 다시 선별을 위해 옮겨졌다. 쉴 틈이 없는 노동이다.

사과의 성분 및 효능

아침에 껍질째 한 개씩 먹으면 의사가 필요 없다

사과는 '매일 사과 한 개면 의사가 필요 없다'고 할 정도로 건강에 좋다고 알려져 있다. 특히 항산화 작용이 뛰어나 각종 성인병을 예방하는데 좋다고 알려져 있는데 사과에 함유된 펙틴·무기질 성분은 나트륨의 과도한 흡수를 막아주고, 배출시키는 작용을 한다고 한다. 또한 폴리페놀 성분은 피부미백과 노화방지에도 효과적이라 하니, 사과 많이 먹으면 미인이 된다는 말도 엉뚱한 소리만은 아니다.

사과는 뭐니 뭐니 해도 껍질째 먹는 것이 좋다. 변비와 성인병, 몸 속 독소배출에도 좋은 식이섬유·비타민·항산화물질 등은 껍질에 많이 들어있기 때문이다.

이 외에도 사과가 몸에 좋은 연구결과는 많다. 영국의 킹스 대학과 사우스햄튼 대학 연구자들에 따르면 1주일에 2개 정도의 사과만 먹어도 천식 발생의 위험을 낮추고, 폐기능에 도움을 준다고 한다.

또한 미국 캘리포니아 대학의 연구진은 사과주스를 매일 마시면 나쁜 콜레스테롤의 산화를 방지함으로써 심장질환 예방에 도움을 준다는 연구결과를 발표한 적 있다. 과연 '과일의 왕'이라 불릴 만하다 하지만 이렇게 몸에 좋은 사과도 효과적으로 섭취해야 한다. 아침사과는 소화와 배변을 촉진하고, 좋은 에너지원이 되지만, 밤에 먹으면 사과산으로 인한 충치, 위액분비로 인한 속쓰림으로 숙면을 방해할 수 있다.

좋은 사과 고르는 법

아래쪽까지 물이 잘 들었는지 확인

좋은 사과를 고르는 방법에서는 외형상 몇 가지 기준이 있다. 색깔은 역시 녹색 아닌 맑은 빨간 색이 좋은데, 특히 아래쪽까지 물이 잘 들었는지 확인해야 한다. 꼭지는 가늘면서 푸른색 띤 것이 좋다. 겉을 가볍게 두들겼을 때 둔탁하지 않고 탱탱한 소리가 나면 육질 좋은 것으로 받아들이면 되겠다.

아침에 먹으면 금, 밤에 먹으면 독?

사과를 두고 '아침에 먹으면 금, 밤에 먹으면 독'이라 말하기도 한다.

이는 오해 아닌 진실에 가깝다.

그럴만한 까닭이 있다. 사과에는 '펙틴'이라는 성분이 있다. 장 운동

을 돕는 역할을 한다. 그래서 아침 식사 후 사과를 먹으면 대변을

편하게 보는 효과를 본다.

반면 밤에는 펙틴이 장 소화기능에 부담을 준다. 잠들었을 때 가스

가 차게 되어 화장실을 찾게 될 수 있으며, 다음 날 속을 불편하게

한다. 더군다나 유기산 같은 산 성분이 위를 쓰리게 할 수도 있다.

물론 소화기능이 튼튼하고 위가 건강한 사람이라면 아무 문제 없다

고 한다. 하지만 내 몸을 정확히 알지 못하기에 될 수 있으면 밤에

먹는 건 피하는 게 좋겠다. 단, 밤에 활동을 많이 하는 이들은 다음

날 변이 부드러워지는 효과를 볼 수 있겠다.

또 한가지. 서양 사람들이 한국 사람들을 보며 놀라는 게 있다고 한

다. 사과를 깎아 먹는 모습이다. '보기에는 껍질이지만 영양분 가득

한 진짜 알맹이를 다 버리는 것과 마찬가지'라는 것이다.

비타민C·펙틴 등 영양분과 당분은 대부분 껍질에 들어있다고 한다.

그럼에도 우리나라에서는 껍질을 벗겨 먹는 게 흔하다. 사과는 손님 대접용으로 많이 쓰인다. 껍질을 벗겨 내놓아야 그 정성이 묻어난다 는 관념이 작용한 것으로 보인다.

사과를 통째로 먹는 걸 꺼리는 가장 큰 이유는 역시 농약에 대한 불안감 때문일 것이다. 이에 대해 농업기술센터 관계자는 이렇게 말 한다.

"요즘 농약은 반감기가 짧습니다. 즉, 사과에 농약이 잔류하는 기간 은 최대 45일이며, 특히 수확기 즈음에 사용하는 것은 일주일이면 사라집니다. 더군다나 예전과 달리 독성도 낮습니다. 그래서 껍질 벗기지 않고 통째로 베어 먹어도 전혀 걱정할 필요가 없습니다. 영 양분뿐만 아니라 당분도 껍질에 많기에 통째로 먹는 것이 사과를 가 장 맛있게 즐기는 방법입니다."

창원
진영
단감

단단한 듯 허술한 듯, 단감 그 속내가 궁금하다

달다 해서 단감이나, 단단해서도 단감이다.
씨앗이 단감의 온 과육을 단단히 당겨 잡아
맛도 잡고, 모양도 잡는다.
이렇듯 빈틈없어 보이는 단감의 진짜 매력은
'허술함'과 '여유'에 있다.
상품으로 팔 요량만 아니라면,
아무렇게나 익게 내버려 둬도 맛있다.
아무 데서나 자라게 해도 쓰임새가 다 있다.
그냥 잘라 놓으면 말랭이가 되고, 담가 놓으면 식초가 된다.
어쩌면 단감의 이런 너른 품에 익숙해진 탓에
우리 지역 사람들은 단감의 매력을 잊고 산 것이 아닐까?
'단감'을 '단디'보면 '단순'하지 않다.

단감이 특산물 된 배경

연 2300시간 일조량 충족 '해를 품은 감'

창원 단감은 전국 생산량의 20% 가까이 차지하며 전국 최대 주산지에 이름 올리고 있다. 그 뒤를 김해 진영이 잇고 있다. 어느 특산물이 특정 지역에 자리 잡는 데에는 자연환경, 그리고 사회적 배경이 크게 작용한다. 창원과 김해 진영에서 단감이 많이 나는 이유 역시 이 범주에서 접근해야 하겠다.

창원 단감 생산지는 동읍과 북면이다. 이 지역이 90% 가까이 차지한다. 김해에서는 진영읍이 중심이다. 이들 지역은 인접해 있다. 주남저수지를 끼고 있는 동읍을 중심으로 서쪽에 북면, 동쪽에 진영읍이 자리하고 있다.

단감은 추위에 약하다. 그래서 냉해를 많이 입는다. 한창 무르익을 때는 높은 온도여야 떫은맛이 제대로 없어진다. 이 때문에 입에 달

단감 가지치기를 하는 모습.

라붙는 단감이 생산되려면 기온이 들어맞아야 한다. 연평균기온은 13도 이상, 단감 성숙기인 9월에는 21도, 10월에는 15도, 11월에는 9도 이상이어야 한다. 연 일조시간은 2300시간을 넘어야 하며 특히 휴면기간인 겨울에는 영하 15도 이하로 떨어져서는 안 된다. 완만한 산지가 있으면 이 또한 좋은 재배 공간이 된다.

창원 동읍·북면, 김해 진영읍은 이러한 조건을 포함하고 있다. 하지만 자연환경에서 중요한 것이 또 한가지 있다. 창원 사람들은 흔히들 '동·대·북'이라는 말을 한다. 동읍·대산면·북면을 하나로 줄여 말하는 것이다. '동·대·북' 중에서 대산면은 단감을 많이 내놓지 않는다. 위치상으로 동읍과 진영읍 위쪽에 자리하고 있다. 이는 대산면은 낙동강 변 모래 성분이 많은 땅, 즉 사질토이기 때문이라고 한다. 이렇듯 단감은 땅 영향도 많이 받는다.

따라서 학계에서는 재배 적합지 기준을 우선 기온·땅으로 나눈다. 이를 다시 종합해 최종적인 적합지를 판단한다. 우리나라에서 단감과 가장 어울리는 땅·기후 조건을 갖춘 곳이 바로 창원 동읍·북면, 김해 진영읍이다.

그래도 이것만으로는 개운한 설명이 되지는 않는다. 사람 손을 어떻게 거쳤는지 옛 시간을 들춰봐야 하겠다. 사람들은 어떤 작물이 어디에서 처음 재배됐는지에 많은 관심을 둔다. 단감 시배지가 어디인지에 대해서는 명확하게 밝혀지지 않았다.

진영읍 신용리에는 단감 시배지임을 알리는 안내문이 있다.

'이곳은 1927년 단감나무를 처음으로 식재한 곳으로, 국내에서 가장 오래된 단감나무 60여 그루가 재배되고 있는 우리나라 단감의 첫 재배지입니다.'

이를 뒷받침하는 이야기로 덧붙는 것이 있다. 진영역장을 지내며 한국 여인과 결혼한 일본인이 식물학자들과 단감재배에 알맞은 지역을 연구했는데, 진영만 한 데가 없다며 신용리에 최초로 씨앗을 뿌렸다는 것이다.

하지만 100여 년 전 창원 대산면 빗돌배기마을, 북면 마산동에서 처음 재배했다는 이야기도 이어진다. 창원시에서는 지난 2011년 자체적으로 이에 대한 조사를 벌였지만, 그 근거를 내세우지는 못했다.

현재로서는 창원 동·대·북, 김해 진영 일대에서 처음 뿌리 내린 것 정도로만 정리할 수밖에 없겠다. 다만 어느 지역이든 간에 일본인 손에 의해 시작되었다는 것은 공통으로 따라붙는다.

1970~80년대에는 김해 진영이 단감 최대 생산지였다. 지금은 오래된

나무가 많아 예전 명성은 줄어들었다. 그사이 창원에서는 1980년대부터 단감 재배 붐이 일었다. 벼·보리농사에서 특수작물에 눈 돌리던 창원 사람들이 진영장에 가보니 그 벌이가 꽤 좋아 보였던 듯하다. 그걸 보고서 동읍·북면 마을마다 한 사람씩 시작하면서 급속도로 단감나무가 들어섰다고 한다.

오늘날 창원은 최다 생산량을 자랑한다. 그런데 '창원 단감'이라는 말은 그리 입에 차지게 달라붙지 않는다. 이를 두고 이 지역 사람들은 스스로 이렇게 분석하기도 한다.

"다른 지역 사람들은 창원 하면 우선 공단을 떠올립니다. 공단 있는 곳이니 아무래도 농산물에서는 좀 손해를 보는 편이죠. 단감도 마찬가지입니다. 그래서 아직도 진영 단감을 선호하는 이들이 많은 듯합니다. 이 때문에 창원에서 농사를 짓고도 '진영 단감' 이름을 붙여 파는 이들도 간혹 있기도 해요."

한편으로 판매장소도 영향을 끼쳤다. 과거 진영역 앞은 단감 주 판

창원 동읍·북면 일대 야산은 감나무가 뒤덮고 있다.

매지였다. 창원 동읍·북면에서 생산된 것도 모두 이곳으로 옮겨졌
다. 그러면 열차 안에서도 '진영 단감'이라는 이름으로 팔려 나갔
다. 창원으로서는 손해를 본 셈인 반면, 진영으로서는 타지 사람 많은
열차라는 수단을 통해 그 이름을 널리 알릴 수 있었다.

단감과 함께한 삶

창원 봉강마을 **우인호** 씨
진한 땀은 '붉은 감빛'으로

창원시 동읍 봉강마을. 눈을 얼핏 돌려봐도 감나무밖에 보이지 않는다. 특히 얕은 산비탈 자리는 온통 감나무 몫이다.

하지만 9월 말이라 감이 누렇게 익지는 않았다. 일주일에서 열흘은 더 있어야 그 빛이 물든다. 수확 철이 되면 한 20일간은 마을 전체가 시끌벅적할 참이다. 지금은 물 주는 일 정도만 하면 된다. 아직은 마을 전체가 고요하다.

농장에 들어서니 우인호(45) 씨가 나타났다. 자리에 앉자마자 단감 이야기를 술술 풀어나갔다. 어려울 수도 있겠다 싶은 학술적 용어도 입에 착착 달라붙어 나온다.

우 씨는 이곳 동읍 봉강마을이 고향이다. 어릴 때부터 부모님 단감 재배 일을 거들었다.

"보리로 먹고살던 땅이었는데 1980년대 들어 이 지역에 한창 단감이

들어서기 시작했죠. 옆 동네 진영에서 하던 것이 이쪽으로 옮아온 거죠. 저희 부모님들도 그때 단감에 눈 돌리셨고요. 야산도 개간해서 땅을 직접 일궜죠. 저도 어릴 때부터 일을 틈틈이 도왔습니다."

없던 단감나무를 막 심었으니 꽤 많은 시간을 기다려야 했다. 제대로 된 결실을 보는 데까지는 10년 가까이 걸렸다. 단감나무는 10년 이후부터 30년까지 좋은 열매를 내놓는다. 우 씨 부모님에게도 단감나무는 그때부터 살림살이에 효자 노릇을 했다.

"가격 차이가 그때나 지금이나 차이가 없습니다. 그만큼 그때 가격이 좋았다는 거죠. 단감나무 한 그루로 자식 교육 다 시켰다는 얘기가 그냥 나온 게 아니에요."

우 씨가 본격적으로 단감에 손댄 지는 15년가량 됐다. 애초 직장생활을 했다. 서른 가까이 돼 결혼 후 얼마 지나지 않아 부모님 일을

잇게 됐다.

"집에서 출퇴근하면서 직장생활을 7년 정도 했죠. 제가 7남매 가운데 막내인데, 부모님 곁에 있다 보니까 자연스레 단감 농사를 맡게된 거죠. 자식 가운데 누군가는 부모님을 모시고, 또 이 일을 이어가야 하니까요. 농사도 경영이니 승계라고 할 수 있죠."

어릴 때부터 어깨너머로 봤다고는 하지만, 직접 하는 것은 또 다를 수밖에 없었다. 단감은 접붙이기, 가지치기 등 특히 기술재배를 필요로 한다. 교육프로그램이 있으면 쫓아다니고, 또 현장에서 부딪치는 수밖에 없었다. 5년 가까이 그렇게 하다 보니 단감 재배법이 조금씩 눈에 들어왔다. 소득도 자연스레 뒤따랐다.

"직장생활 하면 한 달에 많아야 200만 원 정도 벌죠. 제가 9000평²만 9752㎡에서 900그루를 키웁니다. 단감은 매출로 따지면 보통 평당 1만 원 정도라고 생각하면 돼요. 기술적으로 잘하시는 분들은 2만 원까지도 되고요. 들어가는 비용이 30~50% 가까이 되니…. 60대 이런 분들이 그 나이에 어디 가서 그 정도 연봉을 받을 수 있겠습니까. 저도 마찬가지고요. 하지만 다 그런 것은 아닙니다. 젊은 사람들이야 교육을 통해 새로운 것을 익힐 수 있지만, 어르신들은 쉽지 않은 게 현실이기도 하지요. 단감 농사가 소득이 좋다지만 그냥 밥만 먹고살 정도인 분들도 많아요."

우 씨는 한때 1만 5000평^{4만 9586㎡}까지도 재배했다. 하지만 많이 한다고 해서 좋은 게 아니라는 것을 안 지는 그리 오래되지 않았다.

"많이 하면 고소득을 올릴 것으로 생각했죠. 빽빽하게 심으면 나무끼리 부딪치고, 또 위로 뻗어 가니 품질이 떨어질 수밖에 없는데 말입니다. 많이 한다고 해서 돈이 되는 게 아니라 관리와 기술이 중요하다는 것을 처음에는 몰랐죠. 그냥 방치한 채 약만 치는 수준이었습니다. 그래서 단체에 가입해 귀를 좀 열어보자는 생각에 창원 그린작목회에 가입했습니다. 그러면서 많은 도움을 얻었죠."

집에서도 형제 중 막내인 그는 그린작목회에서도 막내다. 가장 어리다 보니 총무 일도 자연스레 맡게 됐다. 20여 농가가 함께하는 창원 그린작목회는 공동선별·출하를 하고 있다. 창원 그린작목회는 각 농가가 개별 생산하지만, 공동운명체인 셈이기도 하다. 막내인 우 씨 역할이 적지 않은 것이다.

이제 수확 철이 되면 일손 구하기 전쟁에 시달려야 한다.

"비용절감이 가장 중요한데 결국 인건비가 관건이죠. 9000평 땅에서 20일가량 수확하려면 하루에 9~10명은 있어야 합니다. 늘 사람이 부족해요. 보통 인근 지역에서 책임자들과 관계를 맺어 놓고 고정적으로 섭외해 놓기는 합니다. 하지만 더 많은 돈을 제시하면 그곳으로 가 버리니 평소 인간적인 관계를 잘해 놓아야 해요."

그는 아직 덜 익은 단감을 만지작거리며 이렇게 말했다.

"어느 농사든 마찬가지지만 단감 역시 노력한 만큼 대가를 준다고 생각합니다. 가만히 둔다고 해서 크는 게 아니라 끊임없이 기술을 익히고, 그것을 실천하는 것밖에 없어요."

음식 이야기

단감 가공식품은 첨가제가 필요 없다

단감은 자체로 훌륭한 과일이지만, 다른 과일과 달리 '숙도'나 '보관 방법'에 따라 형태나 그 맛이 다양하다.

'호랑이가 무서워했다'는 곶감은 감의 대표적인 다른 모습이다. 곶감이 껍질을 깐 감을 통째 말린 것이라면, 감 말랭이는 먹기 좋을 크기로 잘라 말린 것이다. 곶감에 비해 만들기가 비교적 쉽고, 먹기도 편하다. 수소문해 찾은 감 농장에서 직접 만든 감 말랭이는 그야말로 '감'만 말린 것이다. 곶감이나 감 말랭이를 만들 때 유황을 피워 놓으면 색이 잘 나오고, 보관이 쉽다고 하지만, 여기 말랭이는 그냥 감을 말린 것이다. 건조기에 말리는데, 다른 곳 말랭이와 달리 겉의 수분을 최대한 없앤다. 만졌을 때 딱딱한 느낌이 날 정도로 말려 냉장·냉동 보관했다 꺼내 먹으면 속의 수분이 약간 녹으면서 차진 맛이 난다. 모양이나 색이 입맛을 당길 정도로 화려하진 않지만, 질기지 않고, 씹을수록 깊은 단맛이 난다.

감을 활용한 가공품도 인기가 많은데, 접하기 쉽지 않은 것이 단점이다. 앞선 곶감이나 말랭이는 갓 딴 감과 마찬가지로 농산물로 분류된다. 하지만 감 가공품으로 알려진 감식초, 감잎차 등은 가공품으로 분류돼 성분분석을 받아야 하고 등록 후에 판매해야 한다.

창녕군 이방면 '감조은마을'. 이곳은 노태걸(65), 옥영재(63) 부부가 운영하는 곳이다. 감 농장과 감 가공을 함께 하고 있다. 부부는 감잎차를 내놓는다.

단감은 중생종인 '부유'가 아니라 조생종으로 알려진 '태추'다. 껍질이 연하고 육즙이 많아 맛이 좋지만, 많이 재배하진 않는다고 한다. 직접 깎아 보라며 과도와 감을 건네준다. 설명대로 껍질이 연해서 깎기 조심스러울 정도다.

그사이 감잎차가 우려지고 있다. 여기 감잎차는 매년 5월 가장 어린 감나무 잎을 따 만든다. 연한 그 잎을 녹차를 만들 듯 덖는다. 물이나 기름을 넣어선 안 된다. 덖어낸 감잎을 면에 싸 빨고 비빈다. 그 과정을 4~5번 거쳐야 감잎차가 된다. 시중의 티백에 담긴 감잎차는 자란 감잎을 쪄서 분쇄한 것들이 대부분이다.

과정이 많이 다르다. 때문에 농약 걱정이 없다. 어린 잎이기 때문에

감말랭이.

감잎차.

우려낸 감잎차.

농약을 칠 새가 없는데다, 차를 위해 감잎을 채취하는 감나무에선 상품감을 생산하지 않는다. 잎의 양분을 먹고 감이 자라기 때문이다. 맑은 감잎차는 녹차보다 떫은맛은 약하고, 은은한 감 향이 난다. 물에 분 감잎을 꺼내 봤더니, 손톱만 한 어린잎이다. 찬찬히 씹으니 입안이 깔끔해진다. 감잎차는 비타민C가 풍부해 겨울철 감기를 예방하고 면역력과 수분을 보충하는 데 뛰어나다.

옥영재 씨가 거실 수납장 속에 팔을 넣어 뭔가를 꺼냈다. 500ml 생수병에·담긴 황색 액체는 감식초다. 13년 된 감식초를 깊숙이 숨겨 놓았다. 감식초에 대한 자부심이 대단하다. 그가 감 가공품으로 인정받고, 여러 곳에서 상을 받은 이유도 바로 이 감식초 덕이다.

특별한 비결은 없다. 무른 감을 씻어 물기를 빼고 그대로 발효용기에 넣으면 된다. 그가 사용하는 발효용기는 바닷가에서 젓갈을 담글

감식초.

때 사용하는 것이다. 옹기를 사용해 봤더니 겨울에 얼어 터져버렸
다. 감식초엔 염분이 없기 때문이었다.

시행착오 끝에 발견한 것이 바닷사람들이 쓰는 플라스틱 발포용기
다. 첨가제 없이 감만 1년을 둔다. 1년 후에 식초액만 맑게 걸러내
다시 발효용기에 담아 2년을 보관한다. 3년이 지나야 감식초가 완성
된다. 시중의 화학식초가 비교할 수 없는 이유다. 감식초는 음식에
써도 좋고, 희석해 마셔도 좋다. 유기산 풍부한 감식초는 신진대사
와 비만, 숙취해소에도 좋다고 알려져 있다. 감잎차와 감식초는 훌
륭한 건강식이 될 만하다.

단감 '그것이 알고싶다'

단감 농사는 곧 물싸움

단감은 시기에 따라 조생종·중생종·만생종으로 구분된다. 이 가운데 만생종이면서 일본 고부현이 원산지인 '부유'는 전체 단감의 80%가량을 차지한다.

감이 옛 문헌에 처음 등장한 것은 고려시대 〈농상집요[1286]〉에서다. 이에 이때부터 이미 감 재배가 있던 것으로 받아들여지고 있다. 물론 오늘날과 같은 단감 상업재배는 1900년대 들어 창원 혹은 김해 진영 일대에서 출발했던 것으로 보인다.

창원 철기시대 다호리 고분군에서도 감 흔적이 발견된 바 있다. 산에 자생하는 토종감을 무덤에 넣어둔 것이다. 이렇듯 옛사람들은 제사상에 감을 대추·밤과 함께 빠지지 않고 놓았다. 이는 감 성장 방식과 연결돼 있다. 감은 씨를 뿌린다고 해서 그 자리에서 열매가 나는 것은 아니다. 그 줄기를 째서 새 가지접을 붙여야 열매가 달린다. 즉 태어났다고 사람이 되는 것이 아니라 아픔과 가르침을 통해서만 완성된다는 의미가 담겨있다는 것이다.

단감나무는 심은 지 10년서부터 30년까지 좋은 감을 내놓는다. 오늘날은 35년가량 지나면 묵은 가지와 새 가지를 교체해 주는 작업을 한다. 하지만 새 가지도 3~5년밖에 활용되지 못한다.

농민들은 '단감은 물싸움'이라고 말한다. 한창 자라는 시기에 물이 없으면 성장을 멈추는데, 그러다 갑자기 물을 받으면 비대해지면서 품질이 떨어진다. 아침에는 수확을 피하기도 한다. 습도 많은 아침에 따게 되면 검은 점이 생기기 때문이다.

소비자들은 쉽게 색감 좋고 꽃받침이 큰 것은 튼실히 자란 것으로 받아들이면 되겠다. 단감 아랫부분이 볼록하지 않고 안으로 들어간 것은 씨가 없는 놈이다. 씨가 없으면서도 무게에서 다른 것과 뒤처지지 않는다면, 그만큼 튼실하고 품질 좋은 것으로 받아들이면 되겠다.

🫐 단감의 성분 및 효능

껍질째 먹으면 건강에 더 좋다

단감은 맛과 영양이 뛰어나 제철 과일을 찾는 이들에게 인기가 많다. 특히 단감의 비타민 C는 같은 시기 나는 사과나 감귤보다 월등히 많다고 알려져 있다.

그런데 간혹 단감의 떫은맛 때문에 피하는 이들이 있는데, 떫은맛을 내는 타닌 성분은 설사와 배탈에 좋으며, 모세혈관을 튼튼하게 해주는 효과가 있다고 하니 떫은맛과도 친해질 필요가 있겠다.

그리고 감 껍질엔 페놀성분이 있어 각종 질병의 원인이 되는 활성산소를 억제하는 효과까지 있다고 하니, 되도록 껍질째 먹는 것이 좋겠다.

단감의 과당과 비타민C는 숙취의 원인인 아세트알데히드를 분해하기 때문에 숙취에도 좋다고 한다.

감 많이 먹으면 변비 걸린다?

감을 꺼리는 이들은 그 이유로 종종 이런 말을 한다. '감을 많이 먹으면 변비에 걸린다고 하더라.'

단감 농사를 짓는 이들은 한 마디로 이렇게 정리한다.

"떫은 감에나 해당하는 이야기지, 단감하고는 상관없어."

감에서 떫은맛을 내는 '타닌'이라는 성분은 물 흡수 작용을 한다. 이 때문에 변비를 유발할 수 있지만 설사에 오히려 도움 되는 셈이기도 하다. 한편 단감이 변비 해소에 도움된다는 연구 결과도 있다. 경남대 식품영양학과 연구팀은 '단감에 들어있는 식이섬유가 장에 잔류한 변을 내보내는 데 도움 준다'는 연구결과를 내놓은 바 있다.

따라서 정리해 보면 이렇다. 단감은 변비를 유발하는 것이 아니라 오히려 해소하는 데 도움 되고, 떫은 감은 변비를 일으키기는 하지만, 설사로 고생하는 이들에게는 도움 된다고 할 수 있겠다.

또 흔히 듣는 이야기 가운데 하나로 '홍시는 숙취 해소에 좋다'를 들 수 있다. 〈동의보감〉에도 '술의 열독을 푼다'라고 언급돼 있다.

실제로 술 먹은 다음 날 감을 먹으면 괴로움을 덜 수 있다고 한다. 비타민 C가 간장 활동을 도와 알코올 해독을 한다고 한다. 비타민 C는 단감보다 홍시에 더 풍부하다는 점도 참고하면 되겠다. 하지만 술을 먹고 나서 바로 감을 먹으면 속 쓰림·위통 같은 부작용이 있을 수 있기에, 다음 날 하나 정도 섭취하면 효과를 볼 수 있다고 한다.

그곳에서 만난 사람

'감조은마을' **옥영재** 씨

창녕군 우포늪 근처 '감조은마을' 옥영재(63) 씨. 시부모님 농사일을
물려받은 남편을 따라 이곳으로 온 옥 씨는 집에서 먹고, 나눠 먹을
맘으로 감식초를 담갔다. 반응이 좋았다. 본격적으로 해보라는 권유
도 있었지만, 본인의 의지도 남달랐다.

감 가공품에 미래가 있다고 판단했고, 환갑이 다 된 나이는 문제가
안됐다.

농업기술센터와 한국사이버농업인연합회 등을 찾아다니며 물었고,
공부했다. 그러면서 그가 배운 것은 놀랍게도 '블로그'였다.

"연 40시간 넘게 진주까지 다녔어요. 가보면 남편과 제가 나이가 제
일 많았죠. 강의를 보통 저녁에 하는데, 낮에 농사일하고 다녀오려면
늘 쉽지 않았죠."

그가 블로그에 관심을 갖게 된 결정적인 계기는 소농이 가지는 한계
를 깨닫게 된 후였다.

"농작물 가공품을 농민들이 많이 하는데, 사실 대형마트는 우리가 들어갈 수가 없어요. 대량으로 생산하는 곳에서만 납품을 할 수 있으니, 사실 아무리 잘 만들어도 팔 곳이 없더라고요."

절박함에 배운 '블로그'는 그의 삶을 바꿔 놓았다. 수시로 포스팅을 하고, '블방(블로그 방문)'을 하고 주문 사항을 체크한다. '스마트폰'도 이제 없어선 안 될 '농기구'다.

"밖에서 일할 경우가 많으니까, 수시로 블로그 댓글을 확인하기 위해

감식초.

선 스마트폰이 필수죠. 일하다 사진도 찍고요."

재미있는 일도 있었다. 공동대표이자 남편인 노태걸 씨가 한국사이버농업인연합회 전진대회에 상을 받으러 수원엘 간 적이 있다.

"주최 측에서 꽃다발을 준비하라는데, 본인이 받는 상에 본인이 꽃다발을 갖고 오라니 이상하더라고요. 그래서 용인에 사는 블로그이웃에게 사정 이야기를 했더니 꽃다발을 들고 찾아왔더라고요."

옥 씨는 요즘 SNS에도 관심이 많다. 직접 운영하는지를 물어보는 이도 많다고 한다.

"농업인들 모임이나, 동창회에 나가면 사람들이 궁금해 해요. 당신들 블로그 딸이나 며느리가 해주는 것이 아니냐고요. 하하."

창원·수원·진주까지 나이·거리·시간 등은 배움에 장애가 되지 않는다. 농사일을 위해 배운 블로그였지만, 이제 블로그 덕분에 일하는 맛, 사는 맛이 난다고 한다.

단감 가공식품을 맛볼 수 있는 ^{추천}✓ 농장

금산단감농장

감말랭이, 반건시

창원시 의창구 동읍 금산리 472 / 055-298-6450

블로그 blog.naver.com/phj7626450

감조은마을

감식초, 감잎차

창녕군 이방면 마수동길 54-9/055-533-1570

홈페이지 www.gamjoeun.com

하
동
재
첩

섬진강, 재첩, 그리고 사람

강이 먼저다.
하늘에서 내린 물이 바위를 깎아 모래를 만들고
그 속에 재첩을 숨겨 놓았으니
강이 먼저다.
그러나, 또한, 재첩이 먼저다.
재첩이 있어 사람이 모이고 그 사람이 강을 지켜내니
재첩이 먼저다.
그래도, 역시, 사람이 먼저다.
강을 망친 것도 사람, 강을 살린 것도 사람,
이 귀한 것을 밥상에 올린 것 또한 사람이니.

재첩이 특산물 된 배경

'재첩 하면 하동' 강바닥 긁어 밥벌이한 아낙들 덕

지리산·섬진강·한려수도·너른 들판…. 하동이 안고 있는 화려한 자산이다. 이곳 사람들은 특히 섬진강이 주는 것으로 먹고산다. 참게·은어·황어·벚굴 같은 것이다. 그래도 섬진강이 내놓는 가장 큰 선물은 뭐니뭐니해도 재첩이다.

하동 사람들은 '재첩국 사이소~'를 외치던 아낙들 모습을 여전히 떠올린다. 재첩국 파는 아낙들은 1950년대부터 하나둘 나오기 시작한 것으로 전해진다. 전날 채취한 것을 밤새 끓여서는 양동이에 담아 천을 동여맨다. 그리고 그것을 머리에 이고 하동뿐만 아니라 광양, 멀리는 차를 타고 진주까지 가서 팔았다. 돈 대신 보리·콩·생선 같은 것을 받았기에 돌아오는 길도 '끙끙'댈 수밖에 없었다. 그래도 그 덕에 아이들 배를 달랠 수 있었다.

오늘날 재첩 양동이 짊어진 아낙 모습은 볼 수 없다. 그래도 시외버
스터미널 한쪽 간이 공간을 찾으면 옛 향수를 느낄 수 있다. 먼 길
오가는 이들이 간이 의자에 쪼그리고 앉아 뜨거운 국물로 아침 쓰
린 속을 달랠 수 있는 곳이다. 그날 들여온 것이 다 팔리면 바로 문

옥정호

임실군

순창군

전라북도
전라남도

곡성군

남원시

전라북도 진안군에서 발원해 영남과 호남의 경계를 이루며
남해로 흘러가는 전국에서 네 번째로 큰 강.
유역 면적 4912㎢, 유로 연장 212.3㎞.

을 닫기에 주로 오전 장사만 한다.

재첩이 식당에 나온 것은 1960년대 중반이다. 바깥에서 채취하러 온 이들이 권유하면서 고전면 전도리 신방마을 누군가가 내놓기 시작했다고 한다.

1980년대 중반까지는 섬진강보다 낙동강 재첩 이름값이 더 높았다고 한다. 하지만 낙동강은 1987년에 하굿둑이 들어서면서 재첩을 볼 수 없게 됐다. 그러면서 1990년대 이후 하동 재첩은 그 명성을 확고히 했다. 최근 들어 부산 강서구 낙동강 인근 명지지역에서는 재첩이 다시 서식한다고 한다. 부산 장례식장에서는 재첩국 내놓는 풍경이 계속 이어지고 있다.

재첩 채취는 보통 오전 5~6시 시작해 물때가 맞으면 오후 늦게까지 이어진다. 한 사람이 8시간 정도 작업하면 많게는 120㎏가량 채취할 수 있다고 한다. 식당에서 하루 영업이 가능한 양이다. 식당에서는 직접 채취하기도 하지만, 모자라는 양은 가공하는 곳에서 충당한다. 현재 하동에서 재첩을 가공하는 곳은 300군데가량 된다.

채취하는 이들은 내내 구부린 자세에다가 큰 무게를 감당해야 하니 허리 성할 리 없다. 물옷을 입기는 하지만 차가운 기운이 파고들기에 온몸이 쑤시는 것도 다반사다. 그래도 하루 30㎏ 정도 잡으면 수

입이 10만 원은 훌쩍 넘는다고 한다. 잡은 만큼 돈이 되니 몸 고단한 것은 잊고 나서는 것이다. 농사는 땅이 있어야 하지만, 재첩은 다른 밑천 없이 일명 거랭이손틀방: 재첩 채취 도구 하나만 있으면 된다. 대부분 부부가 함께하는데, 함께 부지런을 떨면 허름한 집을 새로 지을 수 있다고 한다.

섬진강을 따라 서쪽은 광양, 동쪽은 하동이다. 섬진강을 함께 끼고 있는 광양에서도 채취한다. 그럼에도 '광양 재첩'은 귀에 낯설다. 하동은 오래전부터 대부분 농사와 재첩을 겸해서 하고 있다. 광양은 농사 쪽에 좀 더 무게를 두다 2000년대 이후부터 재첩에 본격적으로 눈 돌렸다 한다. 이전에도 광양 사람들은 재첩을 쏠쏠찮게 채취했다. 그런데 하동읍내나 화개장터 같은 곳에서 주로 팔다 보니, 모든게 '하동 재첩'으로 취급받기도 했다고 한다. 요즘은 재첩이 물을 따라 이동하면서 광양 쪽에 많이 서식한다고 한다.

누군가는 '하동은 재첩, 광양은 매실을 특화해 서로 다툴 일 없이 잘 지내는데 바깥사람들이 삐딱한 시선으로 바라본다'고도 한다. 하지만 꼭 그렇지만은 않은 듯하다. 불과 몇 년 전까지만 해도 구역을 놓고 다툼이 제법 있었다. 지금은 '하동·광양 내수면 피해대책위원회'라는 것을 만들어 섬진강 자원 지키기에 함께 머리 맞대고 있다. 오늘날 섬진강 곳곳에 있는 흰 부표는 양 지역 간 구역을 나눈 것이다.

하동 사람들은 재첩 이야기를 하면서 한편으로 매실에 대한 아쉬움도 드러낸다. 오늘날 '광양 매실'은 전국에 이름이 알려져 있다. 하동 사람들은 "예전에는 우리가 더 많이 내놓았는데 마케팅에서 뒤처졌다"라고 한다. 그러면서 '광양 홍쌍리 아줌마' 이야기를 꺼낸다. 1970

구례군

전라남도　경상남도

남도대교　●화개장터

평사리

← 재첩 채취
　　한계선

⋯⋯⋯ 바닷물이　　**재첩 채취**
　　　올라오는 선　**가능 지역**

섬진교　●하동군청
　　　　　●송림

　　　　　　●하동포구공원
　　　　　　　염분측정기
　　　　　　　설치 지역

재첩
주요 채취 지역

●
재첩
식당가

남해고속도로　섬진강대교

광양시　　　하동군

년대에 나라에서 매실나무를 하동·광양에 집중적으로 심었다고 한다. 그런데 광양 홍쌍리 씨가 시아버지로부터 이어받은 농장에 매실을 키우면서 1990년대 이후 대중화를 이끌었다고 한다.

옛 시절에는 섬진강에서 잡은 것을 낙동강으로 보내면 그곳에서 좀더 관리해 일본에 수출했다고 한다. 큰 도로 없던 시절에는 대형트럭이 섬진강 주변으로 들어오지 못해 우선 작은 차에 실었다가 한참 나가서는 다시 옮겼다고 한다.

재첩이 지역 내 큰 소득원이 되자 한때 조직폭력배가 '관리구역에서 허락 없이 작업한다'며 행패를 부리는 일이 있기도 했다.

30~40년 전과 비교하면 재첩 양이 줄어들었다. 주암댐·섬진강댐이 들어서면서 하류 쪽으로 내려가는 물이 적어졌기 때문이다. 예전에는 물이 빠져도 발목까지는 찼지, 지금처럼 모래땅이 드러날 정도는 아니었다고 한다. 그러다 보니 바닷물이 더 올라와 염도가 높아진 것이다. 지금 하동포구공원에는 염분 농도를 시시각각 알려주는 전자현황판이 있다. 광양제철·여수공단이 악영향을 끼치기도 했다. 하지만 채취에 나선 이들이 급격히 늘면서 재첩 양이 줄어든 것처럼 느끼는 부분도 있는 듯하다. 10년 전 섬진강에서 재첩 채취하던 이가 300명 수준이었다면 지금은 1000명도 넘는다고 한다.

1970년대 후반에는 섬진강 모래를 퍼다 날라 토목공사에 사용하거나 일본에 수출까지 했다고 한다. 이 때문에 하구 바닥이 낮아져 역시 바다 짠물이 밀려오면서 재첩 서식지도 상류로 많이 올라갔다. 한편으로 모래를 많이 펐기에 재첩 서식 공간이 확대되면서 그 수가 늘었다고 받아들이는 이도 있다. 최근에는 군에서 종패를 다량으로 뿌려 서식지는 갈수록 강 상류로 오르고 있다.

재첩잡는 사람들, 강과 하늘과 어우러져 하동만의 풍경을 만들고 있다.

재첩과 함께한 삶

음식점 운영하는 **조영주** 씨

평생 강에 몸 담근 아버지···내 남은 생도 그러하리라

하동군 하동읍 신기리 상저구마을 앞으로 섬진강이 흐른다. 이른
아침 어머니는 거랭이를 메고 강으로 나가 재첩을 잡았다. 아버지는
동네 사람들이 잡아온 재첩을 모아 읍내에 내다 팔았다. 친구들은
소 판 돈으로 공부한다고 말할 때 그는 재첩 덕분에 학업을 마쳤다
고 응답했다. 하동을 대표하는 음식으로 자리 잡은 재첩은 가족 삶
전부였다.

"저기 빨간색 지붕이 바로 우리 집입니다. 저 집에서 태어나고 자랐
죠. 앞으로도 부모님 모시고 살아가야 하고요. 저기 강에 재첩 잡는
거 보이시죠? 어렸을 적부터 보던 늘 같은 풍경입니다. 우리 마을 분
들은 섬진강과 재첩 잡는 거랭이가 삶의 전부죠."

섬진강과 상저구마을이 한눈에 내려다보이는 하동재첩특화단지에서
만난 조영주(45) 씨, 그의 손끝은 강을 가리키고 있었다.

재첩껍데기 모양의 지붕이 눈에 띄는 그의 가게로 들었다. 점심때는 아니지만 그의 아내는 분주하게 음식을 준비하고 있었다. 깔끔하게 정리된 식탁에는 숟가락이 가지런히 놓여있다. 오늘 단체 손님을 받는다고 조 씨가 귀띔을 해준다.

"식당을 한 것은 몇 년 안 됩니다. 재첩특화마을사업이 공모에 선정되어 시작하게 되었죠. 하동 특산물인 재첩을 한자리에서 맛볼 수 있게 만든 곳입니다."

조 씨는 재첩잡이로 유명한 상저구마을에서 태어나고 자랐다. 보고, 듣고, 배운 것이 어디 가랴. 그는 특별한 일이 없는 한 아침이면 강에 나가 재첩을 잡는다. 그리고 잡은 재첩으로 식당을 운영한다. 어린 시절 어머니가 직접 채취해 끓여주시던 재첩국은 그가 운영하는 식당의 대표 메뉴로 자리 잡았다. 조 씨 어머니의 손맛은 아내와 단둘이 운영하는 가게 차림표에 고스란히 담겨 있다.

지금은 고향 어촌마을에서 재첩 잡고 음식점을 운영하는 그도 한때는 고향을 떠나 생활한 적이 있다.

대학에서 관광학을 전공한 조 씨는 대학 졸업 후 관광호텔에 취직했다. 기획실에서 근무하며 호텔 신규 오픈에 힘을 쏟았다. 하지만 호텔 오픈 직후 미련 없이 고향으로 왔다. 타지 생활 3년 만이었다.

"하동이 그리웠습니다. 제가 결혼을 빨리했는데 아내가 반대하지 않아서 귀향할 수 있었지요. 하동에 돌아오자마자 재첩 일이 있으니 생활에는 문제가 없었지요."

고향 하동 상저구마을로 돌아온 그는 아버지 일을 도왔다. 조 씨의 부친은 30년 넘게 재첩 도매업을 했었다. 이제 재첩 일은 젊은 조 씨의 몫이었다. 그의 나이 스물여덟 되던 해였다.

"당시에는 하루에 30kg 자루를 300개씩 차에 실어 보냈지요. 직접 운전해서 부산 강서구 명지에 납품도 하고, 재첩가공업도 시작했지요. 때문에 목과 허리에 디스크를 얻었죠. 열심히 일해서 얻은 훈장이라고 생각합니다. 지금은 식당업에만 집중하고 있죠."

그의 휴대전화는 수시로 울린다.

"촌 생활이라 해도 많이 바쁩니다. 민물수량이 부족해 위험에 빠진 섬진강 재첩을 지키려고 대책위 활동도 하고 있죠. 그리고 틈나는

대로 디스크 재활을 위해 운동도 하고요. 사실 재첩 잡는 분들은
대단한 거예요. 물에 들어가서 8시간 일하면 뭍에서는 16시간 일한
거랑 같지요."

앞으로의 계획을 물었다.

"하동 재첩 명품화 사업을 준비 중입니다. 하동 재첩이 더 유명해지
려면 단순 가공에서만 그치는 것이 아니라, 건강 보조 기능성 식품
으로 발전시켜야 합니다. 임상실험도 해야 하고 할 일이 많아요. '하
동' 하면 '재첩!', '건강식품' 하면 '하동재첩'이 될 수 있게 만들어죠."

그는 재첩을 고향이라 했다. 어머니가 잡은 재첩을 아버지가 팔았
다. 이제 그가 잡은 재첩을 아내가 팔고 있다. 3대가 함께 사는 하
동군 하동읍 신기리 상저구마을 가마솥은 식을 날이 없다.

음식 이야기

섬진강을 입에 담다

'재칫국 사이소~'

낙동강서 채취한 재첩이 팔리던 풍경이다. 재첩이 풍부했던 시절의 이야기이기도 하다. 낙동강 하구의 엄궁과 하단 사람들의 옛날이야기가 된 재첩은 그래서 더 귀해졌다. 재첩이 귀한 이유는 또 있다. 이 작은 것을 퍼 올리고, 선별하고, 살을 발라내는 과정이 지난하기 때문이다. 그래서 푹 끓여 낸 맑고 뽀얀 국물을 뚝배기째 마시면 섬진강 전체를 마시는 것이다.

재첩을 먹기 위해 찾은 곳은 하동재첩특화마을이다. 흔한 관광지 휴게소와 같아 믿음이 가는 풍경은 아니다. 허름한 간판을 지붕에 이고, 엄지를 푹 담가 국을 내오는 '할매집'을 상상했던 것은 그간의 경험 때문이다. 현대화한 대형 식당에서 자주 느낀 배신감은 말해서 무엇하랴. 또한 '산'과 '물'과 '길'이 깊은 하동에서라면 그 깊이를 더해줄 숨은 명인을 만날 수도 있을 것 같은 기대를 품고 온 것이 사실이다. 그래서 적잖이 당황했다.

넓고 깨끗한 주방을 30대 중반의 주인아주머니 혼자 책임졌다. 무엇

재첩국.

하나 기대를 품게 한 것은 없었다. 그러던 중에 음식이 나왔다.

재첩무침, 재첩국, 재첩전.

흔한 상차림이다. 재료에 대한 불신은 없었다. 특화마을 뒤편 섬진
강에선 오전 내내 재첩을 채취하고 있었고, 가게 앞에선 그 재첩을
씻고 분류하는 작업이 한창이었기 때문이다. 이런 상황에서 타지 재
첩을 섞고, 감추고, 파는 것이 더 힘든 일이다.

재첩국을 먼저 마신다. 이 국물은 들고 마셔야 제맛이다. 숟가락으
로 먹기엔 뭔가 아쉬운 음식이 재첩국이다. 여기 재첩국은 끓인 국
물을 뚝배기에 담아 내온다. 뚝배기째 끓여 상에 올리는 집도 있다.
각자의 방식이다. 다만 재첩국은 식으면 비린향이 강해지기 때문에
뜨끈하게 먹는 편이 낫다. 텃밭에서 키운 어린 부추를 잘게 썰어 올
리고, 간은 소금으로만 했다. 찬 성분으로 분류하는 재첩의 음기를
부추가 보충해주는 것이다. 감칠맛이 훌륭해서 자꾸 마시게 된다.

어떤 천연 조미료보다 훌륭하다. 비린향이 있다고는 하나, 바다에서 난 조개들에 비할 정도는 아니다. 맑은 감칠맛. 흔히 '개미'가 있다고 하는 그런 맛이다. 자주 먹는 조개국물보다 감칠맛이 센 이유는 살이 약하고 작은 재첩을 많이 넣어 끓이기 때문이다. 다섯 말을 끓이는 데 두 시간 정도 걸린다. 이후 살을 발라내고 상에 오르기 전에 또 15분 정도 끓인다.

따뜻한 국물로 속을 달래고, 무침을 먹는다. 살짝 구운 파래김에 싸서 먹는 것이 여기 방식이다. 바삭한 김에 각종 과일과 야채를 버무린 무침을 싸서 먹는다. 보통 무침의 경우 재료에서 난 수분으로 양념이 흘러내리거나 재료가 물컹해지는 일이 잦다. 하지만 물기를 쏙 뺀 재첩살이 사과, 배, 당근, 오이, 양배추, 상추의 수분을 잡아주고, 김이 한 번 더 잡아준다. 야채는 잘게 썬 것이 특징이다. 특이한 점은 강하지 않은 양념이다. 함께 섬진강을 끼고 사는 망덕포구에서 봤던 재첩무침은 재료를 구분하기 힘들 정도로 붉은 양념이 많았다. 그와 달리 평범한 초고추장으로 약간의 간을 보탠 무침은 담백하고, 달고, 시원하면서 고소했다. 시원한 맛의 비결은 배즙이다. 재첩 알이 작아 숟가락으로 먹어야 할 정도였지만, 이 또한 좋은 재료라는 방증이다. 아쉬운 점은 양념에 밥을 비벼 먹을 수 없었던 점이다. 담백한 양념의 장점에 가린 작은 단점이다.

피자 모양으로 잘라 나온 재첩전은 겉이 바삭하게 잘 구워졌다. 얼핏 보기엔 흔한 고추전처럼 보이는데, 기실 고추전에 재첩을 넣은 것과 다름없다. 부추와 고추, 재첩으로 반죽해 얇게 구웠다. 재료들이 겉으로 돌출하지 않게 꾹꾹 눌러 구워 맛이 밀도 있고, 먹기에도 편하다. 적당히 매운데, 재첩국과 함께 먹으니 서로 돋우는 맛이 있다.

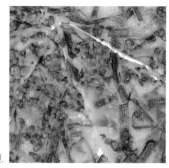

재첩전.

이 재첩전 역시 담백한 맛이 특징이다. 요리를 한 사람의 고집이 엿보이는 대목이다. 담백한 맛을 고집한다는 것은 재료에 대한 자신감으로 해석할 수 있다. 함께 주문한 참게장은 자칫 심심할 뻔했던 밥상에 간을 더했다. 이 또한 여덟 번 간장을 끓여 직접 담근 것이다. 어느새 가게 입구에서 느꼈던 불신은 사라졌다. 맛의 비결을 물어도 돌아오는 대답은 심심하다.

"텃밭에서 기른 부추, 상추를 쓰고, 집에서 먹는 초장으로 양념했죠."
세월의 깊이가 낳은 '할매'의 손맛을 기대하고 하동에 왔다. 하지만 재첩의 맛은 흘러온 세월에 있었던 것이 아니라, 흐르는 섬진강에 있었다. 재첩 자체가 재첩요리였던 것이다.

여기서 끓인 포장재첩국을 살 수도 있다. 택배로도 가능하다. 포장재첩국은 데워서 부추를 넣어 먹으면 된다. 취향에 따라 매운고추나 애호박도 어울린다. 특히 쌀쌀한 날 아침식사로 그만이다.

재첩무침.

재첩잡이 현장

일하는 이들에게는 아름다운 풍경이 아니다

물은 조용히 흘렀고, 사람들은 말이 없었다.

'스윽~, 스윽~' 뜰채가 모래 바닥을 긁는 소리, '차르르~' 재첩을 담는 소리만 가을햇살과 공명하고 있었다.

재첩잡이 체험을 위해 일단 물에 들어가기로 했다. 바지를 걷고, 강으로 들어가려는 순간 누군가 말을 걸었다.

"맨발로 들어와!"

강바닥은 부드러웠다. 편안했다. 적당히 시원했고, 깊지도 않았다. 맨발로 들어오라고 했던 이유는 신발이 필요 없었기 때문이었다.

근처 하동읍 신기리에 사는 백(69) 할머니께 부탁해 드디어 거랭이를 잡았다. "힘들 텐데" 하시며 건네준 그것은 무거웠다. 전체를 쇠로 만든 것이다. 가운데 봉엔 채취한 재첩을 수집하는 대형 대야가 끈으로 연결돼 있다. 그 봉에 날개처럼 양쪽으로 달려 채와 연결된 부분이 손잡이다. 이것을 양손으로 하나씩 잡고 뒷걸음을 하며 모래를 긁어야 한다. 너무 깊어도, 너무 얕아도 안 된다.

요령이 없어 채가 자꾸 모래 깊이 파고든다. 백 할머니는 약간 딱딱한 느낌이 나는 모래로 가라 하신다. 적당히 펄이 있는 곳이라야 재첩이 있다. 발이 앞서 가기 때문에 발바닥의 느낌으로 길을 찾는다. 10여 m를 움직이면 봉을 지렛대처럼 두세 번 들어줘야 한다. 그러면 모래는 아래로 빠지고 채 안쪽으로 재첩이 모인다. 그 작업을 또 두세 번 반복해 소쿠리에 재첩을 붓고, 재첩과 재첩 아닌 것을 분리해서 고무대야에 담는다. 만만하게 볼 일이 아니었다. 금세 허리는 아파오고 말이 없어졌다. 강가의 구경꾼 따위에 관심이 갈 리가 없다. 허리도 펼 겸 여유를 부리자, 백 할머니는 조급해 하신다. 물이 빠지고 있기 때문이다. 채취한 재첩을 강 건너로 가져가야 하는데, 물이 빠지면 갈 수가 없다. 대야를 물에 띄워 옮겨야 강을 건너는 것이 가능하다. 노동의 무게를 강이 덜어주고 있는 것이다. 이 강물 없이 되는 일이 없다. 백 할머니는 오전 8시에 나와 물이 빠지기 전까지 작업하고, 오후에 나와 3시까지 작업한다. 이 힘든 작업도 먼 데서 봤을 땐 아름다운 풍경이겠지 싶다.

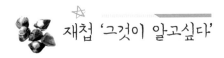

재첩 '그것이 알고싶다'

물 따라 하루 4km 이동

재첩은 백합목 재첩과 민물조개다. 재첩은 번식력이 좋아 '첩을 여럿 거느린다', 혹은 '잿빛 나는 조개'라는 의미를 담고 있다. 1950년대까지는 '가막조개'가 표준어였다. 부산 낙동강 주변에서는 '재치' 혹은 '재칩'이라 불렀는데, 이것이 '재첩'으로 변형되면서 표준화되었다. 하동·광양 사람들은 강의 방언을 섞어 '갱조개'라 부른다.

재첩은 물 맑은 곳만 찾는다. 과거에는 낙동강·영산강·금강 같은 곳에도 서식했지만, 오늘날 대량 채취가 가능한 곳은 섬진강이 유일하다. 섬진강은 모래톱이 많아 자연정화가 잘 된다. 특히 바닷물이 적절히 섞여 재첩 서식에 큰 도움을 준다.

재첩은 겨울에는 모래 1m 아래로 들어가 동면을 하다 4월부터 그 모습을 드러낸다. 따라서 재첩 채취는 4~6월이 절정이다. 뽀얀 색과 고유 향이 가장 도드라진다. 비 많은 여름에는 재첩 질이 떨어지는 시기다. 이때도 종종 채취하기는 한다. 하지만 이곳 사람들은 '여름에는 강을 쉬게 놔둔다'라고 한다. 그러다 9월부터 11월까지 또 한 차례 집중적으로 채취한다. 봄에 잡은 것은 저장해서 여름에, 가을에 채취한 것은 역시 저장해 겨울에 내놓는다. 맛으로 따지면 5~

6월 100%, 9~10월 80%, 여름·겨울 60% 수준이라 생각하면 되겠다.

물 빠진 모래 위에는 재첩이 없다. 재첩이 물을 따라 계속 이동하기 때문이다. 하루에 보통 10리^{4km} 가까이 이동한다고 한다.

재첩은 개개인이 거랭이로 강바닥을 긁어 채취한다. 그 채취 방식은 예나 지금이나 차이가 없다. 그리고 체에 담아 모래·자갈·흙을 걸러내면 된다. 채취한 것은 6시간 이상 물에 담가 재첩이 품고 있는 나쁜 성분을 뿜도록 한다. 이후 씻어서 솥에 넣어 끓인다. 알맹이와 껍데기를 분리하는 방법은 예전에는 체에 담아 물에서 흔들거나, 손으로 박박 문질렀다. 요즘은 원형기계에 넣어 돌리기도 한다.

배를 이용해 채취하는 것은 불법이었다가 1990년대 들어 허용됐다. 물때를 맞춰야 하기에 한 달에 거랭이는 열흘, 배는 20일가량 작업할 수 있다.

재첩 효능에 대해 하동 어느 주민은 "주변에 황달 있는 사람이 재첩 한말을 진액으로 먹더니 금방 낫는 것을 봤다"고 전한다. 재첩은 차가운 기운이 많기에 열 많은 부추로 그 균형을 잡는다.

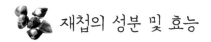

재첩의 성분 및 효능

비타민A 풍부한 부추 넣으면 '영양의 완성'

재첩엔 필수 아미노산인 메티오닌이 간장의 활동을 촉진하고 타우린이 담즙분비를 도와줘 해독작용을 돕는다고 알려져 있다. 또한 미네랄과 비타민 등 각종 무기질이 풍부해 장을 편안하게 하고, 혈당을 내린다고 한다.

동의보감에서도 재첩의 효능을 자세히 설명하고 있다. '독이 없고, 눈을 밝게하며 피로를 풀어주고, 특히 간 기능을 개선해 황달을 치유한다. 또한 소변을 맑게 하여 당을 조절하는 효능이 있으니, 몸의 열을 내리고 기를 북돋우는 효과가 있다.'

정말 보약이 따로 없다.

재첩국에 든 부추는 재첩에 부족한 비타민A를 보충해 영양의 균형을 이룬다고 하니 절묘한 음식궁합이 아닐 수 없다.

맑은 물에만 사는 재첩은 바지락과 성분이 비슷하다고 알려져 있다. 하지만 영양소는 재첩이 더 높다고 한다. 재첩의 살에는 칼슘·인·철·비타민B가 풍부하여 좋은 단백질을 갖고 있기 때문이다. 그래서 재첩국을 먹을 때 국물도 좋지만 살도 함께 먹는 게 좋다.

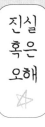

중국산은 민물조개 "섬진강에선 못 살아"

농·수산물 대부분 그렇듯 재첩 역시 중국산 의혹에서 자유롭지 않다. 중국산을 섬진강 것이라 속여 파는 일이 잊을 만하면 벌어지고는 했다. 2007년에도 가공업자가 적발돼 구속되기도 했다.

군에서는 이때를 계기로 그 이름을 되살리기 위해 하동읍 신기리 일원에 '하동재첩특화마을'을 조성했다. 자체 규제를 통해 원산지 신뢰를 높이는데 각별히 신경 쓰고 있다. 하동 전체적으로도 자정 노력을 기울이고, 한편으로 단가를 낮춰 더 많은 이가 접할 수 있도록 하고 있다.

하지만 이곳 사람들 역시 "중국산을 속여 파는 사람들이 암암리에 있을 수는 있지만…"이라는 단서를 완전히 떼지는 못한다.

재첩껍데기는 색·무늬가 다양하다. 강바닥 성질에 따라 그 모습이 다르게 나타난다. 채취하는 이들은 그 껍데기만 보고도 어느 마을에서 잡은 것인지를 안다고 한다.

주로 모래땅은 황금색, 뻘층은 어두운 밤색을 하고 있다. 좋은 재첩은 청자와 같은 빛깔을 낸다. 햇빛 있는 곳에서 보면 표면이 매끄럽게 다가온다.

반면 중국산은 크기가 비교적 크다. 고운 빛깔도 없고, 우려낸 국물맛은 깊이가 떨어진다.

중국산은 자생력이 강해 섬진강에 뿌려 놓으면 번식력이 강하다는 말도 있다. 하지만 중국산은 완전한 민물조개라 염분 섞인 섬진강에서는 살지 못한다고 한다. 실제 시도한 이가 있었지만 실패했다고 한다. 여기 사람들은 "중국산을 식당에 내놓을 수는 있다지만, 이를 살아있는 채로 섬진강에 뿌려 번식에 성공할 확률은 거의 없다"고 못 박는다.

재첩도 양식이 있다. 부산에는 재첩 즐기려는 이가 여전히 많지만 이제 낙동강에서는 거의 나지 않으니 양식을 하기도 한다. 하지만 하동은 섬진강에 들어가 강바닥을 긁기만 하면 되니 굳이 양식할 필요성이 없는 것이다.

하동재첩은 보통 1년 된 것을 잡는데 12~20mm로 크기가 잘다. 더 작은 것을 채취하지 말라는 법은 없지만, 7~8mm 이하는 잡지 않는 쪽이다.

한편으로 섬진강에서는 어민 아닌 사람들도 정식 도구만 사용하지 않는다면 채취할 수 있다.

//

재첩 요리를 맛볼 수 있는 식당 ^{추천}

섬마을식당

모둠정식(재첩회+재첩국+참게장·2인 이상 주문), 섬진강
재첩국, 재첩회덮밥, 재첩수제비, 재첩부침, 재첩회무침
하동군 하동읍 섬진강대로 1877 / 055-882-3580

한다사식당

재첩국, 재첩회, 재첩국 포장 판매
하동군 하동읍 중앙로 21 / 055-884-4530

동흥식당(동흥재첩국)

재첩전, 재첩진국, 회덮밥+재첩진국, 재첩회
하동군 하동읍 경서대로 94 / 055-883-8333

원조재첩나루터식당

재첩국밥, 재첩덮밥, 재첩회무침
하동군 고전면 재첩길 286 / 055-882-1370

마산 홍합

가깝고 편해서 소중함을 몰랐던 둘째 같은 녀석

부모 자식 간에도 그렇다.

유독 돈 많이 들어가는 자식이 있다.

그 '자식'을 첫째 딸이라고 하자.

그리고 그 집엔 딸만 셋 있는데,

늦게 얻은 막내는 늦둥이 대접을 넘치도록 받고 있다.

발랄하고 귀엽지만 참을성도 없고 싫은 일은 죽어도 안 한다.

돈 많이 들어가는 첫째는 성격이 지랄 맞다.

까칠하고 욕심이 많다.

세상은 자신을 중심으로 돌고 있다.

그런데 어쩐 일인지 부모는 첫째한테 쩔쩔맨다.

집안의 '투자 여력'을 첫째에게 집중한다.

첫째는 고마운 줄도 모른다.

왜냐하면 늘 그렇게 살아왔기 때문이다.

자, 그렇다.

오늘 이야기는 존재감 없는 둘째 이야기다.

둘째는 착하다.

웬만한 용돈은 알아서 해결하며 살았다.

과외? 학원? 그게 뭐지?

이 순둥이는 자기가 원하는 걸 입 밖으로 내 본 일이 없다.

효녀라서 늘 부모 눈치만 살핀다.

자기도 자신을 잊고 살았고,

부모도 둘째를 잊고 살았다.

그런데 알아서 잘도 자랐다.

가깝고 편해서 소중함을 모르는 것들이 있다.

우리 둘째, 홍합을 소개한다.

홍합이 특산물 된 배경

마산이 길러낸 바다의 팔방미인

창원시 마산합포구 구산면. 수정·안녕마을에서 원전방파제까지 긴 긴 해안선이 이어진다. 이곳 바다는 훌륭한 경치를 내놓을 뿐만 아니라 홍합까지 품고 있다. 11월이 되면 주민들은 이른 아침부터 홍합과 씨름하기 바쁘다.

마산만 곳곳에는 수하식양식 부표가 떠 있다. 두 개 중 하나라고 생각하면 되겠다. 미더덕 아니면 홍합이다. 미더덕은 주로 진동면 쪽이고, 홍합은 구산면 쪽이다. 구산면 해양드라마세트장 인근 해안도로가에는 홍합 간이 판매대가 줄줄이 자리하고 있다.

홍합은 양식이 95% 이상 된다. 이 양식 생산량 가운데 마산만에서 나오는 것이 70%에 육박한다. 이는 자연보다는 사람 덕이 컸다. 애초 1960년대에 구산면 주민 몇몇이 선도적으로 양식을 시작한 데

따른 것이다. 물론 맑은 물, 서식하기 좋은 적정 수온 같은 것이 밑받침되어야 한다. 그래도 '마산 홍합'은 자연환경보다는 사람 손에 더 영향을 받은 것으로 보인다.

홍합 양식을 본격화한 것은 1960년대 들어서다. 그 이전 해안 바위에 붙어 있는 자연산을 그냥 떼어 파는 것에 그치지 않고 줄을 이용한 양식을 도입한 것이다. 가는 새끼줄을 엮어서 가까운 바다에 담가 놓으니 홍합 유생이 달라붙으면서 그 재미가 쏠쏠했다. 마산 구산면 심리·난포를 중심으로 통영·거제·고성으로 조금씩 퍼져 나갔다. 양식 초창기에는 파도가 덜한 안쪽 바다에서만 했다. 그러다 모험 삼아 외만에서도 시도해 보았는데 큰 무리가 없었다. 좀 더 굵은 줄을 사용하면 되는 정도였다. 오히려 채취할 수 있는 기간이 더 빠른 장점도 있다.

지금 그 1세대는 대부분 손을 놓고 2·3세대로 이어지고 있다.

홍합은 적조 피해는 입지 않는다. 대신 잦은 태풍으로 플랑크톤이 줄어들면 악영향을 받는다. 근래 들어서는 생산 과잉으로 제값이 나오지 않아 어민들 고민이 많은 듯하다.

옛 기억을 떠올리는 이들은 "홍합은 특식이었다"고 말한다. 특히 홍합미역국은 부잣집 며느리, 혹은 임산부들이나 맛볼 수 있었다고 한다. 머리 희끗희끗한 어느 노인은 "나는 지금도 소고기 들어간 미역국은 안 먹어. 홍합 들어간 게 최고지"라고 말한다.

먹을 것 없던 시절, 죽을 그냥 먹기는 밋밋하니 홍합을 잘게 다져 그 심심함을 달래기도 했다.

그런데 오늘날 홍합은 그리 귀한 대접을 받지는 못한다. 워낙 흔해서다. 술집에서 홍합탕은 돈 주고 먹는 안주가 아니라, 그냥 깔려 나오

는 용도다. 본 메뉴가 나오기 전 주당들 빈속을 달래주는 용도에 만
족해야 한다.

홍합은 큰돈 들이지 않고도 넉넉한 양을 구할 수 있다. 25~30kg 되
는 한 망은 싸게는 만 원짜리 한 장으로도 가능하다. 이 무거운 것
을 낑낑거리며 집으로 옮기면 밥상은 푸짐해진다. 홍합밥, 홍합탕, 홍
합전, 홍합미역국뿐만 아니다. 천연 조미료로 조연 역할까지 톡톡히
한다.

라면 분말수프를 만드는 데도 사용된다. 마산에서 홍합 만지는 이들은 "라면이 국민 음식 아니냐. 그런데 홍합이 들어가지 않으면 라면 국물 맛이 나올 수가 없다"라며 한껏 자랑한다. 라면 분말수프를 만드는 가공공장은 사천 삼천포 쪽에 있다.

홍합은 경매 없이 유통업자에게 바로 넘어간다. 기계 힘을 빌려 바다에 담겨 있는 줄을 끌어올리면 탐스럽게 붙은 홍합이 올라온다. 분리·세척기 등 자동화기기를 통해 현장에서 망에 담는 것까지 모두 소화한다.

그리고 바로 대형트럭에 옮겨 전국 각지로 옮긴다. 수산시장뿐만 아니라 식당으로 바로 공급되기도 하는데, 가장 많이 필요로 하는 곳

바다에 담가놓은 줄에 붙은 홍합.

은 중국집이라고 한다.

홍합은 알맹이를 까서 팔면 단가가 높다. 홍합 까는 일은 역시 수작업이고, 아낙들 몫일 수밖에 없다. 하루 10시간 이상 내내 쪼그려 앉아 홍합 까기를 반복한다. 장갑을 낀다 하지만 한겨울에는 손 시리지 않을 수 없다.

그래도 다른 조개류에 비해 홍합 만진 손은 덜 까칠하다고 한다. 누군가는 "홍합 까는 아지매들은 겨울에 손이 안 튼다. 홍합으로 화장품을 만들면 좋을 것이다"라고 치켜세운다. 실제 창원시 홍합자율공동어업인연합회에서는 홍합을 활용한 다양한 가공제품 개발을 위해 머리를 맞대고 있다.

조선시대 말에는 토종홍합 알맹이를 말려서 중국에 수출까지 했다고 한다. 이후 유통 기간을 오래 하기 위해 말린 것을 많이 이용하기도 했지만, 천연조미료로 이용되는 오늘날에는 더 높은 가격이 매겨진다.

마산에서는 가공작업 없이 공급역할 쪽이다. 말려서 파는 것은 주로 통영 쪽이다. 크기에 따라 꼬챙이에 꿰는 개수가 다르다. 5개를 꿴 '홍합오가재비', 10개를 꿴 '홍합동가재비', 그 이상인 '말합'이 있다.

홍합 껍데기는 한때 마산 앞바다를 오염하는 주범이었다. 산소를 없애고 적조 원인으로 곁눈질받기도 했다. 그래서 알맹이만 까서 내놓는 마을은 특히 껍데기 처리에 골치였다. 그런데 지금은 농가 비료로 이용되기도 한다. 구산면 수정·안녕마을에서는 홍합 껍데기를 잘게 부수고 염분을 빼서 농가에 비료로 제공한다. 땅을 단단하게 하고 알칼리성 토질 개선에 효과가 있기 때문이다.

홍합잡이배 완전 해부

홍합몬 세척기로 보내고
부표와 어망의 이물질은
제거한다
주변에 있다가 진흙은
뒤집어 쓰기도 했다

끊임없이 홍합이 올라오고 있다
컨베이어 벨트가 돌고있고
손이 쉴 틈이 없다. 부표아래로
어망이 달려 물 속에 잠긴다. 그래서 '수하식' 양식이다.

1차세척   2차세척후
25kg망에담

1차
이물질제거

양식장에서
끌어올리는중

홍합공장
계통도

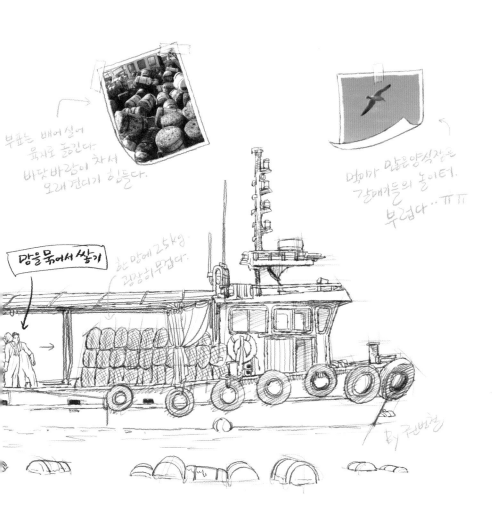

부표는 배에 실어
육지로 옮긴다.
바닷바람이 차서
오래 견디기 힘들다.

먹이가 많은 양식장은
갈매기들의 놀이터.
부럽다..ㅠㅠ

망을 묶어서 쌓기

한 망에 25kg.
굉장히 무겁다.

By 권범철

홍합과 함께한 삶

어부 **정연철** 씨

4대째 심리 앞바다를 지키다

아버지의 아버지는 돛 달고 노 저으며 고기를 잡았다. 아버지는 할아버지 무동력선을 이어받아 바다로 나갔다. 그는 잡는 것이 아닌 기르는 방법을 택했다. 지금 그의 아들들은 잡고 기르는 방법으로 바다와 함께 살고 있다.

창원시 마산합포구 구산면 심리에서 4대째 어업을 가업으로 이어가며 스스로 '뱃놈'임을 자부하는 정연철(71) 씨를 만나러 마산수협 원전위판장으로 향했다.

"어서 오이소, 여기가 심리 괭이바다입니다. 경치 좋고 물 좋고 홍합

양식에는 끝내주는 곳이죠."

원전위판장 앞에서 만난 그의 첫 마디다. 귀 덮는 모자에 구명조끼
와 긴 장화를 신고 악수를 청하는 그는 한눈에 보아도 경륜이 묻어
나는 어부였다.

'홍합양식 1세대, 조합장 출신, 심리, 산증인'이라고 적힌 사전조사 메
모장을 펼치며 '정씨 홍합 인생'을 듣기 시작했다.

"제대하고 3년 만에 집에 돌아오니 아버지가 심리를 나가라고 하시데요. 고기 잡는 일은 포기하고 도회지 가서 장사를 하라고 시내 가게에 취직시켜주셨는데 딱 1년 만에 다시 들어왔지요. 그러고 보니 고향 심리 밖에서 살아본 건 70평생에 4년이네!"

군대 가기 전인 60년대 초, 정 씨는 굴 양식장 관리를 한 경험이 있었다. 그리고 그 당시 동네에서는 홍합을 바닷가에 살포하여 채취했다. 아버지의 뜻을 어기고 도회지에서 돌아온 청년 정 씨의 머릿속에는 굴 양식과 홍합 살포가 떠올랐다.

"굴 양식을 해 본 경험이 있어서 홍합도 바다에 뿌리지 말고 양식을 해야겠다 결심을 했죠. 그 당시에는 전화선을 이용해서 홍합 종패를 붙였지요. 채취에서 양식으로 전환한 거지요."

'정씨 홍합 인생'은 그렇게 시작됐다. 심리 내만은 홍합양식에 천혜 요건을 지니고 있어 뿌려서 채취하는 것보다 몇 배의 수확량을 얻을 수 있었다.

"당시 주변에서 양담배를 사 가지고 와서 홍합양식을 해 달라고 했지. 저의 아버님 세대와 같이 일을 했으니 내가 홍합양식 1세대지."

심리 내만 바다에서 홍합양식을 처음 시작했다는 자부심이 그의 목소리에 힘을 더해준다. 청년 정 씨의 홍합양식 역사는 계속됐다.

"자신감이 생겼어. 그 당시에는 난포·심리 내만에서만 양식을 하던 것을 연안 외만으로 옮겼지. 양식줄도 배 이상 실한 것으로 써야 하고 바다 물살이 세서 위험 부담도 있었지. 그때 아버지께서는 사업 망하려고 한다고 하셨지. 딱 3개월 지나니까 정말 실한 홍합이 올라오데요. 그때 돈 좀 벌었지."

탄탄대로만 달릴 줄 알았던 그의 인생에도 실패라는 단어는 존재했

다. 홍합양식으로 기반을 마련한 그는 아버지가 소망하던 어류양식에 도전했다. 일본에서 눈으로만 보고 온 어류양식은 그에게 새로운 도전거리였다. 실패도 두려워하지 않는 그에겐 단 하나 무시할 수 없는 것이 있다. 바로 자연이었다. 두 번의 태풍은 장년 정 씨의 삶을 원점으로 돌려놓았다.

"전 좀 특이해요. 실패를 할수록 더 적극적입니다. 뱃놈 기질이겠죠. 늘 자연 앞에는 작아지지만 스스로는 작아지지 않습니다. 그래서 다시 홍합양식으로 돌아왔죠."

심리 앞에 펼쳐진 괭이바다는 그에게 풍요를 선사했다. 그런 그는 자신과 같은 어민 이익을 대변하고자 마산수협 조합장이란 감투를 마다치 않았다. 감투를 벗은 후 나머지 인생을 홍합과 함께 하기로 했다. 정연철 씨는 나이 일흔 넘어 창원홍합양식어업공동체 대표를 맡기도 했다.

"홍합 때문에 오늘날 제가 있는 것 아닙니까. 또 홍합은 괭이바다 덕에 만들어지는 것 아닙니까. 이 모두는 자연이 준 덕분이죠. 그래서 돈벌이를 위한 어업이 아니라 바다와 같이 살아가려고 어민단체를 만들었죠. 이런 것을 자율어업관리라 하죠. 젊은 친구들이 바다 일을 하니 생각이 많이 바뀌었습니다. 우리 때와는 달라요 허허."

정 씨는 노익장을 과시하듯 웃음을 던지며 홍합의 미래를 이야기한다.

"제 나이 70에 바다 나가서 얼마나 잡겠습니까. 이제는 후배들을 위해서 중요한 것을 준비 중입니다. 마산 홍합의 미래를 바꾸는 거죠."

홍합양식의 산증인 정연철 씨는 마산 홍합의 부가적인 공동체 사업을 준비 중이다. 양식, 채취, 판매라는 일차원적인 홍합산업구조에

가공이라는 방식을 추가하려고 한다.

다시 홍합에 대한 자랑을 늘어놓았다.

"전국 포장마차 어디를 가더라도 홍합국물이 나오면 그것은 마산 홍
합이라고 확신해도 좋소."

정 씨는 정박용 밧줄을 풀고 배에 시동을 건다. 그리고 괭이바다로
선수를 돌린다.

집에서 하는 홍합 파티

주변에서 쉽고 싸게 구할 수 있는 홍합을 활용한다면 집에서 꽤 유용한 메뉴가 될 것이다. 메뉴는 '홍합봉골레', '홍합미역국', '홍합밥'이다. 마트에서 한 망에 4000원 하는 홍합을 두 망 샀다. 손질을 위해 풀어 놓으니 큰 솥이 넘칠 만큼 많다. 해감이 필요 없는 홍합은 씻는 것이 중요하다. 홍합이 바위나 어장에 붙어 서식할 수 있는 것이 흔히 '홍합 수염'이라 불리는 것 덕분이다. 원전 수협 앞에서 어망을 다듬던 할머니는 그것을 홍합의 '탯줄'이라 정의했다. 하지만 요리할 땐 가장 신경 써서 제거해야 할 것이 이것이다. 그냥 조리할 경우 쓴맛이 나고 먹기에도 불편하기 때문이다.

하나하나 홍합을 씻는 과정이 지난하다. 하지만 껍데기의 불순물을 제거하고 물로 깨끗이 씻어내자 검붉게 빛나는 홍합이 탐스러워 지루한 줄 모르겠다.

홍합을 삶고, 국물을 불린 쌀에 부어 밥물을 맞췄다. 홍합은 오래 삶으면 안 된다. 살이 뭉개지기 때문이다. 은행과 간 밤을 전기압력

밥솥에 함께 넣었다. 간단하다.

밥이 되는 동안 봉골레를 만든다. 적당히 썬 마늘 적당량을 올리브 유를 듬뿍 두른 팬에 한참을 볶으며 마늘 맛이 제대로 나도록 했다. 10여 분을 볶고 마늘은 건져낸다. 올리브유에 마늘이 제대로 배었 다. 이어 손질한 홍합을 두 손 가득한 양으로 넣고, 화이트 와인을 붓는다. 요리용 와인은 싼 것이 적당하다.

홍합 봉골레는 삶은 면을
홍합과 함께 볶으면 된다.

센 불에서 끓는 소리가 경쾌하다. 뚜껑을 덮고, 5분쯤 더 끓인다. 홍합이 입을 벌리면 건져내고, 마늘을 넣고 다시 한참을 끓인다. 바질을 약간 넣고, 밥하고 남은 홍합 육수도 조금씩 부어주며 졸인다. 마른 고추가 있었으면 더 좋다. 소스가 완성되었다.

진짜 중요한 건 면이다. 면은 무조건 큰 냄비, 센 불에 삶아야 한다. 소금을 넣고 팔팔 끓이다 면을 넣는다. 포장엔 10분을 삶도록 돼 있지만, 8분을 삶는다. 소스와 함께 익히는 시간을 감안한 것이다. 이제 익힌 면을 소스에 올리고 건져낸 홍합, 후추, 바질을 뿌려 볶아내면 완성이다.

홍합봉골레.

홍합밥.

그사이 밥이 됐다. 삶아 익혀 빼낸 홍합 속을 밥 위에 올리고 뜸을
들이면 홍합밥도 완성이다. 매실 진액에 간장, 참기름, 깨소금, 잔파
를 넣어 소스를 만들었다.

봉골레와 홍합밥을 접시에 담아내는 동안 홍합미역국을 끓인다. 역
시 홍합밥과 봉골레를 만들고 남은 육수를 이용한다. 불린 미역을
국간장, 마늘, 참기름과 볶다가 홍합육수를 붓고 끓인다. 오래 끓을
수록 맛 나는 것이 미역국이지만, 육수가 좋아 미역만 익혀 상에 올
린다.

순식간에 세 가지 요리가 완성되었고, 순식간에 접시가 비었다. 요
리 과정에서 허기가 심해진 탓도 있겠지만, 홍합 자체로 완성된 맛
이 났기에 부족함이 없었다.

'이 맛을 왜 지금에야 알았을까'라는 생각이 든다. 봉골레는 부드럽
고 고소했으며, 향이 제대로 밴 홍합밥은 건강식으로도 손색 없다.

홍합 '그것이 알고싶다'

붙어있는 수염은 곧 탯줄

홍합紅蛤. '붉고 큰 조개'라는 의미다. 암컷은 붉은색이 짙고 수컷은 하얀 속살에 가깝다. 담채·담치·섭이라 달리 불리기도 한다.

담채는 '채소같이 담백하다'는 의미를 두고 있다. 주로 말린 홍합을 지칭한다. 담채라는 말이 변형된 것이 담치로 일반적인 홍합을 말한다. 주로 강원도 쪽에서는 섭이라고 한다.

일반적으로 먹는 것은 유럽 지중해에서 넘어온 '진주담치'다. 1900년대 초에 각국을 드나드는 유럽 배에 붙어 전 세계에 퍼졌다고 한다. 일본은 1935년에 처음 발견된 기록이 있는데, 이후 일본을 통해 한국에 넘어온 것으로 보인다.

하지만 우리나라에서는 선사시대 조개무덤에서 그 흔적이 있기도 하다. 이는 토종이라 불리는 '참담치'다. 현재는 주로 울릉도를 비롯한 동해안 쪽에서 서식한다. 옛날에는 해안 바위 곳곳에 붙어있었는데, 지금은 해녀들이 바닷속을 헤쳐야 할 정도로 귀해졌다. 참담치는 양식을 하지 않는 자연산이다. 5년 이상 된 것은 어른 손바닥만하다. 대부분 양식인 진주담치도 3년 이상 두면 크기가 만만치 않지만, 거의 1년을 넘기지 않고 채취되기에 왜소하게 느껴지는 것이다.

홍합은 생김새 때문에 음부에 자주 비유된다. 중국에서는 홍합을 먹으면 여인들 속살이 좋아진다 하여 '동해부인東海夫人'이라 부르기도 한다. 자산어보에는 '음부에 상처가 생기면 홍합 수염을 불로 따뜻하

종: 전 세계적으로 250여 종류 서식, 국내에는
참담치, 진주담치 등 13종 가량 서식
학명: Mytilus coruscus GOULC
산란시기: 1~6월
국내 분포범위: 전 연안에 분포하지만 진주담치
는 남해안, 참담치는 동해안에 주로 서식
서식장소: 진주담치는 수심 5m 이내, 참담치
는 수심 10m 이내
서식환경: 봄에 산란한 알을 해수에서 수정. 3~4주일 동안 부유생활 후 바위, 줄 등에 부착

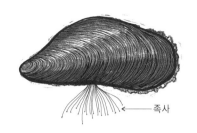

←── 족사

게 해 얹으면 효험이 있다'라고 해놓았다.

홍합에는 껍데기에서부터 알맹이로 이어지는 수염이 있다. 손질 과정에서 제대로 벗겨 내지 않으면 알맹이에 남아있게 된다. 이것을 씹었을 때 불쾌한 느낌을 받은 이들은 홍합에 대한 거부감이 있을 만도 하다. '족사'라는 이 수염에 대해 어민들은 "사람 탯줄과 같은 것"이라고 한다. 강한 단백질을 분비하기에 몸을 줄·바위 같은 곳에 부착하는 큰 역할을 한다.

홍합은 11~2월이 제철이다. 주로 7월이면 종패를 바다에 내려 11월에 끌어올린다. 하지만 양식하는 곳에 따라서는 끌어올리는 시기에 차이가 있다. 또한 저장된 건홍합도 있기에 1년 내내 접할 수 있다.

중화요리전문점 짬뽕에는 홍합이 껍데기째 수북이 쌓여있다. 하지만 시원한 국물 맛을 내는 데 껍데기는 큰 역할을 하지는 못한다고 한다.

가끔 봄철에 홍합을 먹었다가 변을 당하는 경우가 있다. '마비성 패류독소', 즉 홍합이 독성 플랑크톤을 섭취한 것을 먹었기 때문이다. 주로 수온이 오르는 3~6월에 주의해야 한다. 행정기관에서는 정기적인 검사를 통해 주의보를 내리고 있다.

홍합의 성분 및 효능

특히 여성들에게 더할 나위 없이 좋다

잘 씻어 물 붓고 끓이기만 해도 그 풍미에 반한다는 홍합. 특히 숙취해소에 탁월하다고 알려져 있다. 이는 홍합의 타우린과 베타인 성분 덕이다. 원기회복 성분으로 잘 알려진 타우린은 담즙산의 독성을 완화해 혈중 콜레스테롤과 중성지방을 감소시켜 알코올성 지방간을 해소하는데 효과가 있고, 베타인은 숙취를 해소하고 손상된 간을 보호하는 물질로 인정받고 있어 애주가들이 눈여겨 봐야할 성분이다.

또한 홍합에는 비타민A·B, 칼슘, 철분, 단백질이 풍부해 음주로 손실된 영양분을 보충하는데 효과적이라고 합니다.

뿐만 아니라 홍합은 여성들에게도 더할 나위 없이 좋은 음식이다. 각종 비타민과 미네랄이 풍부하기 때문에 여성들의 빈혈 예방에 좋고, 노화 방지, 피부 미용에도 탁월하다고 한다.

또한 프로비타민D 성분이 많아 칼슘과 인의 체내 흡수율을 높여 여성들의 골다공증을 예방하고 뼈를 튼튼하게 하는 효과가 있다고 한다. 그리고 여성의 요통이나 냉대하증, 산후 회복식으로도 그만이라고 하니 과연 '동해부인'이라 부를 만하다.

때문에 홍합은 〈동의보감〉에서도 '오장의 기운을 보호해 주고 허리와 다리를 튼튼하게 하며 성기능 장애를 치료한다'고 나와 있으니 남녀 모두에게 최고의 음식이라 할 만하다.

이처럼 몸에 좋은 홍합도 주의해서 먹어야 한다. 특히 수온이 오르는 3월에서 6월엔 '마비성 패류독소'에 오염될 수 있다. 홍합을 먹고 가슴 답답함과 어지럼증, 안면마비가 온다면 바로 의료기관을 찾아야 한다. 이는 주로 자연산 홍합에서 생긴다고 한다.

통영 굴

마침내 그 속을 열면 '아! 바다가 여기 있었네'

얼마나 귀하기에 이놈은 굳게 다문 입을
웬만한 힘으로는 열지도 못 한다.
손잡이도 없어 기어이 귀퉁이를 부숴 틈을 만들고 들어가야 한다.
그것도 모자라 틈틈이 외벽을 두껍게 하느라 분주하다.
어찌나 급했던지 마구 쌓은 벽이
제멋대로 돌출해서 찌를 듯한 태세다.
심지어는 제 몸이 아까워 자웅을 한 몸에 싸매고 산다.

그래도 아쉬웠나?
응당 몸을 맡겨야 하는 파도마저 귀찮아
애당초 뿌리 깊은 바위에 자리 잡았다.
오죽하면 석화石花라 했겠는가!
잘난 놈 인물값 한다더니 너 잘났다!
'팽' 하고 돌아서려다 그래도 여태 한 게 아쉬워
기어이 그 문을 열어 마침내 그 속에 오르면
아…. 바다가 여기 다 있었네!
입속에선 파도가 친다.

굴이 특산물 된 배경

청정바다가 키워 통영사람 먹여 살렸다

11월 통영은 굴로 시끌벅적하다. 바다 위 부표 있는 곳마다 굴을 끌어올리느라 바쁘다. 기계를 따라 망에 쌓이는 굴은 금방 산을 이룬다. 한 망에 800㎏가량 된다. 작업을 마친 배는 박신공장으로 향한다. 이곳에서는 '아지매'들이 양편에 서서 능수능란한 손놀림으로 굴을 깐다. 껍데기에서 분리한 굴은 바닷물에 헹구고 포장해 곧장 경매장으로 옮긴다. 경매는 일주일에 5~6회 열린다. 통영 굴 작업은 이렇게 봄까지 이어진다.

흔히 말하는 자연산 굴은 갯바위 같은 곳에 달라붙어 있다. 옛 시절 함경북도 황어포, 함경남도 영흥만, 경남 낙동강하구, 전라남도 광양만 같은 곳에 많이 분포했다고 한다. 하지만 공업화 이후 간척사업·갯벌파괴·수질오염 등으로 분포 범위가 축소됐다.

지금은 양식, 아니 키우는 굴이 대부분이다. 그 방식은 여러 가지다. 통영은 수하식이다. 굴·가리비 껍데기를 줄에 꿰 유생이 붙게 한 후

썰물 때 노출한다. 이후 바다 작업장 줄에 이 종패를 달아 물 아래
에 두는 식이다. 그 방식이 홍합과 비슷하다. 그러다 보니 줄을 끌어
올리면 굴뿐만 아니라 홍합도 제법 올라온다. 작업장에는 홍합만 따
로 가져가는 이들도 함께한다.

서해 쪽에서는 돌에 굴을 붙이는 투석식, 나무를 박아 키우는 지주
식 등을 활용한다. 늘 물에 잠겨 있는 것이 아니니 자연적으로 자라
는 쪽에 좀 더 가깝다.

통영과 같은 수하식은 1924년 일본에서 먼저 시작했다고 한다. 이를

바다 아래 줄에 달라붙어 올라오는 굴.

접한 통영·거제 사람들이 현지에서 직접 배우지는 못하고, 책을 뒤져가며 이래저래 연구했다고 한다. 그것이 1960년대 들어서 정착한 것이다. 이즈음 수출에 큰 몫을 하던 김 양식업이 퇴조했다. 나라에서는 그 대안으로 굴에 눈 돌리며 적극적으로 장려했다. 그러다 미국 FDA^{식품의약국}가 통영 인근 바다를 굴 적합지로 인정했다. 1973년 통영·거제 해역 4곳이 수출용패류생산해역으로 지정된 것이다. 바다관리가 엄격해지면서 통영 인근에서 나는 굴 가치가 높아졌다.

굴은 시간당 물을 1ℓ가량 흡수한다고 한다. 그러니 수산물 가운데 특히 청정 여부가 중요할 수밖에 없다. 통영 사람들은 굴 이야기를 하면서 깨끗한 바다를 강조하는 건 당연하겠다.

통영은 굴 주산지면서도 관련 음식문화는 좀 더딘 편이었다. 이는 수출에 주력했기 때문으로 보인다. 지금은 관광객 발걸음이 늘면서 굴 음식 종류도 화려해지고 있다. 생굴·굴구이에 그치지 않고, 굴전·굴탕수육·굴밥·매생이굴국·굴떡국·굴스테이크 같은 다양한 메뉴가 식탁에 오른다.

오늘날 굴산업에 종사하는 이들은 전국적으로 2만 명이 넘는다. 이 가운데 '통영 굴 까는 아지매'가 1만 명 가까이 된다고 한다. 굴 까는 곳을 통영에서는 '박신공장'이라고 한다. 공장당 40~50명이 일한다. 이들은 점심시간에도 밥을 서둘러 먹고, 다시 작업하기 바쁘다. 일한 만큼 돈을 벌기에 시간이 곧 돈이다.

'굴까는 아지매들' 팔에는 인식표가 붙어 있다. 깐 굴을 저울에 올리고 팔을 인식기에 대면 누적 작업량이 자동계산된다.

굴은 가격 변동으로 차이가 있지만, 대략 ㎏당 2500원가량 받는다. 숙련된 이들은 하루에 많게는 100㎏가량 한다고 하니, 그 벌이가 아

주 괜찮다. 물론 손 저림, 하루 종일 서 있어야 하는 허리 통증은 감수해야 한다.

굴까는 일은 연령 제한도 없다. 출·퇴근 시간을 꼭 맞출 필요도 없어 개인 볼일이 있으면 손 놓고 가면 된다. 사람 손이 달리니 이들은 귀한 대접을 받는다. 혹시 사장이 좀 서운하게 하면 다른 공장으로 가기도 일쑤다. 그래서 사장들은 사람 관리에 특별히 신경 쓰는 눈치다.

'굴은 통영에서 나는 것이 전체 생산량의 65~70%가량 된다'는 말이 일반화됐다. 하지만 엄격히 말하면 그렇지는 않다. 전국 굴수하식 어업권 현황을 보면 통영이 25%이고, 고성군 18%, 거제시 17% 등 경남이 65%다. 여수시 등 전남이 28%가량 된다. 수출용패류생산지정해역 생산량 현황을 보면 거제·한산, 자란·사량, 산양 등이 전체의 73%가량 된다. 따라서 '수하식 굴은 통영 인근 바다에서 나는 것이 전체 생산량의 70%가량 된다'는 정도로 이해하면 되겠다.

굴은 특히 김장철에 수요가 많다. 이 때문에 가격 널뛰기가 심하다. 굴은 생굴·냉동굴·통조림·마른굴 형태로 소비되는데, 생굴이 72% 가까이 된다. 전체 생산량 가운데 수출용이 30%가량 된다.

굴 수확은 9월에 들어가 이듬해 6월까지 이어진다. 6~7월에는 종패를 바다 아래에 넣어 관리에 들어간다. 11월 말, 한산만에서 굴을 올리는 한 어부는 "지난해 12월에 넣어둔 것"이라고 말한다. 보통은 6~7개월 정도 지나면 걷어 올릴 수 있다는 말도 덧붙인다.

바다에서 나는 것을 두고 자연산·양식을 따지는 이들이 많다. 과거 '굴양식수협'이라는 이름이 지금은 '굴수하식수협'으로 바뀌었다. 굴은 바다 아래에 그냥 플랑크톤을 먹고 알아서 크게 놔둔다. 먹이나 약품을 사용할 일이 없다. 그래서 이곳 어민들은 '양식' 아닌 '수하식'이라는 말을 쓴다. 한 어민은 이렇게 말한다.

"갯바위에 붙어 자라는 것은 물이 빠져나가는 때도 있으니 24시간 잠겨 있는 게 아니잖아. 그런데 수하식은 어때? 내내 물속에 있으니 영양 보급도 많고, 크기도 당연히 클 수밖에 없지."

굴 껍데기는 옛 시절 바둑알을 만드는 데 활용되기도 했다. 지금은 산업폐기물로 분류돼 매립과 해양투기가 엄격히 규제된다. 굴 껍데기 일부는 종패를 위해 재활용된다. 하지만 질이 떨어지는 것은 재활용이 어려워 폐기해야 한다. 이러한 것들은 기계로 잘게 부숴 폐기물 지정 장소로 옮긴다. 운반에 들어가는 비용을 시에서 일부 지원하고 있지만, 예산이 부족해 어민 돈도 들어갈 수밖에 없다. 굴 껍데기 일부는 토질 개선을 위한 비료로 활용되기도 한다. 그럼에도 바닷가 곳곳에는 그냥 버려둔 것들이 있다. 엄격한 법 규제 속에 처리할 장소가 부족하다 보니 일어나는 탓이 크다.

재활용이 어려운 굴 껍데기는 기계로 부숴 지정된 장소로 옮긴다.

통영 굴 작업장에 가면 산처럼 쌓인 굴 껍데기를 볼 수 있다.

이 모습 또한 굴이 만든 통영의 풍경이다.

굴 공장 운영하는 **김진열** 씨

16세 소년 굴 캐고 까며 "꼭 집안 일으킬 것"

초등학교 졸업장이 유일한 16살 소년은 한산도 굴 양식장에서 학교 가는 친구들의 모습을 바라만 봤다. 소년은 마냥 부러워할 수 없는 현실을 받아들였다. 그리고 바다를 보며 다짐했다. 저 친구들보다 먼저 사회생활에 성공하리라고.

통영시 동호동 굴수하식수협 포구에서 출발한 배는 40여 분이 지나 굴 수확현장에 도착했다. 요란하게 돌아가는 굴 세척기 뒤에서 35년 전 바다를 보며 성공을 다짐했던 소년을 만났다. 김진열(51) 씨. 그는 고향인 한산도 앞바다에서 굴을 키우며 그의 꿈도 완성해 가고 있었다.

"여기 떠 있는 하얀 부표가 저의 전부입니다."

바다 위에 빼곡하게 떠 있는 부표 밑에서는 그의 삶과 함께해온 굴

이 자라고 있었다.

한산도 앞바다에서 따온 굴을 손질하는 공장에서 그를 다시 만났
다. 굴 데기 벗기는 공장도 제철을 맞이해 분주하게 돌아가고 있었
다.

그는 하루 일과를 시작한 지 꼬박 11시간 만에 앉아본다고 했다.

"굴과의 인연이요. 허허, 친구들이 중학교 간다고 할 때 저는 바닷가

굴 공장으로 갔으니 오래된 인연이네요."

그가 태어나고 자란 한산도에서 그의 아버지는 섬과 섬 사이를 오가는 나룻배 일을 했다. 그의 유일한 학창시절인 초등학교 때의 기억도 거의 없다. 어려운 집안 형편에 소풍과 수학여행은 사치였다. 학교 가는 것보다 집안일이 먼저였다. 11살 때부터 그는 형과 함께 아버지 나룻배 일을 도왔다. 세상의 모든 가난은 자기 집에만 있다고 생각했다. 집도 논도 밭도 없었다.

그가 초등학교 5학년 되던 해, 단칸 오두막에 어머니와 4형제를 남겨두고 아버지는 세상을 떠났다. 청각 장애가 있던 형을 대신해서 그가 가장이 된 것이다.

"초등학교 졸업장이 전부입니다. 공부는 꿈도 못 꾸었죠. 16살 때 굴 공장에 취직을 했어요. 아마 첫 월급으로 2만 원을 받았죠."

소년은 가난을 해결하기 위해 굴 일을 택했다. 가족을 위해 선택의 여지가 없었다. 바닷가에서 굴을 따며 교복 입은 친구들을 보았다. 소년은 빨리 돈을 벌어서 집을 일으키겠다고 늘 바다에 다짐했다.

"공장에서 인정을 빨리 받았어요. 취직한 지 2년, 18살에 굴 공장 주임이 되었죠. 일도 일이지만 믿음이 중요하지요. 그 당시 공장에서 일하면서 배운 성실, 약속, 신뢰, 믿음이 아직도 제가 사업하며 지키는 덕목입니다."

요즘 굴 작업은 기계가 힘든 일을 대신하지만 그가 일하던 1980년대 굴 공장은 전부 사람의 힘에 의존했다. 고단하고 힘든 청소년기를 보내며 그는 신앙생활을 시작했다. 가난과 무지를 위로받는 안식처였다. 그런 그를 하늘은 버리지 않았다.

20살 되던 해 교회에서 풍금을 치던 여성과 백 년을 약속한 것이다.

"가난과 무지를 벗어나려고 결혼을 빨리했어요. 혼자 있으면 책임감
이 없잖아요. 가정을 빨리 가져야 목표를 이룰 수 있다고 생각했지
요."

가난에서 벗어나기 위해 학업 대신 사회생활을 택했던 그에게 또 하
나의 삶의 목적이 생긴 것이다. 젊은 부부는 같은 목표를 향해 억척

같이 일했다. 부인 덕에 주변에서는 '복 많은 김진열'이라고 부러워했다. 그러나 바다가 그 부러움을 시기했을까?

"바다일 하며 아픔도 있죠. 25년 전 아들 녀석 한 명을 가슴에 묻었습니다. 우리 부부가 소홀했죠."

4살 된 아들을 먼저 보낸 그의 눈에서는 굵은 눈물이 흐르고 있었다.

"무엇을 원망하겠습니까. 전부 제 탓이죠. 바다를 어떻게 원망합니까? 그래도 바다가 삶 전부인데…."

그가 16살에서 50세가 될 때까지 굴 키우는 일에서 단 3일 떠나 본 적이 있다. 굴 키우는 기술보다 배 몰고 고기 잡는 기술이 더 낫다고 판단한 어머니의 권유로 기선권현망 배에 올라탄 것이다.

"딱 3일 했어요. 이건 아니라고 판단했죠. 굴 양식은 돈 버는 대로 바다에 한 줄 한 줄씩 늘려 가면 되는데 기선 어업은 목돈이 들어간다고 판단했지요. 그래서 배에서 내려 한산도로 돌아왔죠."

한산도로 돌아온 그는 27살에 성실, 약속, 신뢰, 믿음을 바탕으로 소규모 굴 양식장을 창업했다.

"동생들에게는 절대로 가빠천^{진 비옷}과 장화를 신기지 않겠다고 약속한 것을 지키기 위해 달려온 거죠. 관공서에 갈 때마다 한자와 영어를 몰라 한탄했던 내 처지를 동생들에게만은 물려주고 싶지 않았죠."

지독한 가난과 무지도 그의 성실함과 고집을 이길 수는 없었다. 한산도 공장을 통영 동암마을로 확장해서 옮겨 매해 굴 풍년을 기대하고 있다. 16살, 2만 원 월급쟁이 섬 소년은 연 매출 수억 원의 굴 수산공장 CEO로 변신 중이다.

음식 이야기

굴은 세 번 이상 씻으면 안 된다

통영서 만난 사람들과 나눈 대화 중에 빠지지 않는 것이 있다.

"굴을 많이 먹어서 피부가 좋아요."

그만큼 굴과 가까이 사는 사람들은 건강해 보였고, 나이보다 어려 보였다.

굴은 초겨울부터 맛이 들기 시작해서 다음 해 2월경이면 가장 알이 굵어진다. 김장철을 넘기면 싸게 많이 먹을 수 있는데, 껍데기째 쪄 먹어도 좋고, 깐 생굴을 그대로 먹거나 조리해 먹어도 좋다.

통영굴수하식수협 뒤편 도매상에 가면 싱싱한 굴을 싸게 구입할 수 있다. 생굴은 세척하여 냉장포장까지 해 준다.

가정에서 먹을 때 각굴은 그냥 쪄서 먹으면 된다. 굳이 껍데기를 까서 먹으려 들다간 낭패를 보기 십상이다. 껍데기를 까는 도구와 경험이 없이 날카로운 기구를 사용하다 다치는 수가 있다. 또한 생각보다 껍데기가 크거나 양이 많아서 처리에 신경을 써야 한다는 점을 미리 알아야 한다.

생굴은 조리하기 전에 과하게 씻으면 안 된다. 이미 세척한 상태이기도 하고, 굴은 씻을수록 향이 날아가기 때문에 본래의 맛을 해친다. 간혹, 껍데기를 깐 굴을 생으로 먹는 것을 불안해하는 이들이 있다. 흔히 '석화'라 해서 위 껍데기만을 제거한 상태의 굴을 횟집 등에서 먹은 경험이 대부분인데, 이는 신경 쓸 필요가 없다. 생굴은 바닷물

굴구이.

에 담가 일정한 온도 이하로 유지하기 때문이다. 다만 그 맛에서 차이가 있을 수 있다. 왜냐하면 아무래도 향이나 염분을 더 갖고 있는 것이 각굴 상태이기 때문이다.

굴 맛을 보기 위해 통영 서호동을 찾았다.

굴 코스요리는 생굴-굴구이-굴무침-굴전-탕수육-굴국과 굴밥 순으로 나온다. 굴로 할 수 있는 건 다 한 것이다. 여기 굴도 통영굴수하식수협 주변의 도매상을 통해 공급받는다. 수협 경매는 오후 1시와 6시에 여는데, 바로 주변의 도매상으로 옮겨져 전국으로 판매한다. 그러니 생굴의 맛은 따져 묻는 것이 낭비다. 굴 특유의 향과 짠맛 고소한 맛이 제대로 어울린다. 먹는 사람마다 호불호가 갈리긴 하지만 생굴을 먹을 때의 약간 쌉싸름한 맛은 그것대로의 매력이다.

이어 나온 것은 굴구이인데, 실은 굴을 찐 것이다. 실제 굴을 불에 구워 먹으면 굴 속의 수분이 빠져 짠맛은 강해지고 육질은 단단해진다는 것이 주방의 설명이다. 하지만 야외에서 구워먹는 굴은 그 나름의 운치와 맛이 있기에 각기 다른 장점이 있음을 인정해야 한다. 굴구이^{찐굴}는 껍데기 안의 육수가 아직 뜨겁기 때문에 주의해서 먹어야 한다. 일행들은 생굴을 더 좋아했다. 비교적 짠맛이 강했던 구이는 쉽게 질렸기 때문이다.

무침은 담백하고 시원했다. 피망과 오이, 겨울초와 굴을 여기 양념으로 무쳤다. 양념은 레몬, 사과 등의 과일로 신맛과 단맛의 균형을 맞췄는데, 갓 빻은 고춧가루향이 나서 더 좋았다.

가장 인기가 많았던 굴전이 나왔다. 계란 옷을 살짝 입힌 굴전은 식기 전에 먹어야 한다. 식은 굴전은 약간 오래된 맛이 나기 때문이다. 속에서 톡 터지는 굴 맛과 기름에 익힌 계란의 고소함이 절묘한 음

굴무침.

굴전.

식이다. 그 양도 적지 않았다.

여기 코스요리 중에서 가장 독특한 요리는 이어서 나온 굴탕수육이
다. 아마 처음 먹었기 때문일 것이다. 쌀가루와 부침가루만으로 옷
을 입힌 굴탕수육은 부드러웠다. 보통의 탕수육이 바삭한 튀김옷과
소스의 조화로 맛을 낸다면 여긴 좀 다르다. 소스도 부드러웠다. 과
일과 발사믹식초로 맛을 냈다는 소스는 진한 꿀맛이 났다. 그만큼
과일을 아끼지 않았다는 것이다.

여기까지 먹으면 식사가 나온다. 굴밥은 굴과 밤, 흑미, 콩으로 밥을
지어 참기름과 김가루를 뿌려 내온다. 담백하고 고소하다. 굴, 무, 미
역으로 끓인 굴국도 시원하다. 함께 주문한 매생이굴정식의 매생이

굴탕수육.

매생이굴국.

굴국은 매생이와 함께 후루룩 마시면 된다. 잘 알려진 숙취해소 음식이다.

코스요리나 정식메뉴를 주문하면 함께 나오는 반찬들도 좋다. 톳나물, 도라지, 양념게장, 생선구이 등 통영다운 상차림이다.

"굴은 세 번을 초과해 씻으면 안 돼요."

여기 사장은 굴 해감에 특히 신경을 쓴다고 한다. 앞서도 설명했듯이 더 씻으면 굴향이 날아가기 때문이다.

굴구이를 위한 각굴은 생수에 10번 정도 담갔다 쓴다고 한다. 코스요리가 조금 비싸다는 생각으로 갔는데 가게를 나설 땐 잊었다. 코스요리의 양도 충분했고, 무엇보다 재료를 아끼지 않았기 때문이다.

굴 까기 현장

열릴 듯 안 열릴 듯…

굴 수하식양식장의 수확과정은 홍합과 흡사했다. 하지만 그 규모 면에선 압도적이었다. 양식장에서 올려 세척을 하고 망에 포장한 홍합의 무게는 25kg 정도였지만, 여기선 보통 700~800kg이다. 사람이 들 수도 없다. 선장이 손수 크레인을 조작해 굴을 옮긴다.

건져 올린 부표를 청소하는 과정도 다르다. 여기 부표엔 홍합이 제법 촘촘하게 달려있는데, 자망어업을 하는 어민이 그것을 모두 수거해 간다. 쥐치를 잡기 위한 미끼로 쓰기 위함이다. 때문에 선장 입장에선 따로 부표 청소 노동자를 쓸 필요가 없다. 규모가 큰 만큼 소리도 만만치 않다. 컨베이어벨트가 쉬지 않고 돌고 있고, 크레인은 수시로 하늘을 휘젓는다. 여기는 추울 새가 없다.

새벽부터 수확한 굴은 낮 12시쯤 육지의 '박신장'으로 옮겨진다. 굴 껍데기를 까는 곳이다. 밖에서 보기엔 조용한 어촌마을의 큰 창고와 같이 보이지만, 그 문을 열고 들어가면 여기 또한 바다에 못지않다. 가운데 5미터 너비의 공간에 바다에서 온 굴들이 쌓여 있고 그 좌우로 30여 명이 일렬로 서 굴 껍데기를 깐다.

배가 드는 바다에서 박신장으로 연결한 크레인이 수시로 굴을 옮겨 쏟아 붓고 있고, 좌우의 여성들은 고개도 들지 않고 껍데기를 깐다. 굴 까기에 도전해 보기로 한다. 다행히 옆자리 아주머니께서 스승을 자처하셨다. 웅남면에서 왔다는 전은순(59) 씨다. '스승님'께서 친절하게 알려주신다.

"굴 가장자리로 칼을 넣어서 비질을 하듯 껍데기 위쪽을 쓸어요."

그런데 자꾸 껍데기가 부서진다. 쉽게 열리지 않았다. 비질을 하듯 위를 쓸라는 말이 좀처럼 와 닿지 않았다. 분명히 껍데기가 열린 것 같은데 열리지 않았다. 그럼 손으로 열려다 껍데기가 부서지는 과정을 반복했다.

굴 껍데기 까는 공장을 '박신장'이라 부른다.

스승님이 하는 방식을 그대로 흉내 내어봤다. 그런데 그 순간 톡! 하며 껍데기가 열렸다. 비질하듯이 하란 말은 힘을 주란 말이 아니라, 껍데기 윗부분에 붙은 굴을 칼끝으로 쓸어 내듯이 하란 말이었다. 굴을 '여는' 것에는 성공했지만, 떼 낸 굴 모양이 스승님의 것과 많이 다르다.

"그렇게 까서는 팔 수가 없을 텐데…"

그래서 더 신중하게 하려고 해도 안 된다. 찢어지고 뭉개진다. 스승님은 한 번 '쓱' 하면 탐스러운 굴이 바구니에 쌓이는데 말이다.

그렇다. 비결은 저 칼끝에 있다. 굴의 관자 부분을 한칼에 잘라내면 되는 것이었다. 그러자 곧 익숙해졌다. 드디어 제법 시장에서 본 굴

같은 굴이 내 바구니에도 쌓이기 시작했다. 40분 동안 약 1kg을 깠
다. 초보치곤 제법 한다며 칭찬받았다.

굴 까는 일은 정해진 것이 없다. 본인이 까는 만큼 월말에 돈을 받
아 가는데, 그것도 알 수 없다. 그날그날 굴의 시세에 따라 달라지기
때문이다. 스승님도 오전 일만 하시고 볼 일이 있다며 가신단다. 그
뒷모습이 가볍다.

굴 '그것이 알고싶다'

'굴 섭취 후 남성 정자 수 증가' 연구결과 나와

통영 굴수하식수협에는 눈에 들어오는 포스터가 있다. 포스터 왼쪽에는 남자 근육질 팔뚝과 함께 '여자를 위하여 남자가 먹는다'라고 되어 있고, 오른쪽에는 전라 여자 뒷모습과 함께 '남자를 위하여 여자가 먹는다'라고 되어 있다. 남자에게는 '스태미나 식품'임을, 여자에게는 '건강 미용식품'임을 강조한다.

굴을 수십 년 동안 먹어왔다는 통영 주민은 "내 몸을 보면 군살이 없지 않으냐. 지금까지 감기 한 번 걸린 적도 없다"며 엄지손가락을 치켜세운다.

굴 역사를 보면 서양에서 좀 더 유난을 떠는 쪽이다. 기원전 95년경 로마에서 처음으로 언급된 기록이 있다. 이후 나폴레옹이 전쟁터에서 매 끼니 굴을 찾았다거나, 줄리어스 시저가 굴을 얻기 위해 대군을 이끌고 영국 원정을 떠났다는 등의 숱한 이야기가 전해진다. 카사노바가 즐겼다는 이야기와 더불어 서양에서는 굴을 최음제 음식으로 받아들이기도 한다.

이렇듯 굴이 스태미나 음식으로 통하는 것이 여성의 음부를 닮은 그 생김새 때문만일까? 일본에서는 매일 굴을 먹은 남성은 4주째부

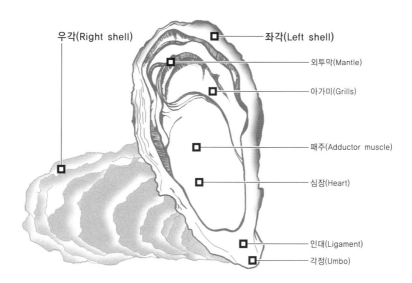

우각(Right shell)　　　　　　　　　　　좌각(Left shell)

외투막(Mantle)

아가미(Grills)

패주(Adductor muscle)

심장(Heart)

인대(Ligament)

각정(Umbo)

―――― 역사
유럽은 기원전 95년 로마, 동양은 420년경 송나라, 우리나라는 기록상 1454년
―――― 종
우리나라에 서식하는 것은 9종가량, 수하식 굴은 대부분 참굴, 패총에서 출토
되는 것은 가시굴, 서해안에 많이 분포하는 것은 긴굴·갓굴
―――― 먹이
플랑크톤을 바닷물과 함께 들이마시는데, 1시간에 수온 10℃에서 약 0.4ℓ,
25℃에서는 약 1ℓ 바닷물을 흡수
―――― 성분
수분 80.4%, 단백질 10.5%, 당(글리코겐) 5.1%, 지방 2.4%, 회분 1.6%

터 정자 수가 유의미하게 증가했다는 연구결과를 내놓기도 했다. 굴에 들어있는 글리코겐이 에너지를 보충하고, 아연 성분은 정자 수 증가에 영향을 준다는 것이다.

우리나라는 선사시대 패총에서 굴 껍데기가 출토되었고, 기록상으로는 1454년 공물용으로 생산한 내용이 있다.

굴은 '석화'라고도 하는데 한자로는 石花·石華가 혼용해 쓰인다. 이는 '바위에 붙어 있는 모양새가 꽃이 핀 것과 같다' 혹은 '돌 같이 딱딱한 껍데기가 화려하다'는 정도로 받아들여진다. 한편으로 육식을 하지 않던 스님이 굴을 먹다 들키자 "이것은 바다에 핀 꽃"이라고 우겼다는 이야기도 더해진다.

석화石花로 표기할 때는 엄격히 말해 바위와 상관없이 줄에 달라붙어 있는 수하식굴은 해당하지 않는 것이기도 하다. 하지만 껍데기 있는 굴은 석화로 통용하는 분위기다.

일반적으로 크기가 크면 '양식'이라는 말을 먼저 떠올리지만 무의미하다. 서해안 쪽과 달리 수하식은 내내 물에 잠겨 있기에 영양분 섭취가 잘 돼 크기가 클 수밖에 없다.

산란기인 5~6월에는 독성이 있어 생굴 섭취를 금기하는 분위기도 있다. 수하식굴수협 측은 "산란기 전후에는 맛이 떨어지기는 한다. 하지만 절대 먹어서는 안 된다기보다는, 높은 기온으로 상할 가능성이 있으니 주의하라는 정도로 받아들이면 되겠다"고 한다.

좋은 굴을 고르는 기준으로는 유백색에 광택이 많은지, 오돌오돌하고 눌렀을 때 탄력이 있는지를 참고하면 되겠다. 육질이 퍼져 있는 것은 오래된 것이니 피하는 게 좋겠다. 깐 굴은 구매 후 냉장고에 일주일 정도까지 보관하는 것은 괜찮다고 한다.

굴의 성분 및 효능

성인병 예방에 효과

굴에는 테스토스테론의 분비와 정자생성을 촉진하는 아연이 많이 함유되어 있어 실제 남성에게 좋은 음식이라고 한다.

또한 굴에는 멜라닌 색소를 분해하는 성분이 있어 피부미용에 좋고, 칼슘, 철분, 망간, 아미노산, 글리코겐, 단백질 등의 성분은 골다공증과 빈혈예방에 탁월하다고 한다.

뿐만 아니라 타우린, 핵산, 비타민, EPA 등이 고루 들어있어 나쁜 콜레스테롤을 낮추고 혈압저하에도 도움을 줘 성인병 예방에도 효과가 있다고 한다.

굴이 품은 다양하고 풍부한 영양 성분은 성장기 어린이들에게도 도움을 준다. 특히 굴에는 참치보다 DHA가 2배 이상 풍부하게 들어 있다고 하니 과연 완전식품이라 부를만 하다. 그래서 굴을 '바다의 우유'라 부르는 것일 게다.

그런데 굴 먹을 때 피해야할 음식으로 감이 해당한다. 감의 타닌 성분이 철과 반응해서 철분의 흡수를 방해할 수 있다고 한다. 그리고 아무리 싱싱한 굴이라도 보관방법에 따라 상할 수 있으니 주의해야 한다.

굴 요리를 맛볼 수 있는 식당 ^{추천}

통영명가

굴 코스요리(생굴·굴구이·굴전·굴탕수육·굴무침·굴밥·굴국), 굴국밥, 굴밥, 매생이굴정식, 매생이굴떡국, 굴무침, 굴전, 굴탕수육

통영시 새터길 74-3 / 055-649-0533

대풍관

A코스요리(굴구이·생굴회·굴무침·굴탕수육·굴전·굴밥·해물된장찌개), B코스요리(굴소고기전골·굴무침·굴탕수육·굴전·굴밥·해물된장찌개), C코스요리(굴무침·굴전·굴밥·해물된장찌개), 굴구이, 굴무침, 생굴회, 굴탕수육, 굴전, 굴영양돌솥밥, 굴밥, 굴국밥

통영시 해송정1길 19 / 055-644-4446

남
해
시
금
치

하늘을 바라보며 초록을 더하다

날아갈세라 대지에 바싹 붙어 자라는 시금치는
바람이 찰수록 속이 찬다.
잊힐세라 새벽 서리에 잠기면 기어이 태양을 기다려 빛을 낸다.
바다와 시금치가 한 몸이 되는 시간.
바람에도 서리에도 무던한 듯 보이려 굳이 초록을 더해가는 시금치는
그러니까 실은 땅에 붙었다기보다 하늘을 보고 있다.
시금치의 단맛이 남다른 이유다.

시금치가 특산물 된 배경

겨울은 단맛을 뽑아내고, 해풍은 단맛을 퍼뜨렸다.

남해는 여름 시금치를 하지 않는다. 시도는 했지만 실패했다. 여름 시금치를 하는 곳은 주로 고랭지다. 특히 소비자가 많은 수도권 인근 지역이다. 여름 시금치는 금방 시들어 수송 거리가 짧아야 하기 때문이다. 남해는 모두 겨울 시금치다. 그것도 비닐하우스 아닌 노지에서 자란 것들이다. 그래서 '남해 시금치'는 10월부터 3월 중순까지 나는 '겨울 노지 시금치'를 말한다.

남해 전체 면적 가운데 경지는 25%도 채 안 된다. 넉넉하지 못한 땅이면서 유배지이기도 했던 남해는 여기 사람들을 억척스럽게 만들었다. 스스로 "논·밭두렁까지 콩을 심어 먹고 사는 사람들"이라고 말한다. 농한기에는 좀 쉴 만도 한데, 손놀리는 게 그리 아까웠던가 보다. 1970년대까지는 벼농사 끝낸 겨울 땅에 보리·밀·콩을 심었다. 1980년대 들어서는 마늘을 많이 심었는데 벌이가 괜찮았다. 그럼에

도 이곳 사람들은 마늘 파종 후 한동안 비는 시기도 그냥 두지 않
았다. 마늘 땅 사이사이에 시금치를 심었다. 물론 자기 밥상에 올리
기 위한 소규모였다. 내다 판다 하더라도 경조사비 정도 건진다는
생각으로 했다. 그런데 외지로 떠난 이들 가운데는 고향 사람들에게
"시금치 캘 때 됐으니 조금만 부쳐봐라"는 부탁을 종종 했다. 남해
시금치는 그렇게 바깥으로 조금씩 퍼져 나갔다.

한편으로 마늘농사는 20년 넘게 효자 노릇을 했지만, 나이 든 이들
은 갈수록 힘겨워했다. 마늘은 잔손 갈 일이 많다. 특히 파종·수확
철에는 사람을 써야 하는데, 일손 구하기가 해마다 어려웠다. 당연
히 일당도 치솟아 인건비 부담이 컸다.

생활력 강한 이곳 사람들은 새로운 것에 빨리 눈 돌렸다. 시금치였
다. 2000년대 이후 서면·설천면 같은 곳에서 재배를 본격화했다. 서
울 쪽에 상품화해 본격적으로 내놓은 것은 7~8년 전부터다. 벼·소·
마늘에서 이제 시금치로 옮아가는 분위기다. 2011년 160억 원이던
생산액이 2012년 300억 원으로 두 배가량 늘었다. 겨울의 여유를

포기한 결과물이기도 하다. 하지만 이곳 사람들은 시금치-벼농사 사이에 할 수 있는 또 다른 뭔가를 찾는 눈치다.

농사라는 게 의지만 있다고 될 일은 아니다. 자연환경이 받쳐줘야 한다.

겨울 시금치는 이른 아침에는 작업하지 않는다. 이때는 땅이 얼어있기 때문이다. 서리가 사라지고 땅이 녹는 오전 11시 가까이 돼서야 작업한다. 시금치는 겨울에 얼었다 녹기를 반복하면서 당도를 높인다. 낮에 햇빛에서 얻은 영양분을 밤에 당으로 만든다. 너무 추우면 땅이 얼고, 너무 따뜻하면 단맛이 덜 들기에 적당한 일교차가 있어야 한다. 눈 내리는 날도 거의 없어야 한다. 여기에 바닷바람도 중요하다. 해풍을 받은 시금치는 길게 자라지 않고 뿌리를 중심으로 옆으로 퍼진다. 오히려 그래서 뿌리·줄기·잎에 양분이 골고루 퍼진다. 남해는 이러한 조건이 맞아떨어진다. 남해와 더불어 시금치 주산지인 경북 포항, 전남 신안은 모두 바다를 끼고 있다. 최근 들어서는 통영·고성·거제에서도 많이 하는 추세다. 하지만 남해 사람들은 "바다 인근이라고 무조건 되는 것은 아니고, 공해 덜한 곳이어야 한다"는 전제를 둔다.

남해 시금치는 특히 단맛을 더한다. 이는 품종이 큰 몫을 한다. 시금치 품종은 200가지도 넘는다. 오늘날 밥상에 오르는 시금치는 모두 개량종이라고 보면 된다. 재래종은 단맛이 강하지만 성장이 떨어진다. 지금은 개량종에 밀려 거의 사라졌다.

그런데 남해에서 재배하는 시금치는 재래종과 유사한 품종이다. 여기 사람들은 '사계절종'이라 부른다. 품종 자체가 단맛이 강하다. 1980년대 재미를 본 포항은 '무스탕'이라는 서양계 시금치를 주로 한

다. 일명 '물시금치'로 불린다. 쉽게 물러지기에 단으로 묶지 않고 그
냥 포개서 상품화한다. 빨리 크고 색깔·모양이 좋지만 당은 떨어진
다. 포항에서 나는 것은 주로 서울 쪽 사람들이 선호한다고 한다. 그
래서 어떤 이는 "대전을 기준으로 위쪽 사람들은 모양·때깔로 먹고,

그 아래 사람들은 맛으로 먹는다"고 한다. 1990년대는 전남 신안, 그리고 2000년대 이후 남해 시금치로 중심이 이동하고 있다. 이제는 포항·신안에서도 사계절종을 많이 심는다고 한다.

남해에는 시금치 집하장이 곳곳에 있다. 서너 마을당 집하장 한 개 꼴로 있다. 10월부터 3월 중순까지는 토요일 빼고 매일 경매가 이뤄진다.

몇 해 전에는 주산지인 신안군에 눈이 많이 내려, 남해가 상대적으로 그 덕을 봤다. 당시 10kg에 6만 4000원까지 하기도 했으니 '金치'라는 말이 허투루 나온 게 아니다. 어느 집은 5950㎡ ^{1800평} 땅에 5개월 바짝 해서 매출 6000~7000만 원가량 올렸다. 다른 농작물과 달리 영농비가 적게 들어 순이익은 매출액의 80% 이상 된다고 한다.

당연히 늘 좋은 것은 아니다. 남해군 이동면 한 마을에서 방송이 흘러나온다. "시금치 물량을 조절 좀 해 주세요. 소비처는 한정돼 있는데, 현재 너무 많이 출하해 시세가 엄청 떨어져 있습니다."

가격이 전해의 6분의 1도 안 될 만큼 떨어졌다고 한다. 전국적으로 큰 태풍이 없어 시금치가 많이 쏟아져 나왔기 때문이다. 풍작이 달갑지 않을 때도 있는 것이다.

이제는 파종·수확 때 기계를 많이 사용하지만, 그래도 호미로 씨름하는 아낙들 모습은 여전하다. 한 사람이 하루에 많게는 70kg까지 캔다고 한다. 쭈그리고 앉아 하는 일이다 보니 무릎 관절로 고생하는 이가 많다. 시세가 좋지 않아 사람 쓸 엄두를 못 낼 때는 그냥 가족이 달라붙어 할 수밖에 없다.

남해 시금치는 시장보다는 대형마트 쪽에 주로 납품되는데, 이곳 사람들은 '판로 다양화'에 대한 고민을 안고 있다.

시금치와 함께한 삶

남해 이동면 **최태민** 씨
뽀빠이 할아버지의 '시금치학 개론'

"지금 이렇게 따 먹어도 돼. 먹어보면 단맛이 나. 자 먹어 봐."
2975㎡ ^{900평}의 밭에는 그가 키운 푸른 시금치가 아침 이슬을 머금고 식식을 기다리고 있었다. 일렬로 정리된 고랑과 고랑 사이에 가지런하게 시금치가 자라고 있다.
"나는 전부 기계식으로 시금치 농사를 짓지. 농사에도 연구와 기술이 필요해."
그가 스마트폰을 들었다. 사진으로 기록한 영농일지를 보여준다.
"이렇게 폰에 저장하고 농업기술센터에 이메일로 보내주지. 내가 시금치 연구하는 게 좀 많아."
그는 남해 시금치의 역사가 고스란히 담겨 있다는 자신의 연구소(?)로 안내했다.
최태민(66) 씨는 남해군 이동면 초양마을에서 태어났다. 그러나 어린 시절의 기억은 많이 남아있지 않다. 청소년 시절 뭍으로 나와 생활했기 때문이다. 건설회사 전기기사로 재직하던 그는 회사 구조조정으로 직장과 타지 생활을 마감했다. 이제 그에게 믿을 것은 고향 남해뿐이었다.

"촌으로 간다고 하면 아내가 안 따라오지. 그래서 일단 남해읍내에서 잠시 생활 좀 하다가 이곳으로 들어왔지. 나중에 귀향하려면 이 방법을 써먹으라고."

소 축사를 고쳐서 만든 연구소(?)는 초양마을이 한눈에 내려다보이는 곳에 자리 잡고 있었다.

"시금치에 관한 농기계는 여기에 다 있지. 이게 내가 처음으로 도입한 시금치 파종기인데…."

시금치 파종기와 수확기 앞에서 최 씨의 목소리는 더욱 힘차고 또렷해졌다. 얼핏 보아 대단치 않은 농기계로 보였지만 그 사연은 대단했다.

"농민 대부분은 겨울에 추운데 밖에 나가서 일하지 않으려고 했어. 회관에 모여 고스톱이나 치지. 농한기에는 그게 다였지. 난 이건 아니다 싶었어. 그래서 머리를 쓴 거야."

남해 시금치가 유명해지기 전, 그는 마늘밭에 시금치를 심었다. 자가 소비를 위해서 심은 시금치는 타지 사람의 입맛을 사로잡았다. 부산에서 온 채소 도매상이 남해 시금치의 상품성을 알아본 것이다.

"처음에는 부의금이나 축의금 낼 요량으로 시금치를 키웠지. 몇 해 시금치 농사를 지어보니 남해가 시금치 키우기에는 기후가 딱 맞아. 그래서 대단위로 해야겠다! 마음먹고 알아본 게 기계화지."

무엇에 집착하면 끝장을 보는 성격인 최 씨에게 시금치는 새로운 끝

판 종목이었다. 상품이 된다는 확신은 기술 연구로 나타났다. 손으로 흩뿌리는 파종으로 수확을 늘릴 수 없었다. 그래서 심을 때부터 기계를 이용해 줄을 맞추었다. 문제는 수확이다. 겨울철 바닷바람은 시금치에는 보약이지만 농부에겐 사약이었다.

"쪼그리고 앉아서 일일이 시금치 캐려면 얼마나 춥노? 그래서 연구한 게 바로 이거야."

경운기 몸통에 뜰채가 달린 수확기를 시연하기 위해 그는 힘차게 손잡이를 돌렸다. 딸딸딸딸….

"자 보이지? 이렇게 하면 요게 시금치 뿌리를 자르는 거야. 내가 이

거 만들어서 군수님 앞에서 시범도 보였지."

뽀빠이가 좋아했던 시금치는 맥가이버 뺨치는 최 씨의 손에서 진화하고 있었다.

"시금치 씨앗도 쌀 도정기에서 한번 깎은 거야. 그래야 발아가 잘 되거든. 이것 알아낸다고 욕봤지."

그의 연구소에서 최 씨의 시금치학개론은 끝날 줄 몰랐다.

"출가한 애들에게 시금치는 돈 내고 사 먹으라고 해. 그래야 농부 마음도 알고 귀한 줄도 알지. 말로 설명하는 건 쉬워도 농사는 다 힘들어. 하늘도 도와야 하고."

연구하는 농부 최 씨는 농사의 절반이 하늘의 도움이라고 했다. 제아무리 노력해도 날씨가 안 받쳐주면 헛농사라며 때때로 여유가 필요하다고 했다.

요즘 그에게 새로운 숙제가 생겼다. 재래종 시금치의 복원이 그것이다. 총 5000여 평에 시금치 농사를 지으며 우리 고유 종자에 대한 고민이 깊어진 것이다.

"IMF 때 종자 회사가 다 (외국으로)넘어갔잖아. 지금 여기 있는 시금치도 일본에 로열티 주고 사온 거야. 그래서 재래종 시금치 씨앗을 만들려고 농업기술센터와 함께 연구 중이야."

연구소 한편에 따로 마련한 텃밭에는 그의 새로운 희망이 자라고 있었다. 시금치 농사 다음으로 준비하는 것은 뭘까?

"늘 준비를 해야지. 남해가 마늘에서 시금치로 변화하며 소득이 더 늘었거든. 여기서 머물면 안 되지. 그래서 준비하는 게 완두콩이야."

아침 해가 처음 뜬다는 초양마을, 마을에는 최 씨의 '시금치학개론'을 빛내줄 햇살이 내리쬐고 있었다.

음식 이야기

시금치 위한 요리는 없어도, 시금치 빠진 요리는 섭섭하다

"시금치 요리? 우리는 그냥 따서 쌈 싸먹기도 하고, 된장에 찍어 먹지."

남해군 설천면에서 시금치를 다듬던 아주머니의 이야기다. 의외다. 서리가 녹으면서 이슬이 맺힌 시금치를 한 잎 따서 먹어 보았다. 갓딴 시금치는 씹히는 맛과 단맛이 일품이었다. 그 맛이 자꾸 당겨 수시로 잎을 따 먹었다. 농약 걱정은 말라며 동행한 농민도 한 잎 따더니 맛나게 씹는다. 날이 추울수록 속이 익어가는 시금치는 여름 작물에 비해 병해충 걱정이 덜하기 때문이다. 싱싱한 시금치를 익히지 않고 먹는 것. '시금치의 재발견'이라 할 만하다.

요즘 흔히 볼 수 있는 것이 시금치이긴 하다. 가정이나 식당에서 밥상의 보조출연자로 언제나 인기가 있기 때문이다.

하지만 뭔가 부족하다. 시금치 요리라 할 만한 것을 찾다가, 창원시 마산합포구 창동 먹자골목으로 향했다.

백여 평의 공간에 대충 배치한 가게들이 있다. 가게 간 경계랄 것도 없다. 가운데 주방에서 요리를 하고 가장자리를 빙 둘러앉아 먹는다.

점심을 약간 넘긴 시간이었지만, 손님들로 북적였고, 기분 좋은 음식 냄새와 잡담들로 따뜻했다.

먹자골목은 자리를 잡는 것이 제일 어렵다. 가게 간 경계가 없기 때문에 어디 앉아야 할지 망설여지기 때문이다. 30년이 넘었다고는 하는데 자신도 얼마나 했는지 기억 못 할 정도로 오래 장사를 했다는 김경자(69) 씨의 '진주집'에 앉았다. 함께 일하는 이는 동생인 명자(55) 씨다. 10년 넘게 돕고 있다고 한다.

주문이 들어오면 즉석에서 조리한다. 주변을 둘러보니 온통 시금치다. 김밥용으로 데쳐 간한 것, 비빔밥에 내기 위해 조리한 것, 잡채나 우동에 넣기 위해 생것을 썰어 담아 놓았고, 단 째 묶여 가게 한편에 쌓아 놓은 것도 있다. 사정은 다른 가게도 마찬가지다. 시금치 요리를 제대로 찾아온 것이다.

시원한 보리차로 목을 축이면 우동이 먼저 나온다. 시금치, 푼 계란, 양파, 당근, 대파를 함께 끓인 멸치국물에 우동과 어묵, 떡이 들었고, 그 위에 김, 고춧가루, 깨소금이 듬뿍 얹혔다. 더운 김과 함께 시금치 향이 함께 올라온다.

"여름엔 부추를 많이 쓰지만, 겨울엔 무조건 시금치지. 많이 나가면 하루에 4단도 써."

시금치를 아끼지 않고 음식에 넣는다. 면발과 시금치를 함께 먹으면

겨울철 우동에 들어간 시금치.

떡볶이, 김밥 맛을 더하는 시금치.

잡채에 시금치가 빠지면 섭섭할 노릇이다.

조화가 훌륭하며 국물은 말해서 무엇하랴. 조미료가 들고 안 들고 는 중요하지도 않고 묻지도 않는다. 그냥 맛있다.

이어서 잡채가 나왔다. 끓는 물에 데친 당면을 시금치, 당근, 양파 위에 올리고 간장과 설탕, 참기름으로 간 해 볶으면 끝이다. 잡채는 눈이 더 즐겁다. 붉은 면과 푸른 시금치, 듬뿍 뿌린 깨소금의 색의 조화가 훌륭하다. 적당히 비벼서 김 나는 그것을 후루룩 먹으면 간 장과 시금치의 향이 맛을 돋운다.

남해 할매들 손에서 자란 시금치가 마산 창동 할매들 손에서 완성 되는 순간이다.

속초나 강릉의 먹자골목에 가면 묵사발, 배추전, 메밀전 등이 관광객 들의 발을 잡는다. 식재료가 귀한 지역의 구황작물이 지역의 스타가 된 것이다.

싱싱하고 건강한 시금치 등이 넘쳐나는 우리 지역의 창동 먹자골목. 이곳에서는 시금치가 주인공이다.

시금치 캐는 현장

장시간 일하기 위해서는 특수(?) 방석 필수

남해군 설천농협 앞에서 시금치 경매가 끝난 시간은 오전 9시 30분. 경매장 뒤편 마을로 돌아 내려가면 온통 시금치 밭이다.

미리 그렸던 모습은 아침 바다를 배경으로 햇살이 쏟아지고, 고랑마다 아낙들이 나와 시금치를 캐는 장면이다. 하지만 아무도 없었다. 하얗게 내린 서리가 휑함을 더했다.

알아보니, 이른 시간에는 시금치를 캐지 않는다고 한다. 시금치 잎의 이슬이 마를 오전 11시 정도가 적당한 시간이라고 한다. 해변을 따라 문항리 쪽으로 더 들어가 본다. 역시 남해는 아름답다. 육지의 논밭이 완만하게 바다로 이어지면서 바다와 땅이 구분이 안 되는 장면이 인상적이다.

10시를 좀 넘겼을까? 시금치를 캐는 사람을 찾았다. 설천면 문항리에 사신다는 아주머니는 아침부터 나와 시금치를 캐고 있었다고 한다. 이슬이 마르지 않은 시금치는 캐면서 흙이나 이물질이 묻기 때문에 아침 일찍 캐진 않는다고 설명해 주신다. 다만 여기 밭은 치밀하게 관리하는 곳이 아니기 때문에 일찍 나오셨다고 한다.

양해를 얻어 도구를 빌렸다. 시금치 캐는 낫의 모양이 특이하다. 아

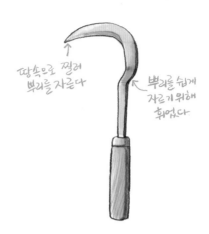

땅속으로 찔러
뿌리를 자른다

뿌리를 쉽게
자르기 위해
휘었다

주머니 설명으로는 여기 농협에서 특별히 제작한 것이라 한다. 끝이
날카로워 조심해야 한다. 장갑은 필수다. 낫의 끝 부분을 흙속으로
찔러 넣어 시금치의 뿌리를 자르면 된다. 땅 위의 잎이 상하면 안 되
기 때문에 다른 손으로 잎을 정돈하며 낫을 써야 한다.

쉬운 듯하지만 장시간 하기에는 힘들다. 때문에 방석이 필요하다. 작
은 부표 모양의 방석은 끈이 달려 양다리에 끼우면 엉덩이에 부착된

양쪽으로 다리를
넣는다

시금치를
차곡차곡 쌓는다

단을 묶는 끈

다. 방석을 낀 엉덩이를 땅에 붙이고 앞으로 나아가며 시금치를 캔
다.

해가 높아지면서 이슬이 더 빛난다. 흙이 녹으면서 흙냄새가 올라온
다. 아주머니와의 수다도 재미있다. 가끔 고개를 돌려 바다를 본다.
행복한 노동이다.

수확한 시금치는 바로 단으로 묶는다. 바깥의 시들거나 상한 잎을
떼 내고 밀도 있게 단 묶는 틀에 쌓아 전용 노끈으로 묶는다. 노끈
은 300g과 800g 두 종류다. 둘러앉은 아주머니들의 수다가 끊기지
않는다. 어느새 마당에 든 햇살도 다소곳이 앉아 듣고 있다.

시금치 '그것이 알고싶다'

뽀빠이 탄생 배경에는 엉뚱한 실수 있었다

시금치 원산지는 아프가니스탄 주변 중앙아시아다. 우리나라는 1577년 최세진이 쓴 한자 학습서 〈훈몽자회〉에 그 기록이 처음 등장한다. 15세기경 중국을 통해 들어온 것으로 전해진다.

시금치라는 이름은 중국과 연관 있다. 뿌리 붉은 채소, 즉 '적근채赤根菜'의 중국어 발음인 '시근채'가 시금치로 변했다고 한다. 한자로 '파릉채' '파채' '홍근채'라 하기도 한다. '풀' 의미를 담아 남해초, 포항초, 신안 비금초와 같은 식으로 부르기도 한다. 남해 사람들은 '보물초'라고도 한다.

국내에서는 서양계라 불리는 개량종만 해도 200종류가 넘는다. 한 농민은 "국내 종묘회사는 IMF외환위기 때 외국에 다 팔렸다. 그래서 지금은 전부 일본에서 들여온다. 그런데 일본 종묘회사들이 씨는 열리지 않게 만들어서 매번 로열티를 주고 종자를 사들인다"고 설명한다.

시금치는 파종 시기에 따라 재배 기간도 다르다. 여름은 한 달, 가을은 45일, 겨울은 100일이면 수확할 수 있다. 파종 후에는 크게 손갈 일 없이 영양제를 보충해 주는 정도다.

만화 〈뽀빠이〉에서는 시금치가 힘의 원천으로 등장한다. 여러 채소

가운데 하필 시금치였을까에 대한 궁금증이 크다. 지난 2012년 사뮤엘 에버스만이라는 미국 과학자는 책을 출간하면서 관련 내용을 담았다. 이에 따르면 1870년 독일 화학자가 시금치 성분을 분석했는데, 실수로 철분 함유량을 10배나 많게 계산했다. 이 때문에 '시금치에는 성장기에 필요한 철분이 가득하다'는 인식이 퍼져 나갔다. 이후 아이들에게 채소를 많이 먹이고, 또 2차 세계 대전 당시 국민들의 철분 섭취를 장려하기 위해 일종의 홍보용으로 나온 것이 〈뽀빠이〉였다. 1930년대 미국에서는 시금치 소비량이 30%가량 증가했다고 한다. 이후 철분 함유량은 제대로 밝혀졌지만, 시금치에 대한 과장된 인식은 오랫동안 이어졌다.

한편으로 과다 섭취하면 요로·신장 결석 위험이 있다는 이야기가 있다. 이는 데치지 않은 날것을 다량 먹었을 때에 해당한다. 시금치에 있는 수산이라는 성분은 체내 칼슘과 결합해 결석을 유발한다. 하지만 데쳤을 경우 수산은 3분의 1가량 감소한다. 최근에는 시금치를 갈아서 많이 먹는다. 이 생즙을 매일 500ml 이상 마시면 요로 결석에 대한 위험이 있다고 하니, 적절한 조절이 필요하겠다.

시금치는 국으로 사용할 때는 잎이 넓고 줄기가 긴 것을 고르는 게 좋다. 무침을 할 때는 잎·줄기가 짧고 뿌리가 붉은 것을 사용하면 맛을 더할 수 있다. 이와 상관없이 남해 사람들은 "구정 전후 시금치는 어떻게 먹더라도 맛이 좋다"고 말한다.

소비자들은 뻣뻣함 때문에 뿌리 부분은 선호하지 않는다. 하지만 사포닌이라는 성분은 뿌리 100g이 인삼 뿌리 5g과 맞먹는다는 연구 결과도 있다. 그래서 어느 농민은 뿌리를 활용한 '보물섬 정력 시금치'를 브랜드화할 것을 제안하기도 한다.

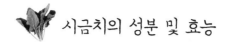

시금치의 성분 및 효능

실제로 눈 건강에 도움

시금치에는 특히 비타민A가 풍부해 눈을 건강하게 한다고 한다. 그리고 비타민A는 줄기 쪽보다 잎사귀 쪽에 많다고 하니 시금치를 먹을 때 참고하면 좋겠다.

또한 시금치의 비타민은 감기를 예방하고 피부 및 기관지염 등에도 효과가 좋아 겨울철 대표 채소라 부를 만하다. 그리고 시금치엔 뼈를 튼튼하게 하는 칼슘의 함유량이 높아 어린이의 성장과 빈혈예방에 좋으며 시금치의 엽록소는 항암 기능도 있다고 하니 남녀노소 모두에게 좋다.

그 외에도 철분이 많아 여성빈혈에 좋고, 시금치 엽산은 임산부와 성장기 어린이들에겐 꼭 필요한 성분이다. 또한 시금치는 오래전부터 코피, 혈변, 두통, 야맹증, 변비 등을 치료하는 약재로도 널리 사용해 왔다.

시금치의 영양분을 제대로 섭취하기 위해선 채취한 시금치를 바로 먹는 것이 좋다. 열에 약한 성분이 많기 때문에 너무 익혀 먹으면 안 됩니다. 시금치를 데치는 방법은 간단하다. 소금을 조금 넣은 끓는 물에 잠깐 담갔다가 찬물로 바로 헹구면 된다.

진주 딸기

하얀 겨울 한가운데 툭! 터뜨린 붉은 꽃

하얗고 얇은 그것은
숨어서 핀다.

온실서 핀 것이
제 잘못도 아닌데
수줍음만 깊어진다.

더 이상
하늘로 뻗지 않고
흙에 다소곳이 앉은 꽃은
붉게, 붉게 부풀어 오르다

툭!

한아름
겨울 꽃이 피었다.

온실 밖으로
꽃이 나왔다.

딸기가 특산물 된 배경

제철 바꾼 하우스재배, 이미 1970년대부터

'진주 딸기'는 최근 특허청의 '지리적표시 단체표장'으로 등록됐다. 원산지 가치를 인정받고 상품 권리를 보장받게 된 것이다. 진주에서 딸기를 특히 많이 하는 곳은 수곡면·대평면이다. 그래서 '진주 딸기'보다는 '수곡 딸기' 혹은 '대평 딸기'가 귀에 좀 더 익숙하다.

우리나라 딸기 시배지는 밀양 삼랑진이다. 1943년 일본에서 모종 10여 포기를 들여온 것이 최초로 전해진다. 진주에서는 1970년대 말부터 재배에 나섰다.

그 시초에 관해서는 이야기가 좀 엇갈린다. 사료에는 수곡면에 살던 김병곤이라는 사람이 일본에서 종자를 들여와 처음 심은 것으로 돼 있다. 하지만 수곡면 주민들은 다른 이야기를 꺼낸다. 집현면에 사는 누군가가 일본에서 딸기재배법을 배운 후 종자를 들고 왔다고 한다. 그런데 자신이 살던 집현면 아닌 수곡면에 씨를 뿌렸다고 한다. 탁 트인 수곡면 들판이 마음에 들었다는 것이다.

시초가 누군지는 엇갈리지만 1970년대 말 수곡면에서 시작해 인근 지역으로 퍼져나갔다는 것은 사실로 받아들여진다. 수곡면은 이전에 사과나무를 많이 심었다고 한다. 물론 벼·보리농사가 주업이었다. 농민들은 돈 되는 것에 눈 돌리기 마련이다. 벼·보리에 비해 딸기가 수익성 높다는 것을 알면서 작목을 바꾸는 분위기가 커졌다.

1980년대 들어 새 소득증대사업에 대한 행정 지원이 많아지면서 딸기 재배 농가도 급격히 늘었다. 1990년대 들어서는 노지 아닌 하우스 재배로 굳어졌다. 1992년에는 수곡면 5개 마을 농가가 조합을 결성했고, 이것이 오늘날 수곡덕천영농조합법인으로 이어지고 있다.

1997년 IMF 외환위기 이후에는 외지 나갔던 이들이 돌아오는 경우가 많았다. 이들뿐만 아니라 귀농인까지 눈 돌리면서 딸기 재배는 더 활성화되었다고 한다. 2003년에는 일본 수출까지 하게 됐다.

오늘날 딸기는 대부분 하우스에서 자란 것들이다. 진주에서는 이미 1970년대 말 시작했으니 하우스 딸기 시초에 가깝다.

수곡면·대평면뿐만 아니라 집현면·명석면 같은 곳에서도 딸기를 한 다. 주로 진양호 주변을 둘러싸고 있는 지역이다. 모래땅이기에 물 빠짐이 좋다는 것이다. 대곡면 같은 곳도 땅 조건은 비슷하지만 그 리 많이 하지는 않는다.

딸기는 물 영향을 많이 받는다. 깨끗한 물이어야 할 뿐만 아니라 많 은 양을 필요로 한다. 수곡면·대평면 같은 곳은 암반굴착으로 깨끗 한 지하수를 얻을 수 있다. 하지만 이곳 역시 지하수를 찾아 더 깊 은 곳으로 들어가고 있다. 10m 아래에서 시작된 것이 이제는 100m 까지 내려가 끌어올린다고 한다.

집현면 같은 곳은 예전보다는 딸기 하는 이가 줄었다고 한다. 산이 깊어 일조량이 적기에 딸기 환경조건이 떨어지기 때문이다.

진주뿐만 아니라 최근 들어서는 인근 산청 딸기가 이름을 알리고 있다. 일교차가 커 당도도 높고 야물어 높은 가격을 받는다. 특히 물좋은 고장이라는 덕을 보고 있다. 하동, 거창, 밀양, 합천 같은 곳에서도 많은 양을 내놓고 있다. 전국적으로는 충남 논산, 전남 담양, 전북 완주 같은 곳이 유명하다.

어느 농가는 하우스 10동에 3000평가량 하는데, 연 매출은 1억 5000만 원에서 2억 원 사이라고 한다. 순이익은 매출의 반가량 된다고 하니 온 가족이 붙어 부지런을 떨면 소득이 괜찮다고 한다. 그러니 전국적으로 딸기에 눈 돌리는 이들이 많을 수밖에 없다.

20~30년 전 대부분 노지 딸기이던 시절에는 봄에나 그 맛을 볼 수 있었다. 그런데 지금은 초겨울부터 이듬해 5월까지 맛볼 수 있다. 노지에서 하우스로 넘어가면서 제철이 봄에서 겨울로 바뀐 것이다. 한 대형마트에서는 사과·감을 제치고 딸기가 처음으로 겨울 과일 판매량 1위를 차지했다고 한다. 이제 딸기는 '겨울 과일'로 완전히 자리 잡았다. '철 지나 도저히 먹을 수 없는 것을 바란다'는 의미인 '동지 때 개딸기'라는 말은 옛이야기가 되어 버렸다.

딸기농사 하는 이들은 상품성 없는 것은 집에 가져가 해결한다. 한 농민은 이렇게 말한다.

"애들도 처음에는 좋다고 했는데, 늘 먹다 보니 이제는 시큰둥하지. 그래서 잼으로 만들거나 가공제로 활용할 수밖에 없지. 딸기향이 좋기는 하지만, 나도 수확 철 일 많을 때는 냄새 맡기도 싫어. 그래도 가격 좋을 때는 이 향이 그리 좋을 수가 없지. 원래 사람 마음이란 게 그런 거야. 허허허."

딸기와 함께한 삶

대성농원 **정동석** 씨
30년 한길 유기농 사랑

진주시 수곡면 원계리 대성농원. '3년 이상 농약 화학비료를 사용하지 않고 재배한 농산물'이란 표지판이 눈에 들어온다. 딸기 재배 하우스 앞에 온도계는 -2.2도를 가리키고 있다.

"들어와 보세요. 이 안은 따뜻합니다. 아침에 한번 수확하고 작업장에서 포장 작업 중입니다. 직접 한번 따 드셔보세요."

정동석(74) 씨는 30년간 직접 일군 유기농 비닐하우스 안으로 안내했다.

딸기재배하우스 안에 들어서자마자 안경에 김이 서린다. 영상 20도 전후를 유지하기 위해 수막식 비닐하우스 위로는 물줄기가 떨어지고 있다.

"이 땅이 유기농 땅입니다. 정부에서 공식적으로 인정한 땅이죠. 이렇게 만드는 데 30년 걸렸습니다. 여기 벌통 안에 있는 벌도 유기농

벌입니다."

진주 수곡면이 고향인 정 씨가 유기농사를 택한 이유는 농약 때문에 두 번의 죽을 고비를 넘긴고 나서다. 사과 농사를 주력했던 그는 농약을 치다 두 번 쓰러졌다. 1980년께 그는 사무나무 1300주를 모두 베어 버렸다. 다시는 농약과는 함께 하지 않으리라고 결심했다.

"유기농 딸기 농사 시작하며 고생도 많았죠. 산청에서 한약재 구해와서 제가 직접 제초제를 만들었죠. 지금이야 양반이지 하우스 시설도 그 당시에는 대나무를 이용했어요. 그것 휜다고 고생 좀 했죠."

모난 돌 정 맞듯 초창기 주변의 시선도 곱지 않았다. 주변에서는 농약을 사용하지 않고 농사를 짓는다는 것은 풍부한 수확을 포기하는 것과 같다고 여겼다.

"수확량은 신경 쓰지 않았죠. 언젠가는 유기농이 대접받는 세상이 올 거라고 믿었죠. 한 4년이 지나니 땅이 변하기 시작하데요."

그가 정성을 다해 키웠던 것은 딸기가 아니라 땅이었다. 정 씨의 일터는 저농약, 무농약, 전환기 유기농을 거쳐 드디어 완전한 유기농 땅, 국가인증농장으로 인정받았다.

유기농 딸기농사는 정 씨, 자신과의 싸움이었다. 농약을 쓰지 않겠다는 약속은 많은 노동력을 동반했다. 제초제 대신 손으로 하나하나 잡초를 뽑아야 했고 유기 약제를 만들기 위해 더 많은 시간을 보내야 했다. 그의 땅 사랑, 딸기 사랑, 소비자 사랑은 제17-03-1-8호 번호가 되어 돌아왔다. 정동석 표 농사를 대신해 국가가 인정하는 친환경 농산물 인증번호인 것이다.

정 씨가 따준 딸기를 입에 넣고 딸기 포장 작업장으로 사용하는 컨테이너로 향했다. 작업장에는 정 씨의 셋째 아들과 며느리가 방금

정 씨 셋째 며느리.

수확한 딸기를 상자에 포장하는 작업이 한창이다. 방학을 맞은 정
씨의 두 손자도 작은 손을 보태고 있었다.

"제가 나이도 먹고 해서 딸기농사를 회사 잘 다니던 셋째, 저놈을
꼬드겨서 넘겨주었죠."

정 씨의 4남 1년 중 셋째인 정주환(40) 씨는 도시생활을 접고 3년
전 아버지 곁으로 돌아왔다. 지금은 아버지의 이름을 대신해서 대성
농원을 이끌고 있다.

"농사 지면서 많은 것 느낍니다. 지금도 쉽지 않은데 이 많은 것을
혼자 해오셨으니 제가 더 열심히 해야죠."

주환 씨는 아버지가 만들어 놓은 보물 같은 유기농 땅에 여러 작물도 병행하여 농사를 짓고 있다. 또한 땅을 계속 가꾸고 보전하기 위한 노력도 게을리 하진 않는다.

"유기농 땅은 쉽게 만들 수도 없지만 보존하기에도 어렵습니다. 매년 땅 검사도 받고 여기서 생산되는 작물도 검사를 받죠. 친환경 농산물이 그냥 나오는 것이 아니에요. 250여 가지의 검사를 통과해야 비로소 친환경 유기농 딸기라는 라벨을 붙일 수 있죠."

딸기에 대한 자신감이 영환 씨 목소리에 힘을 불어넣어 준다. 겨울철 딸기는 시집와서 처음 알게 되었다는 정 씨의 아내도 부지런히 포장 작업을 한다.

"오후 3시에 딸기가 서울로 올라갑니다. 신세계, 현대백화점, 홈플러스, 서울 청과 등 주로 거래처는 서울에 있습니다. 또 상자 상표를 보고 직접 전화해 주시는 소비자도 많아요. 일손이 달려서 전자상거래는 요즘 못하고 있습니다."

정동석 씨의 고집스러운 유기농 사랑은 점점 빛을 발하고 있다. 2013년 11월 21일 농업진흥청 대강당에서 열린 한국유기농업대회에서 영예의 대상을 받았다. 유기농업 한 길로 딸기 농사를 지으면서 친환경 기술 개발·보급과 확산으로 친환경 농업에 이바지한 공로가 인정되어 상을 받았다. 서부 경남 친환경 유기농업의 산증인으로 인정받은 것이다.

"이제는 많은 일을 못해요. 그렇지만, 아들 녀석이 열심히 일하니 보람이 있죠. 농사란 곧 사람이에요. 자기가 못 먹는 것을 지으면 안 되죠. 저 손자 녀석들에게 마음 놓고 먹일 수 있게 만들어야죠. 그게 딸기 농사죠."

씨가 육질 속으로 움푹 들어간 것들이 맛있다

진주 수곡면과 대곡면은 모두 하우스 겨울딸기를 재배한다. 국산 종자인 '설향'은 껍질이 부드럽고 수분이 많아 싱싱할 때 먹으면 그 맛이 일품이다. 굳이 그 이유가 아니더라도 딸기는 갓 따서 그냥 먹는 것이 가장 좋다. 겨울딸기는 설날 전후로 나오는 것이 가장 맛있다. 가장 추울 때 맛있다는 말인데 기온이 떨어지면 딸기가 속으로 익어 단맛이 강해지기 때문이다. 시금치가 이즈음 단맛이 강한 이유도 그 때문이다.

조리가 필요 없는 딸기를 맛있게 먹기 위해선 잘 고르는 것이 첫 번째 관문이다. 모든 과일이 그렇듯 딸기도 꼭지가 파릇파릇하고 싱싱한 것을 골라야 한다. 과일의 선도를 알아보는 가장 기본적인 방법이다. 그리고 붉은색이 전체적으로 선명하고 광택이 있으며 표면의 씨가 육질에 싸여 속으로 들어간 것이 맛있다.

또한 마트나 시장에서 딸기를 구입할 땐 포장용기 겉 부분만 보고 사면 안 된다. 투명한 도시락용기의 경우 들어서 속을 보고 사는 것이 현명한 방법이다. 겉은 윤기가 나는데 속은 뭉개진 경우가 많기 때문이다.

사 온 딸기를 손질하는 것도 중요하다. 어떤 가정에선 딸기 꼭지 뒷부분 과육까지 잘라내고 물에 씻는 경우가 있는데 이는 올바른 방법이 아니다. 잘려나간 과육 부분으로 딸기의 비타민 성분이 빠져나가기 때문이다. 비슷한 이유로 물에 오래 담가도 안 된다. 수분이 많고 껍질이 약한 딸기는 흐르는 물에 잠깐 씻어 꼭지를 따서 먹는 것이 좋다.

딸기의 잔류농약에 대해 걱정하는 사람도 많다. 하지만 겨울딸기는 딸기 꽃의 수정을 위해 벌을 사용할 수밖에 없는데, 벌은 농약에 매우 민감해서 독성이 강한 농약은 사용할 수가 없다. 때문에 크게 걱정하지 않아도 된다. 그래도 안심이 안 되는 분들은 식초나 소금물에 잠깐 담갔다 내면 된다.

씻은 딸기를 설탕에 찍어 먹는 이들도 있는데 이 또한 바람직하지 않다. 설탕과 함께 먹으면 딸기의 비타민B 성분이 파괴되기 때문이다. 반면 딸기는 유제품과 함께 먹으면 좋다고 알려져 있다. 우유가 딸기의 신맛을 중화해 주기도 하고, 딸기에 거의 없는 단백질과 지방, 칼슘을 보충해 주기 때문이다. 우유, 요구르트 등과 따로 먹어도 좋고, 믹서에 갈아 먹어도 좋다. 단맛의 유혹을 못 버리는 사람은 생크림에 찍어 먹거나 믹서에 갈 때 꿀을 넣어도 좋다.

딸기는 잼으로도 많이 만들어진다. 흔히 값싼 중국산 등으로 만드는 것이 아닌가 의심하기도 한다. 하지만 농가에 따르면 잼 용으로도 국산이 많이 사용된다고 한다. 공동 선별장에서 잼 용 딸기를 따로 선별하기도 하고, 부지런한 농가는 5월이 넘어서도 잼 용 딸기를 출하한다고는 하나 벌이에 비해 드는 품이 더 든다고 한다. 딸기를 14개월 농사라고 하니 그 농가 입장에선 쉬운 일이 아니다.

딸기 수확 현장

농사꾼들 사이에서도 힘든 일로 통해

진주시 대곡면 단목리에서 10년 동안 딸기 재배를 한 조현주(55) 씨는 딸기 농사가 제법 전망 있다고 했다. 하지만 그 이유로 밝힌 점은 의외였다.

"남이 힘든 일을 해야 전망이 있습니다. 딸기 농사는 진짜 힘들기 때문에 앞으로 전망이 있죠. 하하!"

딸기 농사는 농사꾼들 사이에서도 힘든 일로 통한다. 쉴 틈이 없기 때문이기도 하거니와 딸기가 가진 특성 때문이기도 하다. 90% 이상이 수분인 딸기는 자칫 상하기 쉽기 때문에 여간 신경 써서 다루지 않으면 안 된다. 때문에 사소한 과정도 허투루 할 수 없다.

좁은 고랑 사이로 딸기 수확용 수레를 발로 밀고 가는 것부터가 보통 일이 아니다. 양쪽 고랑으로 갓 붉은 빛이 돌기 시작하는 딸기들이 주렁주렁 열려 있기 때문에 더 주의해야 한다.

수레에 설치된 고정 틀에 딸기 수확용 바구니를 끼우고 앞뒤로 옮겨가며 적당히 숙성한 것을 따야 한다. 직접 수레를 타볼 수 있었던 수곡면에선 대부분 설향 품종을 재배한다. 설향은 국내 유통용이기 때문에 크고 전체적으로 붉은 열매를 따면 된다. 하지만 수출용 품종인 매향은 이동시간을 고려하여 붉어지기 전에 수확하여 포장한다. 해외로 가는 동안 익게 하기 위함이다.

이렇게 수확한 딸기는 바퀴가 달린 이동선반에 담겨 선별장으로 옮긴다. 선별장에선 크기 별로 선별하여 포장을 하는데 지역에서 팔 것들은 플라스틱 바구니에 담고, 마트나 백화점, 타지역으로 갈 것들은 도시락포장이라 부르는 500g 들이 투명 용기에 담아 종이상자에 담는다. 500g 네 상자가 들어가니 한 상자당 2kg이 된다. 붉은 플라스틱 바구니는 농가에서 작은 것은 150원, 큰 것은 500원까지 주고 사는데 종이상자 포장보다는 싸다.

손끝에 붉은 물이 들도록 선별·포장을 하고 나면 지친다. 조현주 씨도 겨울 지나 3월쯤 되면 딸기 냄새에 질려버린다고 한다.

딸기는 모종농사라고 할 만큼 모종이 중요한데, 이 또한 기온과 강수량에 민감하기 때문에 여간 힘든 일이 아니다.

향기롭고 달고 촉촉한 딸기는 이토록 거친 노동의 산물이었던 것이다.

딸기 '그것이 알고싶다'

"모종 키우기가 60~70% 좌우"

딸기 원산지는 아메리카 대륙으로 전해진다. 현재와 같은 딸기는 17~18세기에 원예종으로 육성됐다.

한때 국내에서 나는 딸기는 모두 일본 품종이었다. '장희' '레드펄' 같은 것이 대표적이다. 이 때문에 품종 사용료 문제로 골머리를 앓았다. 연간 40억~50억 원에 이르는 돈을 사용해야 할 지경이었다.

그러다 2002년 1월 충남논산딸기시험장에서 '매향'이라는 품종을 개발했다. 하지만 재배법이 까다롭고 병해충에 약해 한참 지나서야 보급됐다. 그사이 2005년 '설향'이라는 품종이 개발되면서 일본 사용료 문제 걱정에서 벗어날 수 있었다. 설향은 현재 국내에서 유통되는 양의 60~70%가량 된다. 매향은 육질이 단단해 오래 보관할 수 있는 이점이 있다. 그래서 대부분 수출용으로 쓰인다. 진주 딸기는 전체 수출량의 70%가량 차지한다.

딸기는 물, 햇빛, 물 빠짐 같은 자연적인 요소가 중요하다. 특히 물을 너무 많이 공급하면 수분은 많지만 당이 떨어진다. 그럼에도 딸기 재배를 하는 이들은 "모종 농사가 60~70% 좌우한다"고 말한다. 모종을 키울 때 날이 너무 따뜻하거나 비가 많으면 탄저병이 온다. 탄저병 예방제는 있지만 치료제는 없어 농민 마음을 졸인다.

딸기는 '14개월 농사'라고 한다. 3~4월에 모종을 심는다. 이를 9월에 재배하우스에 심는다. 한 달 후 검은 비닐을 씌우고 꽃이 피면 10월 말부터 5월까지 출하된다. 이렇게 이뤄지는 일련의 기간이 14개월이다. 모든 과정은 수작업으로 이뤄진다. 수확 때는 일꾼을 쓰기도 하는데 하루 일당은 4만~5만 원 정도 된다고 한다.

하우스에는 벌통이 빠지지 않는다. 벌이 꿀을 빼먹으면서 수정 역할을 하기 때문이다.

딸기는 저장성이 부족해 그날 바로 따서 상품으로 내놓는다. 딸기 직거래하는 농가는 이 때문에 물량이 유동적인 택배·인터넷 판매보다는, 백화점이나 대형마트 같은 고정적인 판매처를 선호한다. 보통은 일정한 수수료를 내고 공동선별장에 내놓으면 농협·상인들이 시장으로 유통한다. 조금 덜 익은 것을 따면 유통되는 동안 적절하게 익어간다. 특히 수출용은 거의 익지 않은 것을 따서 포장한다고 한다.

예전에는 딸기 당도가 낮아 설탕에 찍어 먹기도 했지만, 지금은 단맛이 철철 넘친다. 때깔도 하나같이 고와 소비자들은 큰 고민 없이 살 수 있다. 그럼에도 꼭지 부분 색이 진하고 시들지 않은 것을 확인한다면 좀 더 싱싱한 맛을 볼 수 있다. 딸기는 12월부터 설 이전까지가 가장 맛 좋고 가격도 높다.

🍓 딸기의 성분 및 효능

'미인들 과일' 이유 있었네

딸기는 비슷한 무게의 사과·블루베리의 5배, 오렌지의 3배 가까운 비타민C를 함유하고 있어 하루 대여섯 개만 먹어도 하루 권장량을 채워준다고 한다. 때문에 딸기는 '미인들 과일'이라고도 한다.

또한 빛깔이 아름답고 윤기가 나서 '황후의 과일'이라고도 합니다. 또한 딸기에 풍부한 펙틴 성분은 고혈압 환자와 임산부에게도 좋다고 알려져 있다. 이는 칼륨과 엽산이 풍부하기 때문이라고 한다. 그리고 딸기의 안토시아닌과 엘라그산은 대표적인 항암물질로 알려져 암 예방에도 좋다고 한다.

딸기엔 자일리톨 성분도 들어 있어서 입안을 상쾌하게 하고 치주염을 예방하는 데 효과가 있다고도 한다.

비만에도 효과적이다. 실제 딸기 분말을 꾸준히 섭취했더니 콜레스테롤 수치가 줄었다는 연구결과도 있다.

비만 외에도 딸기의 유기산과 비타민은 노화를 방지하고 스트레스 해소에도 도움을 준다고 하니 겨울에 이만한 과일이 또 있을까 싶다.

여기에 그치지 않는다. 우울증, 염증, 통풍 등에도 좋다고 한다. 실제 딸기에 들어있는 메탈살리실산은 소염과 진통 작용이 있는 물질로 알려져 있다.

하지만 이처럼 좋은 딸기도 한 번에 너무 많이 먹으면 체내 중성지방을 증가시킬 수 있다. 이는 딸기의 당도가 강하기 때문이다. 또한 과육이 부드럽고 껍질이 약하기 때문에 상하기 쉬워서 보관에 주의해야 한다.

때문에 되도록 먹을 만큼만 사서 먹는 것이 중요하다. 굳이 보관해야 한다면 꼭지를 제거하지 않고 랩에 싸서 냉장보관하는 것이 가장 좋다.

통영물메기

못생겼다 피하지 마라, 먹어보면 다시 찾게 된다

국물이 된다.

맑은 국물이 된다.

속 풀어주는 국물이 된다.

얼큰한 국물도 된다.

뽀얀 국물도 된다.

고기도 된다.

두툼한 고기가 된다.

부드러운 고기가 된다.

마시는 고기가 된다.

구운 고기가 된다.

심지어 뼈도 고기가 된다.

밥도 된다.

떠서 먹고, 말아 먹고, 비벼 먹고, 쪄서 먹는다.
말랑말랑 흐물흐물한 이유는 다 그래서다.
뭐든 되기 때문이다.
그러니 못 생겼다 피하지 마라.
당신만 손해다.

꿀메기가 특산물 된 배경

물 좋은 섬 추도가 내놓은 놈

통영시 산양읍에 속한 추도는 육지에서 20km가량 떨어져 있다. 이 곳은 볼락 낚시꾼들이 몰리는 곳이다. 낚시하러 왔다가 아예 눌러앉은 주민도 있다. 그런데 6~7년 전부터 추도 뒤에는 '꿀메기'가 따라 붙는다.

통영여객선터미널에는 추도로 가는 배편이 하루 두 번 있다. 배에 오른 지 1시간 좀 못 돼 추도가 모습을 드러냈다. 그런데 배 닿기 전 이미 저 멀리서부터 가장 먼저 눈에 들어온 건 여기저기 널려 있는 건메기다. 섬에 발을 들이자 혼자 물메기와 씨름하는 아낙이 보였다. "물메기 좀 알아보러 왔습니다"라고 말을 건네자 "또 촬영 왔느냐"며 시큰둥해한다. 요 몇 년 사이 겨울만 되면 방송국·신문사에서 촬영·취재하러 들어오니 귀찮을 법도 할 것이다.

물메기를 지금처럼 많은 이가 찾게 된 것은 특이한 음식을 계속 찾으려는 매스컴 영향이 컸다. 그 속에서 통영 추도가 대표적으로 소

개됐다. 하지만 이곳 사람들은 지금 이런 분위기가 뜬금없다고 느낀
다. 이곳 팔순 넘은 어르신들은 이미 어릴 적부터 물메기로 먹고산
사람들이기 때문이다.

오전 10시쯤 되자 새벽에 나갔던 배 한 척이 들어왔다. 물메기가 제
법 잡혔다. 선장은 "한 150만 원어치 잡았네. 많을 때 500만~600만
원에 비하면 뭐…"라고 했다. 그래도 흐뭇한 표정으로 물메기를 배에
서 끌어내린다. 그리고 곧장 차에 실어 3분도 채 안 되는 집으로 옮
긴다. 이곳에는 선장 부인, 그리고 일 도우러 온 아낙이 이미 만반의

준비를 해 놓고 있다. 도마와 칼, 그리고 물 가득 담긴 큰 대야 네 개다. 한 사람은 물메기를 반으로 갈라 내장·아가미·알을 제거한다. 그러면 나머지 사람은 물통 네 곳에 옮겨가며 '빡빡' 씻는다. 세척이 끝나면 바로 옆 덕장으로 옮겨 하나하나 넌다.

2일 정도 지나면 물기가 어느 정도 빠지는데, 7일에서 길게는 10일은 돼야 완전히 마른다. 이 과정에서 눈·비가 오면 얼른 비닐로 덮어야 한다. 그대로 뒀다가는 나중에 말라도 맛이 떨어질 수밖에 없다. 또한 얼지 않도록 계속 신경 써야 한다. 한번 언 것은 살이 완전히 허물어져 버린다. 물메기 넘쳐날 때는 널 곳이 부족하다 보니 빨랫줄까지 차지한다. 완전히 건조된 것은 아주 딱딱하다. 하지만 물메기는 여전히 물을 머금고 있다. 택배로 보낼 건메기를 종이상자에 그냥 담으면 얼마 가지 않아 눅눅해진다. 그래서 어떤 이들은 건메기 사이사이에 한지를 깔기도 한다. 추도에서는 이러한 작업을 반복하며 겨울을 보낸다.

물메기는 추도~사량도~욕지도로 이어지는 바다가 주 어장이다. 물메기로 먹고사는 곳은 추도만은 아니다. 통영 내 다른 지역뿐만 아니라 남해·진해 지역 같은 곳도 물메기가 넘쳐난다. 건메기 역시 추도만의 것은 아니다.

그럼에도 여기 추도 물메기가 특별한 이유는 경험, 그리고 물에서 찾을 수 있겠다.

건메기는 손질 기술이 중요한데, 가장 중요한 것은 피 뽑는 일이다. 이 과정은 배에서 잡았을 때 바로 한다.

"피를 잘 뽑아야 맛이 좋아. 예전 어른들은 잘 몰라서 쇠갈고리로 머리도 찍어보고, 칼로 여기저기 찔러도 봤지. 그런데 이제는 딱 한

곳을 찔러. 물메기를 잡아 올리면 아가리를 딱 벌리는데 그때 아가리 위쪽에 칼을 넣어. 사람으로 치면 입 천장 부분인데, 거길 찌르면 피가 한꺼번에 쫙 빠지지. 간혹 잘못 찌르면 피가 다 안 빠져 색깔도 벌겋고 맛도 덜하지. 그런 건 상품으로 내놓지 않고 그냥 우리가 먹어 치워야지."

이후 손질 과정은 모두 아낙들 몫이다. 내장을 제거하고 물에 씻는 것이 뭐 그리 특별할까 싶지만, 핏기를 없애고 하얀 속살을 만드는 것도 60년 넘은 경험이 밑바탕 되어야 한다. 이곳에서는 품삯이 돈 아닌 물메기다. 하루 부지런히 움직이면 15~20마리도 가져간다. 마리당 7000원 정도로 잡아도 10만 원 훌쩍 넘는 돈이다. 이들은 집에 가져가 밥상에 올리기도 하고, 어촌계 도움을 얻어 내다 팔기도 한다.

물메기를 건조하기 위해서는 많은 물이 필요하다. 이때 사용하는 물은 민물이다. 바닷물로 씻으면 간이 너무 짜 먹기 어렵다. 이 대목에서 여기 사람들은 물 자랑을 빼놓지 않는다.

"추도는 물섬이라고도 해. 여기 물메기가 유명한 이유는 물 때문이지. 봤잖아, 작업할 때 얼마나 많이 씻는지. 하루에 수천 마리를 씻으려면 물이 엄청나게 필요해. 맑은 건 둘째치고, 섬인데 물이 부족하지가 않아. 섬에 있는 산꼭대기에도 사람이 살았어. 거기에도 물이 솟아났다는 거지. 예전에는 논농사도 많이 지었고."

실제 추도는 아래가 미륵도와 연결된 화산섬이다. 그래서 높은 압력을 가진 대서층 물이 땅 위로 계속 솟아오른다고 한다.

추도 사람들은 6개월 물메기 농사로 1년을 먹고 산다. 10월이 되면 어구를 준비하기 시작한다. 11월 중순부터 2월 말까지 수확에 들어가고, 3월에는 어구를 모두 거두고 6개월 후 쓸 수 있도록 손질하는 것으로 마무리한다. 팔고 남은 것은 말려서 창고에 두면 1년은 거뜬히 먹는다. 농사를 짓기도 하지만, 크게 벌이가 되지는 않는다.

추도에서 잡은 물메기는 통영수협 도천공판장으로 보낸다. 생물메기는 새벽, 건메기는 낮 12시에 경매한다. 추도 물메기는 그 이름값에 좀 더 높은 가격을 쳐준다. 어느 부부는 추도에 들어간 지 8년가량 되었다. 친정집에서 "추도 물메기 맛 좀 보자"면서 몇 마리 부쳐달라고 했다가, 다른 곳에서 나는 것보다 비싼 것을 알고서는 "그냥 놔둬라"고 했다고 한다.

이제 통영에서는 '추도 물메기'를 브랜드화할 예정이다.

추도 배를 타고 육지에 나온 이들은 저마다 건메기 몇 마리를 손에 들고 있다.

물메기 섬이라 할 수 있는 통영 추도.

물메기 건조 작업을 위해서는 많은 물이 필요한데,

추도는 다른 섬과 달리 물이 넉넉하다.

물메기와 함께한 삶 (1)

추도 주민 **윤성구** 씨
고기잡이부터 손질까지…작업이 곧 생활

통영 추도에는 물메기 작업장이 따로 있는 게 아니다. 생활공간이
곧 작업장이다. 추도 주민 윤성구(66) 씨가 집으로 안내했다. 문을
열고 들어가자 한 노인이 대나무통발을 손질하고 있었다. 인사를 드
려도 아무 반응 없이 일에 열중하고 있었다. 윤 씨는 "내 아버지인
데, 귀가 좀 어두우셔"라고 했다. 그러면서 "50년 넘게 물메기잡이를
하셨지. 이제 고기잡이는 나가지 못하지만, 그래도 어구 손질은 해
주시지"라고 했다.

윤 씨는 이런 아버지와 함께 중학교 때부터 물메기 일을 했다. 스무
살 이후에는 외지 나가 꽃게 냉동선을 하다 15년 전 고향으로 돌아
왔다. 이때는 전복을 키우기 위해서였는데, 4~5년 정도 돈을 꽤 벌
었지만, 바이러스 피해로 완전히 손들고 말았다. 돌고 돌아 결국 다
시 아버지와 함께 물메기잡이를 이어갔다.

철 되면 새벽 4시께 조업에 나서 낮 12시께 돌아오는 생활을 반복한

다. 어머니·아내는 물메기 손질을, 아버지는 어구 관리 등 온 가족이 물메기에 달라붙는다.

"이렇게 물메기만 해도 4명 먹고 살 수 있지. 잡는 방법은 예나 지금이나 똑같이 대나무통발이지. 추도에서는 35cm 안 되는 놈들은 그냥 놓아주는지. 그런데 요즘 권현망 어선이 바닥을 끌고 가면서 물고기를 싹쓸이하는 것뿐만 아니라, 어망을 망치기도 해."

추도 물메기가 널리 알려지다 보니 이런저런 이야기도 흘러나온다고 한다.

"여기 추도 건메기는 다른 곳보다 특히 뽀얗잖아. 그러다 보니 다른 지역에서는 오해를 하기도 해. 세제를 써서 이렇게 하얗게 만든다나 어쩐다나…. 피를 잘 뽑고 좋은 물로 잘 씻어서 그런 건데, 말도 안 되는 이야기를 하지. 또 중국산을 쓰는 것 아니냐고 음해하기도 해. 추도 앞바다에 보면 입항 절차를 기다리는 중국선이 떠 있는데, 그걸 보고 또 그렇게 생각하는 거지. 뭐 추도 물메기가 하도 좋다 보니 별별 이야기를 다 하는가 봐."

윤 씨는 건메기를 택배로 판매한다. 하지만 유통과정에서 늘 골칫거리가 있었다. 물메기는 말 그대로 '물'을 많이 품고 있다. 바짝 건조해도 그 안에는 수분이 남아있다. 그래서 유통과정이 길어지면 눅눅해져 맛이 떨어지는 일이 많았다. 연구 끝에 자신만의 상자를 만들었다. 종이상자 바깥에 구멍을 뚫어 통풍되도록 했고, 안에는 수분을 흡수할 수 있는 한지를 중간중간에 깔았다. 윤 씨는 앞으로 별 바람은 없다.

"공기 좋고 물 좋은 이곳에서, 물메기 잡아가며 지금처럼만 살면 되지 뭐."

물메기와 함께한 삶 (2)

중앙시장서 건메기 유통하는 **최옥동** 씨

"이게 참 중독성이 있어요"

통영시 동호동 동피랑마을 오르는 골목 한쪽에 건메기가 가득 널려 있다. 각종 활어 및 건어물 도소매업을 하는 곳으로 최옥동(53) 씨가 운영하고 있다. 최 씨가 이 업을 한지는 30년 가까이 됐고, 이곳에 자리한 지는 10년 가까이 됐다. 겨울철에는 건메기가 주업이다.

"통영 인근에서 잡힌 물메기는 여기 중앙시장으로 모여 전국 각지로 흩어지죠. 저는 한려해상 700리 내에서 잡힌 것만 취급합니다. 겨울 되면 남해대교 아래 설천면에서부터 시작해 통영 추도로 서서히 올라오죠. 이쪽은 크고 작은 섬이 많고, 플랑크톤도 많아 서식 환경이 좋습니다. 여수 쪽에서도 나기는 하지만, 조류가 또 달라서 그쪽 육질은 너무 물러요. 그래서 우리는 취급 안 해요."

최 씨는 겨울철 평균적으로 3만~5만 마리를 유통한다. 스스로 "물메기 유통 규모로는 통영에서 최고일 겁니다"라고 한다. 크기에 따라 대·중·소로 나누고, 5마리 혹은 10마리 한 묶음으로 판매한다.

"물메기는 해거리를 해요. 무슨 말이냐면, 한 해 많이 나면 다음 해 적고, 또 그다음 해는 많은 식이죠. 아무래도 산란·수온·입지 등의 흐름에 따라 그런 것 같습니다. 올해는 별로 좋은 해는 아니네요. 양은 많은데 크기가 그리 큰 편이 아니니까요."

통영에서 나서 지금까지 생활한 최 씨는 어릴 적 물메기에 대한 기억을 안고 있다.

"옛날에는 대를 엮어 발을 만들어 물메기를 잡았어요. 그러면 장독에 넣어두기도 하고, 말려서 푹 끓여 먹기도 했죠. 간식거리 없을 때다 보니, 말린 걸 군것질 삼아 먹었죠. 이게 또 중독성이 있어서, 한번 손대면 어느새 한 마리가 다 없어져 있어요. 물메기를 지금처럼 작업 많이 한 것은 6~7년 정도 된 것 같아요. 그래도 아직 건메기는 찾는 사람만 찾죠. 이게 씹으면 홍어처럼 큼큼한 냄새가 좀 나거든요. 윗지방 사람들은 생 물메기를 찾고, 건메기는 여기 통영 사람들하고, 서부경남 쪽에서 많이 찾습니다."

최 씨는 해장용으로 이런저런 생선국을 먹어봤지만 물메기만 한 것이 없다고 치켜세운다.

"겨울철 술 먹은 다음 날, 이거 물메기탕 한 그릇이면 힘든 것 전혀 없습니다. 건메기도 끓이면 북엇국 비슷한, 또 다른 느낌이 있습니다."

음식 이야기

시원한 겨울 맛, 다음 겨울을 기다리게 하다

푹 곤 무 국물에 물메기를 맑게 끓여 국물과 고기째 마시는 것이 남도의 겨울 맛이다.

통영 항남동 수정식당을 찾았다. 이곳은 사실 복요리로 유명한 곳인데 겨울이면 물메기와 대구가 인기다.

큰 찜 솥엔 더운 물이 준비돼 있고, 그 오른쪽 두 군데 불 위의 큰 양은 냄비엔 대구나 물메기가 끓고 있다. 고기가 익으면 먼저 건져내어 작은 양은 냄비에 담고 국물은 알뜰하게 다시 육수가 끓는 냄비에 붓는다. 육수는 더 진해져야 하고 고기는 물러지면 안 되기 때문이다. 사발이 아닌 냄비에 국이 나온다. 모자기, 대파, 무밖에 없고 국물은 맑다.

상차림은 간소하나 멸치젓갈이 인상적이다. 밥과 함께 먹을 때 도움이 된다. 호불호가 갈린다. 일행 중엔 먹을 만한데 또 먹고 싶은 맛

통영 항남동 수정식당 물메기.

은 아니라고 하기도 한다.

하지만 국물은 더할 수 없이 시원했고 부산하게 뼈를 발라 먹지 않게 한 배려가 좋았다. 푸짐하게 물메기국을 내 오는 가게라 할지라도 절반 이상은 껍질과 뼈들이라 먹은 건지 정리한 건지 헷갈릴 경우가 많으나 여기선 그런 걱정할 필요가 없다. 후자가 '물메기국'이라면 여기는 '물메기탕'이다. 탕은 국의 높임말이다.

추도로 가는 배 시간이 여유도 있고 소화도 시킬 겸 주변을 둘러본다. 동피랑 입구엔 물메기 도매상이 있는데 여기서 일하는 청년이 구수한 건메기 굽는 냄새로 관광객을 유혹하고 있다.

달군 숯에 자른 건메기를 굽는데 먹어보라며 북 찢어 고추장에 찍어 준다. 속살과 껍질이 다른 매력으로 어울린다. 바삭한 껍질에 구수한 살맛이 고추장과 제법 어울린다. 짭조름하면서 홍어 삭힌 맛도 살짝 나 영판 바다 맛이다. 이 또한 호불호가 갈릴 듯하다.

애초 가장 궁금했던 것은 '건메기'라 부르는 말린 메기의 정체였다. 제법 큰 어시장이 있는 창원만 하더라도 건메기를 접하기란 쉽지 않다. 하지만 통영에서 건메기는 긴 세월 이곳 사람들과 함께 해 온 음식이다. 한 축에 10마리인 건메기를 몇 축씩 사다가 소금을 간 항아리에 세워 넣어두면 1년 내내 보관할 수 있다고 한다. 시간이 지날수록 노란색이 짙어지는데 쌀뜨물에 불려 양념해 쪄 먹어도 좋고, 국을 끓여도 좋다고 알려져 있다. 이를 생일에 챙겨 먹기도 한다니 그야말로 통영은 메기의 고장이다. 그러니 건메기의 맛을 모르고 물메기를 알았다고 하면 안 된다.

이 건메기의 고향이 바로 통영 추도다. 수협 위판장에 나오는 대부분의 건메기는 추도에서 온 것이다. 통영항 주변에도 건메기찜을 하는

곳이 있다고 알려져 있지만 추도에서 알아보고 싶었다. 추도라면 진짜 물메기 요리를 맛볼 수 있을 것 같았다.

선착장과 멀지 않은 곳에 동네 유일한 가게가 있는데 여기서 음식도 한다. 볼락 낚시로 유명한 이곳을 찾는 낚시꾼들에게 숙소도 제공하고 동네 슈퍼와 식당 역할도 하는 곳인데 주인 부부는 부산에서 들어와 산 지 오래됐다.

건메기찜을 주문했는데 시간이 걸린다고 한다. 건메기를 물에 불려야하기 때문이다. 숙소에 짐을 풀고 몸을 녹이고 있으니 가게로 건너오라는 신호가 왔다.

건메기찜.

그런데 찜은 없고 무침이 한 접시 있다. 찜이 될 동안 맛보라며 물메기 회무침을 만든 것이다. 부드러운 살을 도톰하게 썰어 갖은 야채와 무친 회무침은 특별한 경험이었다. 추도에서 난 몽땅한 무와 제법 어울린다. 밥과 비벼 먹으니 금상첨화다. 회로도 먹는다는 물메기는 두껍게 썰어 고추냉이에 찍어 먹으면 좋다는 주인의 설명이다. 동지 지나 잡은 물메기는 짠맛이 강해지기 때문에 간장도 필요 없다는 조언도 덧붙인다.

그리고 간장으로 간한 건메기찜이 나왔다. 고추장이나 된장도 쓴다지만 여기 주인은 이 맛이 젤 낫다고 자부한다. 오늘은 급히 닥친 손님이라 쌀뜨물이 아닌 맹물에 불려 찜을 했다고 한다. 불린 물은 버리지 않고 요리할 때 부어가며 쓴다.

보통은 불린 건메기를 압력솥에 쪄서 먹는다고 하지만 마치 아귀찜을 하듯이 센 불에 졸여가며 만든 건메기찜은 기대를 저버리지 않았다. 두툼했던 살이 바싹 말랐다가 다시 양념을 흡수하며 불려진 맛은 풍부했다. 찜 역시 무의 역할이 컸다. 추도 메기에 추도 무로 만든 특별한 건메기찜이 완성된 것이다. 안주로도 밥반찬으로도 추천할 만하다. 맵게 만들어 동치미와 먹는다. 볼락 무김치 역시 이곳에서만 맛볼 수 있다. 주객의 구분 없이 취하는 밤이다.

며칠 후 추도에서 가져온 건메기로 직접 국을 끓여 보았다. 건메기를 가위로 잘게 잘라 황태국 요리하듯 참기름에 볶다가 물을 부어 끓인다. 무가 없어 싹이 난 마른 감자를 좀 썰어 넣었다. 마치 우유를 부은 듯 뽀얀 국물이 인상적이며 맛은 황태에 비할 바가 아니다. 훨씬 풍부하고 담백해서 물메기 요리의 갈무리를 제대로 한 느낌이다. 겨울이 가면 또다시 다음 겨울이 기다려진다.

물메기 고장 추도의 겨울

집집마다 빨래는 없어도 물메기는 널려있다

통영여객선터미널에서 1시간 10분여 걸려 도착한 추도. '물메기의 고향'이라는 커다란 세로 간판과 선착장 입구의 물메기 덕장이 외지 사람을 반긴다. 배에서 내려 동네를 한 바퀴 돈다. 물메기가 없는 집이 없다. 수십 수백 마리씩 물메기를 말리고 있는 덕장이 마을 곳곳에 있고, 누가 살기는 할까 싶은 집 마당에도 반드시 몇 마리씩 배를 가른 물메기가 널려 있다. 빨래는 없어도 물메기는 있으니 신기한 풍경이다. 진짜 물메기의 고향에 온 것이다.

겨울 추도는 밤낮이 없다. 새벽 3시~4시에 나간 배가 오전 9시~10시에 돌아오면 종일 물메기를 손질해서 덕장에 너는 작업을 하고 한쪽에선 어구를 정비한다. 그렇게 일을 마치는 시간이 저녁 7시. 별보고 나가서 별 보고 들어오는 힘든 '겨울 농사'다.

추도가 물메기로 유명한 것은 말린 물메기 덕분이다. 물이 풍부하고 해안이 완만한 추도는 물메기를 말리기에 제격이다. 때문에 바다

에서 물메기를 잡는 일은 여기 '물메기 농사'의 그저 한 부분이다. 통발을 손질하는 것은 물론이거니와 잡은 메기의 피를 빼고 배를 갈라 손질을 해 말리기 좋은 형태로 가공하는 것도 예삿일이 아니다. 때문에 이곳 주민은 "추도 물메기의 진짜 주인공은 여기 할매들"이라고까지 한다. 수십 년 쌓은 '할매들'의 칼솜씨가 있었기에 지금의 추도가 있다고 주장한다.

사실 그러했다. 오전 9시 30분. 멀리 배가 들어오는 것이 보인다. 대기 중인 트럭에 물메기를 싣고 향한 곳은 선주의 집 옆 창고마당이다. 깨끗한 물로 잡은 메기들을 씻는 아주머니. '칼솜씨'를 보여주실 분인가 싶어 물었더니 손사래를 치신다. "에유~ 나는 손도 못 대고 이제 기술자가 오실 거예요."

곧이어 나타난 그 분! 칼날은 짧고 날카롭고 도마는 길고 좁다.

'슥, 슥! 주욱! 삭, 삭! 텀벙!'

배를 갈라 내장을 빼고 칼 길을 내어 맑은 물에 담그는 시간 10여 초! 소문대로다. 여기 '할매'들은 품삯도 물메기로 가져간다. 해질녘 마을 언덕을 힘겹게 오르는 여인네들 손수레에는 어김없이 물메기가 담겨있다.

못 생겨서 그냥 버려지던 놈의 '어생역전'

메기를 닮았다 하여 이름 지어진 물메기는 꼼치·곰치·물곰·미거지·미기·물텀벙으로 달리 불리기도 한다. 하지만 이 속에는 혼동된 부분이 있다.

통영 추도에서 만난 주민은 "여기 물메기와 강원도 곰치는 다른 종류지"라고 말한다.

동해안 쪽에서는 꼼치를 곰치·물곰이라고 한다. 남해안 쪽에서는 물메기를 곰치·물미거지라 달리 부르기도 한다. 그렇다면 꼼치가 곧 물메기라는 말인데, 엄연히 따지면 차이가 있다. 꼼치·물메기는 같은 쏨뱅이목 꼼칫과이다. 하지만 학명은 다르다. 꼼치는 'Liparis tanakai', 물메기는 'Liparis tessellatus'다. 꼼치는 깊은 바다, 물메기는 비교적 낮은 곳에서 잡힌다. 못생긴 모습은 비슷하지만 색깔 차이가 있으며, 크기도 꼼치에 비해 물메기가 작다. 통영수협 관계자는 "꼼치는 더 뚱뚱해서 복어처럼 생겼다"고 설명한다.

하지만 오늘날 이 둘은 같은 것으로 통한다. 국립수산과학원에서도 자료에 '꼼치(일명 물메기)'와 같은 식으로 표기하기도 한다.

물곰은 곰처럼 둔하게 생겼다 해서 붙여졌고, 미거지는 물메기와 같은 쏨뱅이목 꼼칫과지만 동해에 서식하는 또 다른 종이다. 미기는 통영을 비롯한 남해안에서 사투리 격으로 부르는 이름이다. 물텀벙이라는 이름에는 그 배경이 있다. 옛 시절 잡혀 올라와도 이상한 생김새에 살까지 물러서 어부들이 그대로 버렸다고 한다. 물에 빠트릴 때 '텀벙' 하는 소리가 나다 보니 그리 불렸다는 것이다.

그렇다고 마냥 버림받는 것만은 아니었던 듯하다. 1814년 정약전이 쓴 어류학서인 〈자산어보〉에는 '술 병을 잘 고친다' 같은 내용이 담겨 있다. 다만 '그냥 삶으면 살이 풀어지기에 상할 때를 기다렸다가 먹었다'는 내용도 있어 귀한 대접 받기는 어려웠던 것으로 보인다.

물메기는 얼린 것을 녹이면 살이 완전히 풀어져 먹을 수 없다. 냉동하지 않다 보니 유통이 쉽지 않았고, 특히 깔끔 떠는 서울 쪽 사람들은 흐물흐물한 이 느낌에 거부감이 많았다. 한 10여 년 전부터 갈수록 특이한 음식을 찾는 매스컴에서 물메기에 주목하기 시작하면서 널리 퍼지게 되었다.

그래서 요즘은 물메기 앞에 '어생역전'이라는 말이 종종 붙는다. 이제 겨울철에는 물메기가 대구 못지않은 인기를 누린다. 어시장 상인들은 "대구가 물메기보다 그래도 좀 비싸기는 하지만, 가격 차이가 별로 없다"라고 한다.

물메기는 대구와 마찬가지로 암놈보다 수놈이 좋은 대우를 받는다. 수놈은 크기가 큰 반면 암놈은 알을 품고 있어 살

이 적고, 크기도 작다. 통영에서 만난 한 할아버지가 "사람은 여자가 귀한 대접을 받는데, 물메기는 정 반대"라고 하자, 옆의 할머니는 "사람도 남자가 더 먼저잖아"라며 타박을 주기도 한다.

물메기는 봄·여름 수심 50~80m 되는 깊은 바다에서 서식하다 산란기인 11~2월 연안으로 몰려든다. 물메기는 조류에 밀려 강제로 그물에 들어가게 하는 안강망을 이용하기도 한다. 요즘은 멸치잡이인 권현망 방식, 즉 배 두 척이 그물을 끌어 잡기도 한다. 하지만 통영에서는 통발을 이용한다. 특히 추도 같은 곳은 옛 방식 그대로 대나무통발을 이용한다. 큰 줄에 7m 정도 간격으로 대나무통발을 하나씩 매달아 바다에 넣는다. 그러면 통발에 들어갔다가 빠져나오지 못하는 놈들을 그대로 끌어올리면 된다. 통발 그물에는 물메기 알도 덩어리처럼 붙어 있는데, 국 끓여 먹는 데 사용하기도 한다.

건메기는 비린내가 별로 나지 않는다. 이는 생선 비린내 원인인 트리메틸아민이라는 성분이 적기 때문이라고 한다.

물메기의 성분 및 효능

자산어보에 '술병을 고친다'

물메기는 지방이 적고 각종 비타민과 아미노산 등의 영양 성분이 풍
부해 겨울철 감기 예방은 물론 피부미용, 시력보호, 다이어트에도 좋
다고 하니 못났다고 무시해선 안 되겠다.

또한 물메기는 칼슘, 철분, 비타민B, 단백질 함량이 높아 숙취해소에
도 그만이다. 〈자산어보〉에도 '살과 뼈는 연하고 무르며 맛은 담백
하여 술병을 고친다'고 나와 있으니 해장이라면 최고로 칠 수 있는
물고기라 할 만하다. 게다가 요리를 하면 비린내가 나지 않고 시원
한 맛을 내니 '금상첨화'란 이를 두고 한 말이겠다.

간혹 물메기탕의 미끌미끌한 껍질부분이 싫어 꺼리는 이들도 있다.
하지만 물메기 껍질과 뼈 사이엔 교질이 풍부하게 있어 퇴행성 관절
염 예방과 당뇨병 예방에도 효과가 있다고 하니 버릴 게 하나도 없
는 놈이다. 또한 이가 좋은 이들은 말린 물메기를 뼈까지 씹어 먹을
수 있다고 하니 겨울철 건강 간식으로도 그만이다.

하지만 쫄깃하고 부드러운 껍질이 좋아 급하게 먹으면 기도가 막힐
수도 있고, 아무리 뼈가 연하다고 해도 질기고 날카로운 부분도 있
으니 탕을 먹을 때 특히 주의해야한다.

진
해
피
조
개

근육질 조개 탄생은 그냥 이뤄진 것이 아니다

저도 어지간히 추웠나보다.

껍질은 두꺼워 봤자 찬 것.

살을 두텁게 하고 부챗살 사이사이마다 털을 심었다.

관자를 네 개나 붙여 꼭꼭 걸어 잠그고 체온을 단속한다.

붉은 피는 그래서 필요한가 보다.

그렇게 캄캄한 겨울바다 깊은 펄 안에서

피조개는 스스로 단단해진다.

근육질 조개의 탄생은 우연이 아니다.

피조개가 특산물 된 배경

진해어민이 내놓은 '진까이'는 특별했다

오늘날 피조개는 95% 이상 양식이다. 자연산이 전혀 없는 것은 아니다. 작업하는데 들어가는 돈만큼 괜찮은 수익이 나지 않아, 대부분 양식으로 눈 돌렸다. 진해만을 비롯해 통영·거제 연안, 사량도 해역, 남해 강진만, 전남 여수 가막만·여자만 등에 양식장이 몰려 있다.

피조개 양식에 대한 이야기는 꽤 오래전으로 거슬러 간다. 1907년 조선어업령이 만들어질 때 기록에 등장하는데, 실제로 했는지는 확인되지 않는다. 1930년대 들어 보급되었다는 이야기도 전해지지만, 본격화한 것은 1960년대 후반부터다. 당시 박정희 대통령은 수출을 적극적으로 장려했는데, 수산업도 예외가 아니었다. 이즈음 양식 수산물에 관심이 한창 옮아갈 때였다. 피조개가 대표적이었다. 정부 지원 속에서 1968년 일본 수출 물꼬를 텄다. 어민들도 적극적으로 피조개에 눈 돌리기 시작했다. 진해만은 피조개 하기 좋은 환경이었다. 파도가 세지 않고, 조류 흐름이 적당했다. 무엇보다 피조개 서식 장소인 펄이 무르고 깨끗해 더없이 좋았다. 1970년대 중반 들어 진해에는 피조개 양식장이 바다를 차지하기 시작했다.

이즈음 국내 최초로 종묘를 만드는 데 성공했다. 연구진이 움막을 짓고 굴 양식장에서 10년 가까이 시험을 거듭한 끝에 결실을 얻었다. 당시 경남도는 이 사실을 박정희 대통령에게 보고했다. 박 대통령은 반색하며 "외화를 벌어들이는 달러 박스로 집중 육성하라"고 지시했다고 전해진다. 이때부터 정부 융자·지원이 대폭 늘었다.

이런 가운데 어민들은 경험 속에서 이런저런 사실을 밝혀내기도 했

다. 산자락이 바다와 연결되고, 육지 물이 바다로 흘러내리는 곳에서 피조개 유생이 잘 자란다는 것이다.

하지만 안타까운 일도 있었다. 진해 명동 앞바다에서 피조개 채묘 연구가 이어졌다. 고된 시간을 풀기 위해 배에서 술자리가 마련됐는데 1명이 바다에 빠져 실종되는 일이 일어났다. 연구는 중단될 수밖에 없었다. 이것 아니더라도 시험 종묘가 하루 밤새 도난당하는 일도 있었다고 한다.

이렇듯 1973년경을 기점으로 본격화한 피조개양식은 1980년대 중·후반 정점에 달했다. 1986년 생산량은 5만 8000톤에 이르렀고, 1988년에는 1600억 원이라는 수출액을 올렸다. 수산물 수출의 반 정도를 차지하는 규모로 최고 품목에 자리한 것이다. 그런데 유독 일본으로 많이 들어간 이유는 초밥용 수요가 많았기 때문이다. 일본 사람들은 피조개를 '아카가이'라 하는데, 진해에서 나는 것은 '진까이'라 부르며 더 특별히 대했다. 빛깔 좋고 맛 좋은 것에서 이름값까지 더해지면서 국내 다른 지역에서 나는 것보다 두 배가량 비싸게 쳐줬다. 이 기간 진해에는 피조개 일본 수출 업체가 20개 넘게 있었다고 한다. 당시 어민 연 수익이 집 한 채 가격을 훌쩍 넘는 4000만 원까지 됐다고 한다.

하지만 1990년대 들어 대량 폐사와 종패 부족이 이어졌다. 많을 때는 40~50%에 이르던 생존율이 1~2%밖에 안 되며 연간 생산량은 2만 톤 아래로 떨어졌다. 2000년대 중반부터 지금까지는 연간 2000톤 내외에 그치고 있다.

여름철 고수온·빈산소수괴·저염분 등이 서식환경을 악화한 것으로 파악되고 있다. 좀 더 구체적으로는 1990년대 중반 본격화한 부산

신항사업 탓이 크다. 주로 제덕·가덕·수도·괴정·연도 같은 곳에서 많이 했는데 신항 매립으로 어장이 소멸했고, 수질이 떨어진 것뿐만 아니라 유속 변화도 있었다. 이와 더불어 바다에 대형 조선소도 달 갑지 않은 영향을 끼쳤다. 진해 어민들은 옛 생각을 하며 이렇게 말한다.

"보름 중에 잘될 때 작업일이 10일은 됐다 치면, 지금은 5일도 안 되지. 신항 빼고 항로 빼고 나면 어장 자체가 별로 없거든. 다른 어종도 마찬가지고…."

이런 가운데 국립수산과학원은 2005년부터 2012년까지 '피조개 양

514

식 복원 연구'를 진행했다. 이 연구는 '양식 방법'을 바꿔야 한다는 결론에 이르렀다. 1년 내내 펄 바닥에 둘 것이 아니라 수온에 따라 물속에 매달아 양식하는 쪽을 모색해야 한다는 것이다. 연구와 동시에 종패를 생산해 어민들에게 공급했다.

진해 어민들은 스스로 머리를 싸매며 방법을 모색하고 있다. 진해에 있는 14개 어촌계 모두 피조개 양식을 하고 있다. 이 가운데 어느 어촌계는 공동배양장을 만들어 연구를 거듭하고 있는데, 시험 살포 결과 생존율을 90%까지 끌어올렸다고 한다.

이런저런 노력 속에서 4~5년 전부터 조금씩 나아지는 분위기다. 지금은 속천항에서 5~6분 정도 배 타고 나갈 거리에 어장이 주로 형성돼 있다.

1985년 만들어진 피조개양식수협은 마산에 자리하고 있는데, 아무래도 일본 수출 경로에서 유리했기 때문이라고 한다. 옛 시절 피조개는 일본에 전량 수출해 정작 우리나라 사람들은 맛보기 어려웠다. 수출 가격이 워낙 높았기에 국내에 풀어도 그 가격으로 사 먹을 이가 많지 않았기 때문이다. 하지만 지금은 환율이 떨어지면서 가격이 하락했다. 좋은 시절에 비하면 5분의 1 정도까지 내려갔다고 한다. 또한 일본에서는 초밥에 이용되는 해산물이 다양해지면서 피조개도 덜 찾게 됐다. 더군다나 중국·러시아·북한산과 경쟁까지 하게 됐다.

이 때문에 수출보다 내수용으로 눈 돌리고 있다. 소비량에서 내수용이 이미 수출용을 앞질렀다. 그럼에도 '피조개는 비싸다'는 인식이 강해 소비가 아직은 기대에 못 미치고 있다. 진해에서는 서울 국회 앞에서 시식회를 여는 등 홍보에 집중하고 있다.

진해 어민들은 스스로 양식 방법 변화를 모색하고 있다.

노력 덕분인지 '피조개 농사'는 갈수록 나아지고 있다.

피조개와 함께한 삶

15년 전 양식업 뛰어든 **이연진** 씨
"이놈 안주삼아 한잔하면 새벽 칼바람도 녹지"

새벽 4시에 나갔던 배가 오후 1시를 넘겨서야 부두로 들어온다. 군용 점퍼와 바지로 칼바람을 이겨낸 이연진(53) 씨는 그제야 담배를 입에 물며 잠시 숨을 돌린다. 그물에 담긴 피조개를 진해수협으로 옮기면 일과도 마무리된다. 굳이 새벽에 작업 나가는 것은 유통 때문이다. 점심 즈음에는 배달차가 출발해야 그날 전국 각지에 도착하기 때문이다. 예전에 전량 일본에 수출할 때는 오후에 작업해도 됐다. 일본으로 떠나는 배가 저녁에 움직였기 때문이다.

작업을 끝낸 이 씨 손에는 피조개가 들려있다. 오늘도 어김없이 밥상 위에 올려, 날 것 그대로의 향을 음미하려 한다.

"없어서 못 먹지 질리긴 왜 질려. 이 귀한 것을…. 피조개는 비린내가 전혀 없어서 깔끔하고 씹는 맛이 좋지. 우리야 특유의 향을 느끼기 위해 가공한 것 아닌 생으로 까먹지. 말이 양식이지 바다에 그냥 뒀다가 끌어올리니 자연산이나 똑같다고 봐야지."

진해에서 나고 자란 이 씨는 어릴 때부터 피조개를 자주 접했다. 양식 아닌 자연산이었다.

"연안에 많이 있었지. 바다에 조금만 들어가 발로 툭툭 치면 피조개가 나오고 그랬거든. 손에 쥘 수 있는 만큼 들고 나와서는 날것 그대로 먹는 거지. 조개 중에서 회로 먹을 수 있는 게 이게 유일하니 엄청나게 귀한 거지. 그래도 가끔은 불을 피워 구이로도 먹고 그랬지."

이 씨가 피조개 양식업에 뛰어든 건 15년가량 됐다. 직장생활을 하다 27살 무렵 바다 일에 뛰어들었다. 사실 어릴 때부터 이쪽 일을 할 수도 있다는 마음은 먹고 있었다. 할아버지·아버지 모두 뱃일을 했기 때문이다. 이 씨는 봄에는 도다리, 가을에는 전어를 잡으며 생업을 이어갔다. 그러다 피조개 양식에 눈 돌렸다.

"한 20년 전만 해도 피조개가 잘 돼서 돈 번 사람들이 많았지. 그러다 종묘 단가가 높아지고, 성장률도 떨어지면서 영 재미가 없었지. 어장 만들어 놓고 놀리는 곳도 많을 수밖에 없었지. 그러다 양식 환경이 좀 나아지면서 다시 하는 사람들이 늘었지. 그러면서 나도 시작하게 됐고…"

그즈음 진해 14개 어촌계 가운데 피조개양식 공동사업에 뛰어든 곳도 많았다. 이 씨가 속한 경화어촌계 역시 마찬가지였다. 하지만 계원들은 그리 적극적인 분위기는 아니었다.

그러는 사이 이 씨는 경화어촌계 임원으로 참여했다. 이 씨 개인적으로 피조개뿐만 아니라 다른 어종도 병행하고 있었지만, 계원들 소득 증대를 위해 이쪽에 좀 더 신경 쓸 수밖에 없었다.

"혼자 개인 돈 700만 원으로 피조개 종패를 사서 살포했는데, 7000만 원 정도 수익을 올렸어. 그래서 계원들에게 지분 투자형식으로 참여하게 했는데, 10만 원 투자한 사람이 200만 원을 가져가기도 했지. 사업성 있다며 계원들이 적극적으로 참여하고 단합되면서 피조개 공동사업이 7~8년 전부터 아주 활성화됐고."

이제 어촌계 공동 매출은 연 6억 원가량 된다. 이 가운데 순이익이 3억~4억 원 정도다. 어촌계원 50~60명이 달라붙으니 인력창출에서도 큰 몫을 하고 있다. 현재 이 씨는 개인어장도 꽤 보유하고 있다. 피조개 생산량이 30년 전과 비교하면 턱없이 떨어졌지만, 그래도 이 씨는 크게 손해 본 적은 없다. 이제는 수질도 나아지고 있어 앞으로 기대를 안고 있다.

"피조개는 펄 상태가 제일 중요하거든. 그래서 철 아닐 때는 어장 청소에 신경을 많이 쓰지. 몇 년 전부터는 인공 배양장을 만들어서 1차적으로 살포했는데, 아주 성공적이라고 볼 수 있지. 폐사율이 10%도 채 안 되니…. 피조개는 이제 수출보다는 내수에 역점을 두고 있으니, 좀 더 많이 식탁에 오를 수 있도록 해야지. 가격도 많이 낮아져서 부담스러울 정도는 아니거든."

이 씨는 아들 둘을 두고 있다. 대를 이은 그이기에 아들들에 대한 기대감도 있을 법하다.

"종종 함께 바다 나가서 도와주기는 하지. 내 업을 이어받으면 좋기는 하지만, 자기들 뜻이 맞아야 하는 거지. 깨끗한 옷 입지 못하고, 제때 잠 못 자는 일이라 억지로 시킨다고 될 것은 아니지. 그래도 작업하면서 바로 끌어올린 피조개에 소주 한잔 하는 그런 맛은 있는데…. 허허허."

두툼한 육질 '육고기가 따로 없네'

꼬막에 비해 피조개는 생소하다. 큰 꼬막처럼 생긴 피조개를 널리
먹지 않았던 것은 생산량 대부분을 일본으로 수출했기 때문이다.
껍데기를 까서 내장을 깔끔하게 발라낸 피조개는 살이 투툼하고 육
질이 꼬들꼬들해 초밥재료로 안성맞춤이다.

회원제 식당 '미식 클럽'을 만들어 직접 요리를 할 만큼 미식가로 알
려진 일본의 도예가 기타오지 로산진北大路 魯山人·1883~1959은 최고의 초밥
재료로 아카가이あかがい를 꼽았는데 이것이 바로 피조개다. 아카가이
는 붉은 조개란 뜻이다.

2년쯤 자란 피조개는 어린이 주먹만 하다. 먹기에 딱 좋은 크기다.
활패살아있는 피조개를 하루쯤 해감해서 그대로 먹기도 하지만 아무래도
크기 때문에 부담스러운 것이 사실이다. 또한 헤모글로빈 성분인 붉
은 피까지 줄줄 흐르니 널리 편하게 먹을 만한 수준이 아니다.

피조개 회.

때문에 피조개는 꼬막을 삶듯 끓는 물에 살짝 익혀 먹거나 내장을
제거한 살을 먹는다. 끓여 먹을 땐 정종을 조금 넣어 익히는 것도
좋은 방법이다.

익혀 먹는 것이야 조개가 입을 열기 시작할 때 꺼내 먹으면 그만이
지만, 껍데기를 까서 살을 발라내는 과정은 생각만큼 쉽지는 않다.
날카로운 도구로 앞쪽을 비집어 까는 것은 여러모로 위험하다. 때문
에 젓가락이나 칼 등을 뒷부분 접합지점의 들어간 곳에 넣어 비틀

면 쉽게 껍데기를 깔 수 있다. 그렇게 벌어진 틈으로 칼을 넣어 양쪽 관자를 자르면 붉은 피를 머금은 피조개가 나온다.

이어 관자와 연결된 날갯살과 내장을 분리하고, 도톰하게 남은 살을 횡으로 잘라, 속의 내장도 제거하면 된다. 이때 완전히 이등분 하지 않고 마치 나비가 날개를 펼치듯 펴서 썼으면 손질이 끝난다. 역시 내장을 분리한 날갯살과 소금에 비벼가며 흐르는 물에 씻으면 바로 회로도 먹을 수 있다.

손질해 펼친 피조개 살은 그야말로 초밥용 크기다. 고들고들한 밥을 초밥용 식초에 버무려 고추냉이와 함께 올려 먹으면 일본의 미식가가 한 말을 이해할 수 있을지도 모른다. 주말에 가정에서 해 본다면 특별한 경험이 될 것이다.

피조개를 초밥용으로 활용할 수 있는 장점은 여러모로 쓸모가 있다. 적당히 두껍고 단단하기 때문에 꼬치구이나 볶음용으로도 훌륭하

1. 관자와 연결된 날갯살과 내장을 분리　2. 도톰하게 남은 살을 횡으로 자름

기 때문이다. 또한 홍합밥이나 굴밥처럼 밥을 해 먹거나 샤부샤부용
으로도 인기가 많다. 뿐만 아니라 된장찌개를 끓이거나 튀김을 해도
괜찮다. 이것 다 피조개 특유의 육질 덕분이다. 두껍고, 달고, 향이
강한 피조개는 흡사 육고기의 장점을 닮았다고도 볼 수 있다.

진해에서 피조개를 먹기 위해 찾은 곳은 진해 속천항의 한 횟집. 인
근 식당에서도 피조개 회를 먹을 수 있지만 이는 생선회에 곁들여
나오는 수준이다. 진해 피조개가 유명하다고는 하나 대부분 일본 수
출용이었던 터라 전문 음식점이 발달하진 못했다.

이 집은 독립메뉴로 피조개 회와 무침, 볶음을 한다. 피조개 회와
무침을 주문했다.

회가 먼저 나왔는데 둥근 생선회 접시에 넓게 깔려 나온 양이 제법
많다. 한 입에 꽉 찰 만큼 크기도 적당하다.

초장이나 야채 없이 그냥 먹어보았더니 의외로 깔끔한 맛이다. 비린

3. 이때 완전히 이등분 하지는 않는다   4. 나비가 날개를 펼치듯 펴서 내장 제거   5. 내장 제거한 날갯살을 소금에 비비며
　　　　　　　　　　　　　　　　　　　　　　　　　　　　　　　　　　　　　흐르는 물에 씻은 후 회로 먹는다

피조개무침.

향이 거의 없고 꼬들꼬들한 씹는 맛은 호불호가 갈릴 것 같다. 상상하던 조개의 느낌과 조금 다르기 때문이다. 자체의 짠맛으로 간이 충분하지만 초장 맛을 안 볼 수 없다. 초장에 찍어 먹은 맛은 흡사 멍게의 단단한 살 부분을 먹은 느낌이다. 그러고 보니 비슷한 향이 비치기도 한다.

고추냉이에 먹기도 하고 쌈장과 먹어보기도 했는데 쌈장과의 조화가 의외로 훌륭하다. 깻잎에 한 점 올리고 마늘, 고추, 쌈장과 싸 먹었더니 그 맛이 풍부하다. 고소한 맛이 강한 쌈장과 어울린 맛이 아주 괜찮다. 밀도 있는 육질이 만들어 내는 맛이다. 그래서 피조개를 꼬치구이나 불고기용으로 활용하는 모양이다.

이어 나온 피조개무침도 그런 장점을 극대화 했다. 데쳐서 물기를 싹 뺀 꼬막무침과는 완전 다른 맛이다. 조갯살이 무침양념과 채소에 묻히지 않고 꼿꼿하게 자기 색깔을 낸다. 우리 보통 조갯살로 만든 회무침을 먹을 때 야채 무침을 먹는 것은 아닌가 헷갈리는 경우가 있지만 피조개는 그런 면에서 존재감이 특별하다. 색부터 육질까지 그야말로 근육질 조개다.

이처럼 좀 색다른 피조개 회와 무침을 경험하기 위해 굳이 진해만을 찾을 필요는 없다. 잘 다듬어 진공포장한 피조개 살을 수협을 통해 쉽게 구입할 수 있기 때문이다. 과거에 비해 수출 비중이 줄어든 덕이다.

창원시 마산합포구의 피조개양식수협의 관계자는 "진공 포장한 피조개 살은 냉동 유통하는데 이것을 뜯어서 바로 회로 즐겨도 될 정도"라고 한다. 또한 벚꽃 만개한 봄이 오면 진해 곳곳에서도 즐길 수 있다고 진해수협 관계자는 자랑한다.

피조개 선별작업 현장

겨울날 손 시릴 틈 없이 씻고 고르고…

아침 칼바람이 부는 진해만. 멀리서 형망선이 경화어촌계 피조개 선별뗏목으로 다가오고 있다. 채취한 피조개를 좌우 가장자리 바깥으로 매단 채 균형을 잡고 오고 있다. 장대를 든 줄 타는 사람 같기도 하고, 물지게를 진 것 같기도 하다. 약간은 위태로워 보이지만 비행기가 착륙을 하듯, 솜씨 좋은 운전수가 주차를 하듯 미끄러지듯 뗏목 측면으로 배를 정박한다. 이때부터 뗏목은 바빠진다.

먼저 형망선이 피조개를 채취하는 데 사용한 갈고리부터 청소한다. 좌우 너비가 2.5m 정도 되는 갈고리에 손에 잡히는 작은 갈고리를 넣어 뾰족한 사이사이를 일일이 긁어낸다. 펄을 긁어 피조개를 채취하기 때문에 갖가지 침전물이 걸려 올라오기 때문이다.

빠른 손놀림으로 갈고리를 정돈하면 피조개가 담긴 망을 뗏목 안쪽으로 당겨 풀어 놓는다. 고정용 끈을 살짝 풀어주면 500kg 정도의 피조개가 한꺼번에 '촤~' 하며 쏟아진다. 형망선 왼쪽 망의 피조개를 풀어 놓고 나면 배를 반대편으로 돌려 오른쪽 망의 피조개를 같은 과정을 통해 선별뗏목으로 옮긴다.

이어서 청소조가 투입된다. 모터를 이용해 올린 바닷물은 수압이 세

다. 강한 수압으로 피조개와 함께 올라온 펄을 씻어 낸다. 이때 작은 생선들을 비롯한 부산물도 제법 올라오는데 그 중 가장 많은 것이 쏙이다. 생선들과 쏙은 팔지 않고 일한 사람들끼리 나눠 먹는다고 한다.

1차 세척이 끝나기가 무섭게 선별작업에 들어간다. 열네댓 명의 여성들이 두 줄로 앉은 가운데로 옮겨진 피조개는 2차 세척과 함께 선별작업을 동시에 한다. 씻고 고르고 담는 과정이 현란하다. 조개들이 부딪치는 소리와 물이 쏟아지는 소리밖에 없다. 대화할 틈도 없다. 이유는 단순하다. 바로 다음 선별물량이 들어오기 때문이다.

바람도 차고 물도 차다. 손 시리지 않으냐고 물으니 어쩔 수 없다고

한다. 시릴 틈도 없는 것이다. 이 작업은 보통 새벽 4시에 시작해서 낮 12시쯤에 끝난다. 물량이 많으면 오후 2~3시까지도 한다고 한다. 겨울 새벽부터라면 긴 시간이다. 선별선에 붙은 배에서 식사와 휴식을 해결하고, 주택 옥상에서 흔히 볼 수 있는 파란색 물탱크를 개조한 화장실에서 급한 일을 해결한다.

선별은 여성들이 하고, 내리고 싣는 일은 남성들이 한다. 이런 선별 뗏목이 진해수협 내 14개 어촌계에 있다고 하니, 그것만으로 진해가 피조개의 고장임을 확인할 수 있다.

세척하고 선별한 피조개는 바로 약 15kg들이 망에 담겨 뭍으로 가 활패와 가공품으로 나뉘고, 수출과 내수용으로 나간다.

추위와 시간과의 피나는 싸움이 피조개를 만들고 있다.

쇠고기보다 2~3배 많은 철분, 빈혈에 좋다는 이유 있었네

'Scapharca broughtonii'가 학명인 피조개는 돌조갯과에 속한다. 가까운 바다 수심 50m 이내 펄 바닥에 서식한다. 펄에 있는 식물성 플랑크톤을 먹이로 한다. 따라서 국내에서는 펄이 잘 형성돼 있는 남·서해안에서 주로 자란다. 피조개는 펄의 질이 연한 곳을 좋아한다. 그런데 자라다가 수질 혹은 펄 상태가 좋지 않으면 성장을 멈추기도 한다. 그래서 서식환경에 따라 성장 속도가 다르다. 보통은 7㎝ 이상 된 것을 끌어올리는데 1년 6개월가량 된 것들이다.

피조개 겉모양은 크기가 큰 꼬막과 비슷하다. 껍데기 겉면에는 부챗살 같은 줄기가 39~44개 있다. 피조개는 겉으로 봐서는 암수 구분이 어렵고, 근육질을 자르면 안쪽 빛깔로 구분할 수 있다.

조개류에는 피가 있지만 묽어서 보이지 않는다. 하지만 피조개는 어류·포유동물의 혈액색소인 헤모글로빈을 안고 있어 붉은 피를 드러낸다.

헤모글로빈을 만드는 주원료는 철이다. 피조개에는 쇠고기보다 2~3배 많은 철분이 들어있다고 한다. '피조개를 많이 먹으면 빈혈에 좋다'는 이야기를 하는 이유다. 어떤 이들은 피조개 피를 마시면 정력

에 좋다 하여 집착하기도 한다. 하지만 강장성분은 굴보다 훨씬 떨어진다고 한다.

피조개는 산란 수가 90만~3000만 개나 된다. 산란기에는 독성도 강하고 맛이 떨어지기에 5월부터 10월까지는 채취하지 않는다. 이 기간에 어민들은 펄 청소를 하며 양식장을 관리한다. 즉 형망틀을 사용해 밭 갈듯이 진흙을 솎아준다. 또한 불가사리 등 피조개 해적 생물을 제거하기도 한다.

그러다 10월부터 3월까지 틀그물로 채취에 들어간다. 양식장 수심 6~25m 펄 바닥에 있는 피조개를 형망선으로 끌어올린다. 그러면 공동작업 어촌계원인 아낙들이 바로 선별작업을 해서 수협으로 보내 유통한다.

피조개의 성분 및 효능

산모에게 딱 좋아

피조개엔 지방이 매우 적어 다이어트 식품으로도 알려져 있다. 게다가 단백질, 레티놀, 베타카로틴, 비타민, 아연, 엽산, 철분과 칼슘 등이 풍부하기 때문에 산모에게 딱 좋은 식품이라 할 수 있다.

또한 한방에선 피조개를 오장과 위를 튼튼하게 하고 소화기능을 돕는다.

피조개의 붉은 피는 헤모글로빈의 주성분인 철이 쇠고기나 계란에 비해 무려 5~6배나 높아 빈혈 예방과 치료에 좋다. 또한 이 성분이 혈액 순환에 도움을 주고, 정자 생산에 필수적인 아연의 함량도 높아 정력에 좋다는 말은 괜한 소문이 아니다.

뿐만 아니라 두툼한 피조개의 살 속에는 마그네슘의 함량도 높아 우리 몸의 생체면역체계에도 도움을 준다고 합니다. 또한 풍부한 타우린은 원기회복과 간 건강에도 좋다고 하니 바다의 보약이 따로 없다.

하지만 피조개는 생긴 것과 달리 껍데기가 약하기 때문에 손질할 때 주의해야 한다. 또한 내장을 분리할 때에도 관자에 붙은 바깥쪽 내장 외에도 살 속의 안쪽 내장도 있으니 기억해야 한다.

그리고 너무 오래 삶으면 특유의 맛과 향을 잃을 수도 있다는 점도 유의해야겠다.

////////////////////////////////

피조개 요리를 맛볼 수 있는 ^{추천} 식당

동호횟집 ○

피조개 회, 피조개 회무침

창원시 진해구 진희로 31 / 055-543-9933

진해수협수산물직매장 ○

냉동 피조개 살

창원시 진해구 태평로 143 / 055-546-5262/

www.jinhaebada.co.kr

패류살포양식수협 ○

냉동 피조개 살

창원시 마산합포구 합포로 56 / 055-244-1802

www.pijogae.co.kr

남해멸치

'네가 생선이냐'며 놀리지만, 바다의 특별한 놈이란 걸 안다

어쩌다가 멸치는 고작 바다에서 태어났는지…
대지에서 자랐으면 철마다 씨를 뿌리고
밤낮으로 보듬어 키웠을 것을.
가지에 열렸으면 한 알 한 알 곱게 싸서
귀한 상에 올렸을 것을.
깊은 숲 소나무 아래나 가파른 계곡 가장자리에 피었으면
뭇 사람의 경배를 받았을 것을.

하필 바다에서 태어나 생선이니 아니니 모멸을 겪는 것인지…
하나 그렇다고 해서 그 은빛까지
삼킬 수는 없는 법, 감출 수는 없는 법.
그리하여 모멸이 '입멸入滅'이 되었구나,
'불멸不滅'이 되었구나!

멸치가 특산물 된 배경

그 이름값 높인 죽방렴의 힘

남해군 창선면과 삼동면을 잇는 창선교는 1980년 6월 5일 만들어졌다. 그러다 1992년 7월 30일 교량 붕괴로 1명이 사망하는 일이 있었다. 부실공사가 원인으로 드러났지만 '물살이 워낙 세다 보니 다리까지 무너졌다'는 말이 나돌기도 했다.

창선교 아래 지족해협은 물살이 시속 13~15km로 전국에서 두 번째로 세다. 이곳은 '좁은 물길'이라 하여 '손도'라고도 한다. 물 흐름을 보고 있노라면 마치 냇물이 세차게 흐르는 것처럼 느껴질 정도다.

이러한 지족해협에 죽방렴이 자리하고 있다. 죽방렴은 참나무 말목을 V자로 박고, 그 사이사이 대나무 발을 두른 '물고기 함정'이다. 죽방렴은 지족해협에 23개, 남해~사천 사이에 21개가 있다. 1960년대에는 하동·거제에도 있었지만, 배 운항에 걸림돌이 되고 소득도 떨

어져 사라졌다. 현재는 전 세계적으로 남해 일대가 유일하다고 한
다. 필리핀에도 흡사한 것이 있기는 하다. 하지만 남해 사람들은 "지
혜나 효율성에서 비교가 안 된다"라고 말한다.

죽방렴 역사는 수백 년 전으로 거슬러 간다. 1469년 편찬된 〈경상
도속찬지리지〉에는 '남해 방전죽방렴에서 멸치·홍어·문어가 잡힌다'는

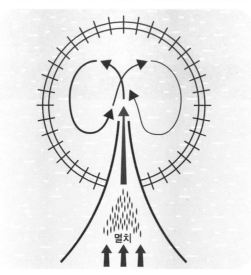

죽방렴의 원리.
멸치떼는 시야각이 넓은
쪽을 향하는 습성때문에
빠져나오지 못한다.

내용이 있다. 550년도 더 지난 지금까지 그 형태는 변함없다. 죽방렴을 이루는 자재만 조금씩 바뀌었을 뿐이다. 죽방렴은 2010년 8월 18일 국가지정 명승에 포함됐다.

죽방렴 하나는 1억 5000만 원에서 많게는 5억 원에 이른다고 한다. 같은 지족해협에 자리하고 있더라도 위치에 따라 생산액 차이가 있기 때문이다. 죽방렴은 현재 제도적으로 더 이상 만들 수 없게 돼 있다.

선두를 따라 떼로 움직이는 멸치는 시야각이 넓은 쪽으로 향하는 습성이 있다. 죽방렴 원형 안으로 들어가면 두 개의 문에 부딪히면서 계속 '8'자 형태로 돌기만 할 뿐 빠져나오지 못한다. 지족해협에는 밀물·썰물이 하루 두 번씩 오간다. 밀물 때 죽방렴 안에 들어온 멸치를 썰물 때 뜰채로 건진다. 물이 빠지면 수심 3m까지 내려가는데, 죽방렴 안은 1m 정도 된다. 지반을 높여 놓았기 때문이다. 어민들은 썰물 때 들어가 그대로 건져 나오면 된다. 그물과 달리 상처 나

지 않은 멸치만 잡을 수 있는 것이다.

죽방렴은 멸치만을 위한 어구는 아니다. 멸치가 특히 많이 잡힐 뿐이지 갈치·꽁치·조기·전어·감성돔·문어 등 모든 어종이 대상이다. 멸치는 바다 먹이사슬에서 가장 아래에 있어 먹잇감이 된다. 죽방렴 안에 갇힌 다른 어종은 멸치를 먹으려다 빠져나가지 못한 놈들이다. 감성돔 같이 영리한 녀석은 멸치만 먹고 달아나기도 한다.

성질 급한 멸치를 대하는 여기 사람들은 느긋할 수가 없다. 죽방렴에서 멸치를 걷는 것에서 삶는 데까지 30분 안에 처리해야 한다. 그렇지 않으면 멸치 내장이 터져버린다. 우스갯소리로 죽방렴 하는 이들은 죽은 아버지가 와서 '아들아' 하고 불러도 듣지 못한다고 한다. 배로 5분 거리에는 육지 작업장, 즉 발막이 있다. 죽방렴에 갇혀 있는 멸치는 한 번에 삶을 수 있는 가마솥 양만큼만 가져온다. 한꺼번에 많이 삶으면 질이 떨어질 수밖에 없기 때문이다.

건멸치는 삶을 때 소금 치는 것이 맛을 좌우한다. 소금은 간을 맞추는 역할도 하지만, 멸치 속이 터지지 않게 하는 역할도 한다. 삶은 후 냉·온풍 건조기로 말리는 이도 있고, 자연 바람에 이틀 정도 건조하는 이도 있다. 아무래도 자연에 맡겨두는 정성이 더 좋은 맛으로 연결되겠다. 죽방렴 멸치는 수협 위판도 일부 하지만, 대부분 인터넷 등을 통한 주문판매다.

이렇듯 죽방렴 멸치는 지족해협의 빠른 물살, 상처 없는 어획, 그리고 적당량을 최대한 빨리 삶을 수 있는 점 등이 합쳐져 최고 상품으로 인정받고 있다. 어떤 이들은 죽방렴 멸치가 일반 멸치보다 10배가량 비싸다고 한다. 하지만 지족마을 주민은 '두 배 정도'라고 낮춰 말한다.

죽방렴 멸치는 남해에서 잡히는 것의 1%도 안 된다. 하지만 많은 이가 남해 멸치라 하면 죽방렴 멸치부터 떠올린다. '남해 멸치' 이름값을 높이는 데 큰 역할을 한 것은 틀림없는 사실이다.

멸치를 잡는 방법은 다양하다. 옛 시절에는 그물을 펴서 어류를 그 위에 모이게 하는 들망이라는 방법을 이용했다.

오늘날에는 끌배 두 척을 이용하는 기선권현망이 전체 절반 이상 차지한다. 거제 같은 곳에서는 해방 이후 일본 사람들이 남기고 간 기선권현망 장비로 큰돈을 만진 이도 많다고 한다. 먼바다에 나가는 기선권현망은 끌배 두 척, 어탐선 한 척, 가공선 한 척 등 여러 배가 호흡을 맞춘다. 사람이 10여 명 달라붙으니 인건비, 기름비 같은 비용을 충족하려면 한번 나갔을 때 1500만~2000만 원어치는 잡아야 한다고 한다. 그물로 끌어올리기에 아무래도 멸치 손상이 있고, 바로 삶기는 하지만 건조작업은 뭍에서 할 수밖에 없다.

일정한 수면에 어구를 설치하는 정치망은 연안에서 이뤄진다. 죽방렴도 정치망의 한 종류다. 흘림걸그물이라 불리는 유자망은 멸치 지나는 길목에 그물을 쳐 놓는 식이다. 앞만 보고 가던 멸치가 그물코에 사정없이 머리를 박으면 이를 털어서 수확한다. 털기 작업할 때는 '으라차야지~' '에이야 차차'와 같은 바닷노래로 호흡을 맞춘다.

4~6월은 금어기인데, 이는 기선권현망에 해당하는 것이다. 유자망 같은 것은 1년 내내 가능하지만 일손 부족으로 가능하지도 않다. 금어기에 들어간 기선권현망 일손을 받아 4~6월 집중 작업하는 식이다.

남해에서 잡힌 것 가운데 생멸치는 남해군수협에서 위판하지만, 건멸치는 모두 삼천포수협으로 보낸다. 삼천포수협은 전국 수협 가운

삼천포수협 건멸치 경매 현장.

데 거래액이 세 번째로 많다고 한다. 이 가운데 전체 거래량에서 멸치가 30%가량 차지한다고 한다. 인근 삼천포시장에는 건어물 가게가 즐비하다. 어느 가게는 매출액 60~70%가 멸치 몫이라고 한다.

봄은 멸치철이기도 하지만 관광철이기도 하다. 삼천포에 관광 온 이들이 멸치를 빼놓지 않고 찾는다고 한다. 꼭 이들 아니더라도 멸치를 구매하기 위해 서울·제주도 같은 곳에서도 일부러 찾기도 한다.

이곳 사람들은 서해안 쪽 멸치에 대해 '모래'를 꼭 덧붙인다. 수심이 낮고 모래층 많은 서해안 멸치에서는 모래가 씹혀 맛이 떨어진다는 것이다. 그러면서 '내 고장 멸치' 자랑을 이어간다.

남해군 지족면에 펼쳐진 죽방렴.

550년 전 옛 방식 그대로인 죽방렴은 2010년 국가지정 명승에 이름 올렸다.

멸치와 함께한 삶 (1)

지족마을서 죽방렴 하는 **박대규** 씨

"자연 섭리 따른 선조들 지혜 감탄"

3월 초·중순 남해군 삼동면 지족마을. 죽방렴 철은 아니다. 죽방렴 보수 작업을 하며 멸치 만날 준비만 한다. 썰물 때 작업 나간 박대규(56) 씨가 뭍으로 돌아온다. 그는 15년 전 죽방렴을 시작했다.

"남해 미조가 고향입니다. 아버지는 정치망 어업을 하셨어요. 어릴 때 늘 보다 보니 고기 잡는 건 자신 있었죠. 수산고등학교에 들어갔으니 바닷일을 해야겠다고 마음먹은 거겠죠. 그러다 창선면 쪽으로 오면서 죽방렴 매력을 알게 됐습니다. 그런데 오래 못하고 한 3년 하다 형제들하고 양식업으로 바꿨죠."

하지만 그는 5년 전 다시 죽방렴으로 돌아왔다. '억' 소리 나는 돈을 들이고 죽방렴 하나를 샀다.

"50대 넘어가니 또 생각나데요. 죽방렴은 선조들 지혜를 배울 수 있습니다. 멸치 습성만을 이용해 잡도록 해 놓았으니 얼마나 훌륭합니까. 재료만 대나무에서 플라스틱으로 바뀐 정도지, 550년 넘게 그

모양 그대로 이어지고 있습니다."

죽방렴은 일손을 크게 필요로 하지 않는다. 박 씨는 죽방렴 보수, 어획, 삶고 말리는 작업을 모두 혼자 한다. 판매는 아내가 맡고 있다.

"죽방렴은 많은 양을 생산하지는 못하죠. 그래도 부부 둘이서 5000만 원 정도 번다면 괜찮은 거잖아요. 돈 들어갈 일도 별로 없으니까요. 아들이 직장생활 하는데, 일 좀 도와달라고 하면 곧잘 해요. 일머리가 있어요. 사실 죽방렴 살 때 아들 이름으로 해 놨어요. 딸 둘은 모두 서울에 있는데, 늘 멸치 좀 부쳐달라는 연락을 하지요. 어릴 때부터 멸치를 먹고 자라서 그런가, 다들 공부를 잘했지요."

그는 '바다해설사' 자격증을 전국 최초로 땄다. 말 그대로 남은 인생을 바다와, 특히 죽방렴과 함께하려 한다.

"죽방렴은 자연에 순응하며 살 수 있는 마음을 갖게 합니다. 철 되면 다양한 어종이 죽방렴 안에 들어옵니다. 그냥 이래 마음 편하게 살아가는 거지요."

멸치와 함께한 삶 (2)

40년 넘게 멸치와 씨름한 **최해주** 씨

"갈수록 멸치잡이 환경 좋지 않아 걱정"

남해군 본섬 아래에 자리한 미조항. 아름다운 항으로 소문난 이곳은 골목골목에 옛 풍경을 고스란히 안고 있다. 최해주(68) 씨 역시 지금껏 크게 변한 게 없다. 한평생 이곳을 떠난 일이 없다. 그리고 40년 가까이 멸치와 함께했다.

최 씨는 바다 길목에 그물을 내려놓는 유자망 멸치만 해왔다.

"별 이유 있나. 바다에 있다 보니 사람들 일 돕다가, 유자망이 괜찮겠다 싶어 시작한 거지."

철이 되면 새벽 1~5시 사이에 나가 오전 10시~오후 2시나 되어 들어온다.

조업구역이 짧으면 10km일 때도 있고, 멀리는 100km도 나간다. 남해 바다에 멸치가 없으면 동해까지 올라가기도 한다.

"현재 바다어업권이 제일 문제야. 남해 호도에서 두미도 같은 곳은 산란장소라고 해서 어획 금지구역으로 돼 있거든. 이게 참 우습지.

예전 일제강점기부터 금지된 것이 아직 그대로인 거야. 들어가서 걸리면 벌금 물고 정지기간도 꽤 되거든. 그래도 뭐, 고기 없을 때는 감수하고 들어가는 사람들이 많아. 좀 현실에 맞게 풀어주면 될 텐데….”

3월 초·중순. 그는 손을 놓고 있다. 일손을 구하지 못해서다. 기선 권현망이 작업하지 않는 4월 금어기에 그쪽 사람들을 쓸 생각이다. 일흔을 앞둔 그는 이런저런 현실적인 어려움 속에서도 이렇게 말한다.

“뭐, 큰돈은 못 벌어도 지금까지 먹고살 정도는 됐지. 갈수록 고기잡는 환경이 어려워서 그렇지, 아직 얼마든지 멸치 잡으러 나갈 수 있지.”

멸치와 함께한 삶(3)

삼천포수협냉동냉장 **임수정** 경매사

"색 하얗고 반듯한 놈 고르세요"

삼천포수협냉동냉장 임수정(56) 경매사가 아침부터 목청을 높이고 있다. 그는 삼천포수협에 입사해 30년 가까이 경매사 일을 하고 있다.

"죽방렴 있는 남해 지족이 고향입니다. 수산물에 대해서는 아무래도 익숙했지요. 20살 지나 삼천포수협에 들어오면서 경매사 일을 하게

된 거죠."

오전 9시. 홍합 경매에 이어 건멸치 경매가 한창이다. 이날은 울산
인근 바다에서 잡힌 것들이다. 경매사는 상품 상태에 대해 꿰차고
있어야 한다. 그는 특히 멸치에 대한 지식이 풍부하다. 그는 상자에
든 멸치를 하나 꺼내 들더니 "구매할 때 이렇게 색이 하얗고 반듯한
놈을 고르세요"라고 일러준다.

이곳 삼천포수협냉동냉장은 남해안 일대 건멸치가 다 모이는 곳이다.
아침부터 목을 써야 하는 일이 예삿일은 아니다. 술·담배는 안 하
고 산에 자주 오르며 몸 관리를 한다.

"경매사는 주민과 조합 간 중간 역할이라 모두가 잘 될 수 있도록
해야죠. 멸치 내놓는 사람은 제값에, 사는 사람은 좋은 놈 가져가면
더없이 좋은 거지요."

밥상에는 언제나 빠지지 않는다

남해 지족에서 만난 한 식당주인은 멸치를 '밥상의 감초'라고 했다. 다른 음식에 비해 도드라져 보이진 않지만 없으면 허전하다는 표현일 것이다.

그러고 보면 멸치볶음과 김치 정도는 기본적으로 깔아줘야 우리네 밥상이 완성되는 듯도 하다. 뿐만 아니라 우리가 흔히 먹는 된장찌개나 각종 국의 육수를 만드는 것이 멸치다. 멸치 육수나 액젓을 잘 활용하면 용도는 무궁무진하다. 떡볶이와 같은 간단한 요리에도 멸치 육수를 활용하면 특유의 감칠맛을 느낄 수 있다. 오죽하면 각종 조미료들이 멸치 맛을 흉내 내었을까.

이처럼 흔히 접하는 멸치지만 너무 흔해서 잊고 사는 것 또한 멸치다. 그래서 막상 멸치요리를 해 먹으려 하면 막막해지는 경우가 많

다. 그도 그럴 것이 엄마표 밥상에 언제나 있었던 멸치는 그 요리 시점을 알 수가 없다. 좀처럼 요리광경을 목격하기 어렵다는 말이다.

학교나 직장을 마치고 허기진 배를 잡고 집으로 들어서면 끓고 있는 것은 언제나 찌개나 국이고, 굽고 있는 것은 생선이나 계란 같은 것이다. 멸치볶음이나 콩자반 같은 것은 한가한 시간에 미리 해두는 음식이다. 그래서 전업주부들을 한가하다고 생각해선 안 된다. 한가한 시간엔 한가한 시간대로 또 할 일이 기다리고 있는 것이다. 마치 멸치볶음과 같다고 보면 된다. 흔히 볼 수 있다고 가볍게 봐선 안 된다.

멸치볶음을 만드는 방법은 간단하다. 잔멸치를 사서 팬에 기름 없이 볶는다. 비린내도 잡고 바삭함을 더하기 위해서다. 살짝 볶은 멸치

를 덜어내고 팬에 기름을 두르고 간장과 설탕, 마늘을 올려 끓인다.
취향에 따라 청양고추나 고추장을 사용할 수도 있고 매실진액이나
다른 양념을 혼용해도 된다. 그냥 하기 나름이다. 이어서 멸치를 넣
고 적당히 볶으면 된다. 좀 더 바삭하게 먹기 위해선 불을 끄고 물
엿을 둘러 잘 섞어주면 된다. 꽈리고추나 견과류를 넣어 볶아도 좋
고 편마늘이나 마늘종 등을 넣어 볶아도 궁합이 괜찮다. 멸치육수
의 용도만큼이나 멸치볶음의 종류도 다양해질 수 있다.
창원시 마산합포구 불종거리 위편에 있는 실비집 '만초'에 가면 독특
한 멸치무침을 맛볼 수 있다.

간장, 고춧가루, 참기름으로 소스를 만들고 청양고추와 잔파, 깨소금을 듬뿍 넣은 다음 5~6cm 정도 되는 배와 내장을 제거해 찢은 멸치를 푸짐하게 올린 이 멸치무침은 두부와 먹어도 좋고 밥에 비벼 먹어도 아주 맛있다. 흔히 볼 수 없는 맛이다.

또 멸치는 샐러드에 넣어도 괜찮다. 살짝 튀긴 잔멸치를 담백한 드레싱으로 간을 한 야채샐러드에 넣으면 조합이 괜찮다. 야채와 함께 먹으면 건강식 안주가 된다.

간혹 오래된 멸치볶음이 냉장고에 자리를 차지하고 있는 경우가 있다. 계속 꺼내 먹기도 그렇고 상한 것은 아니니 버리기도 아깝다. 이럴 때 애기김밥을 만들어 먹으면 색다른 경험을 할 수 있다. 참기름과 깨소금을 둘러 식혀가며 섞은 밥을 4분의 1로 자른 김에 퍼서 올리고 묵은(?) 멸치볶음을 넣어 말아 먹으면 아이들 입맛에도 딱이다.

이렇듯 어떻게 해 먹어도 맛있는 멸치는 고르는 법이 가장 중요하다. 어민이나 수협 관계자, 상인들은 공통적으로 "등엔 은빛이 돌고 배가 하얗고 모양이 예쁘고 상처가 없는 멸치가 상품"이라고 한다. 이런 멸치들은 짜거나 쓰지도 않다고 한다. 실제 최고의 멸치라고 하는 남해 죽방렴 멸치는 그 맛은 담백·고소하고 모양새는 참 예쁘다. '예쁘다'는 표현이 애매하긴 한데 남해멸치가 모이는 삼천포 서동 건어물 직판장 99번 중매인 부부는 "얌전하게 인사하듯 살짝 굽은 멸치가 최고"라고 한다.

멸치는 보관법도 중요하다. 쪄서 말렸다고 해서 안심하면 안 된다. 때문에 관계자들은 반드시 냉동보관할 것을 권한다. 그래야 상하지 않고 특유의 바삭함을 유지할 수 있다. 간혹 잘못된 보관으로 눅눅

해지는 경우가 있는데, 이럴 경우 전자레인지에 살짝 넣었다 꺼내면 바삭하게 되는데 이때 고추장에 찍어 먹으면 썩 괜찮다.

3월 말이 되면 봄멸치가 본격적으로 나온다. 가을멸치에 비해 살이 많은 봄멸치는 생으로 조림이나 회로 먹으면 그 맛이 일품이다. 인근 여수나 타지역에 비해 기름기가 덜하고 내장에 씹히는 펄이 없는 남해멸치는 생멸치 요리로도 유명한데 남해읍, 지족, 미조 등지에 괜찮은 음식점이 많다.

지족의 멸치쌈밥 전문점에선 갈치회·조림을 함께 하는 곳이 대부분이다. 제주갈치와 같은 바다에서 잡히는 갈치라 그 맛도 괜찮다.

먼저 나온 것은 멸치회무침. 미조에서 손질한 멸치들이다. 머리와 뼈, 내장을 제거한 생멸치는 비린내를 잡는 것이 중요한데, 비린내 자체를 멸치 맛으로 먹어도 나쁘진 않다. 각종 채소와 양념으로 붉게 무쳐 나온 회무침은 밥과 함께 비벼 먹어도 괜찮다. 하지만 아무래도 익히지 않은 것이라 두툼한 생선회에 길들여진 분들이라면 피하고 싶은 맛일 수도 있다.

메인 메뉴는 멸치쌈밥이다. 자작한 멸치조림과 쌈 채소, 마늘, 쌈장 등이 멸치쌈밥의 구성이다. 이미 남해의 명물이 된 멸치쌈밥은 가게마다 조리법이 조금씩 다르다. 된장을 기본양념으로 하고 각자의 양념이 더해진다. 때문에 남해를 찾는 관광객들마다 선호하는 가게들이 조금은 갈린다. 이 또한 산지의 매력이다.

이번에 찾은 집은 시래기나 고구마 줄기 같은 채소가 없는 조림이다. 끓는 양념에 멸치를 넣고 그대로 조린 것이다. 이 집 주인은 여러 채소를 넣는 것보다 멸치를 더 넣는 게 훨씬 좋다고 강조한다. 멸치 자체의 육수가 나오는 멸치조림은 따로 조미료를 쓸 필요가 없다. 된장과 기본양념이면 충분하다.

쌈 채소에 뜨거운 밥을 올리고 멸치를 한 마리 올린 다음 자작한 조림 국물을 한 숟갈 떠 부은 다음 싸서 먹는다. 취향에 따라 생마늘을 쌈장에 찍어 넣어 먹어도 좋다. 멸치조림은 기본적으로 매운 양념을 사용하기 때문에 먹다 보면 코끝에 땀이 맺힌다. 뜨겁고 매운 그것을 먹다 보면 멈추기 힘들다. 밥을 추가해 먹는다.

나른해지는 봄날 멸치쌈밥 한 상이면 몸도 챙기고 마음도 챙길 듯 싶다.

멸치 손질 현장

칼 필요 없이 손으로 '꾹~'

남해 미조수협 내에서 멸치 손질을 하고 있는 여인네는 이렇게 설명했다.

"뭐 하냐고? 멸치 손질하고 있지. 칼은 필요 없어. 머리와 배 사이를 이렇게 손으로 꾹 누르면 배가 터지는데 머리, 내장, 뼈를 동시에 발라내지. 이렇게 손질한 것들이 횟감용이나 쌈밥(조림)용으로 나가. 지족이나 미조에 있는 식당들 대부분이 여기서 나간 멸치를 써. 22kg쯤 되는 한 상자를 손질하면 횟감용은 5만 원, 조림용은 3만 원 받아. 횟감용이 손이 더 가니까. 지금은 좀 지저분해 보여도 저기 지하수에서 한 번 헹구면 아마 바로 먹자고 덤빌걸? 하하하!"

멸치 종류

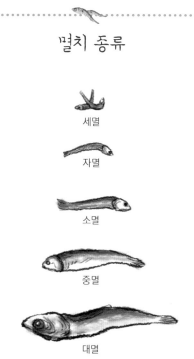

세멸

자멸

소멸

중멸

대멸

세멸^{지리멸} 가장 작지만 가장 비싸다. 주로 멸치볶음, 국물용, 이유식 용으로 사용된다.

자멸^{가이리} 뼈가 있는 멸치 형태이며 세멸 다음으로 비싸다. 볶음, 국 물, 이유식 등 다양한 용도로 사용된다.

소멸^{고바} 국물용과 볶음용 둘 다 가능하다. 어획량에 따른 가격 변동 이 크다.

중멸^{주바} 가장 싼 서민멸치이나 손질하기 힘들다. 내장을 빼내 고추장 볶음용으로 쓰고 국물용으로도 사용한다.

대멸^{오바} 주로 국물용으로 사용된다.

멸치의 성분 및 효능

내장 떼지 말고 먹어야 더 좋다

멸치에 들어있는 칼슘의 양은 우유의 10배 이상이라고 한다. 또한 멸치엔 골격 형성에 도움을 주는 인 성분이 풍부해서 성장기 어린이들뿐만 아니라 갱년기 여성들의 골다공증 예방에도 도움을 준다.

그리고 멸치엔 고등어와 꽁치 못지않게 풍부한 오메가-3가 들어 있어 심장병과 동맥경화 등 성인병 예방에도 좋다고 하니 덩치는 작아도 정말 훌륭한 생선이 아닐 수 없다.

그 외에도 콜레스테롤 수치를 낮춰 준다는 타우린, 피부와 점막을 건강하게 유지시켜 준다는 카로틴이 풍부하다. 한방에서도 신장이 약하고 양기가 부족한 이들이나 산후 회복에도 도움준다고 한다.

이렇게 몸에 좋은 멸치도 잘 먹는 것이 중요하겠다. 흔히 쓴맛이 난다고 해서 마른 멸치의 내장을 떼서 먹는 이가 많다. 하지만 위에서 나열한 좋은 성분들은 이 검은 내장에 많이 들어 있다고 한다.

///

멸치 요리를 맛볼 수 있는 식당 ^{추천}

우리식당
멸치회무침, 멸치쌈밥
남해군 삼동면 동부대로186번길 7 / 055-867-0074

여원식당
멸치회, 멸치쌈밥
남해군 삼동면 동부대로 1839 / 055-867-4118

봉정식당
멸치쌈밥, 멸치회무침
남해군 남해읍 화전로 110 / 055-864-4306

공주식당
멸치회무침, 멸치조림
남해군 미조면 미조로 230 / 055-867-6728

하
동
녹
차

빈 마음에 따르라, 이내 채워질지니

햇살 좋아서 맛있고 비가 와도 맛있다.
봄에도 좋고 여름이나 겨울에도 좋으니 가을은 말해서 무엇하랴.
낮이라 맛있고 밤이기에 깊어지니
격식이 무슨 소용이며 다도※道는 또 무엇이더냐.
뜨거운 물에 대충 우려 빈 마음에 따라 마셔라.

녹차가 특산물 된 배경

'왕이 택한 명당' 1000년 이어온 녹차의 고향

하동은 자연이 넉넉한 고장이다. 산·강·바다·들판을 모두 가졌다. 지리산·섬진강·한려수도·악양들판이다. 이 가운데 지리산과 섬진강은 녹차라는 보물을 내놓았다. 그것이 1000년 넘게 이어질 수 있었던 건 모질지 않은 이곳 사람들이 있었기에 가능한 일이었다.

우리나라 차 유래에는 몇 가지 설이 있다. 지리산 자생설, 인도에서 들어온 남방전래설, 그리고 중국 전래설이다. 하지만 세계 학회에서는 차나무 원산지를 중국으로 인정하고 있다. 그래서 중국 전래설이 정설로 통용되고 있다.

1145년 편찬된 〈삼국사기〉에 이러한 기록이 있다. '신라 홍덕왕 3년 828년 당나라에 갔다 돌아온 사신 김대렴이 차 종자를 가지고 왔다.

왕은 그것을 지리산에 심게 하였다. 차는 선덕왕 때부터 있었지만
이때에 이르러 성행하였다.'

이전부터 차가 있기는 했지만, 본격적인 재배 시점으로 받아들여진
다. 그런데 심었던 곳이 지리산이라고만 되어 있다. 이 때문에 정확
한 장소를 놓고 훗날 하동 화개면과 전남 구례군 간 팽팽한 신경전

을 펼쳤다. 2008년에야 한국기록원·차학회에서 하동 화개면을 시배지로 인정했다.

그렇다면 왜 하필 하동 화개면이었을까에 대한 궁금증으로 이어진다. 당나라에서 들여온 귀한 씨를 아무 곳에 뿌리지는 않았을 테다. 당나라 재배지를 통해 따뜻하고 비 많은 곳이 좋다는 것을 알고 있었다. 당시 하동군 화개면 쌍계사에는 유명 승려인 진감선사[774~850]가 있었다. 이 때문에 사신 왕래가 잦았고, 이곳 기후 조건을 전해 들은 홍덕왕이 적지로 택했다고 전해진다. 당나라 유학을 통해 차에 익숙한 진감선사는 이후 재배·보급에 힘썼다고 한다.

차나무는 연평균 기온이 13~16℃가 알맞다. 최저기온이 -13℃ 아래로 떨어지면 얼어 죽는다. 그리고 연간 강수량은 1400㎜ 이상 되어야 한다. 하동은 연평균 기온이 13.2℃, 최저 기온이 -10℃ 정도이며, 연평균 강수량이 1700㎜가량 된다. 특히 차나무가 집중돼있는 하동 화개면은 지리산·섬진강이 더 좋은 조건을 선사한다. 지리산은 차나무에 알맞은 자갈밭을 내주고, 북풍을 막으면서 많은 볕을 받게 한다. 섬진강은 안개와 습한 기후를 만들어 녹차 향을 돋우는 데 큰 몫을 한다.

하동 화개면 정금리에는 1000년 된 차나무가 그 세월을 버티고 있다. 이렇듯 하동 땅에 뿌리내린 차나무는 그 씨앗이 곳곳에 퍼지며 토착화됐다. 오늘날 밭에 정돈된 차나무만 있는 것이 아니다. 여기저기 버려진 것처럼 불쑥불쑥 자라는 나무도 많다. '하동 야생차'라 말하는 이유다. 그래서 굳이 농약을 쓰지 않아도 된다. 농약뿐만 아니라 축사·송전탑이 없다 하여 '하동녹차는 3무'라는 말도 있다.

여기 사람들은 긴 세월 녹차를 일구었지만, 스스로를 위한 것은 아

채취시기에 따른 분류

봄차　　첫물차: 곡우(4.20)에서 5월 상순 사이에 채엽한 것
　　　　　　　　차맛이 부드럽고 감칠맛과 향이 뛰어남
여름차　두물차: 양력 6월 중순에서 6월 하순 사이에 채엽한 것
　　　　　　　　차맛이 강함
　　　　세물차: 8월 상순에서 8월 중순 사이에 채엽한 것
　　　　　　　　떫은 맛이 강함
가을차　네물차: 9월 하순에서 10월 상순 사이에 채엽한 것
　　　　　　　　섬유질이 많아 형상이 거칢

 ## 차의 품질에 따른 분류
(새순의 채취시기와 위치 및 찻잎이 여리고 센 정도)

우전: 곡우(4.20)이전에 딴 아주 여린 차
세작: 곡우부터 입하전까지 딴 차
중작: 입하 무렵에 딴 차
대작: 중작보다 더 굵은 잎을 따서 만든 거친 차

 ## 찻잎의 모양에 따른 분류

세차(細茶, 여린차, 세작): 곡우~입하경에 딴 차로 잎이 다 펴지지 않은
　　　　　　　　　　　　　일창일기만을 따서 만든 가는 차
중차(中茶, 보통차, 중작): 잎이 좀 더 자란 후 창과 기가 펴진 잎을
　　　　　　　　　　　　　한두 장 따서 만든 차
대차(大茶, 왕작): 중차보다 더 굵은 잎을 따서 만든 거친 차
막차: 굵은 잎이 대부분으로 숭늉 대신 끓여 마시는 차

 ## 창(槍)과 기(旗)

창(槍): 새로 나오는 뾰족한 싹이 말려 있어 창과 같이 생긴 것을 말함
기(旗): 창보다 먼저 나와 잎이 다 펴지지 않고 조금 오그라들어 있어
　　　　펄럭이는 깃발과 같은 여린 잎을 말함

 ## 발효정도에 따른 분류

불발효차(녹차): 덖음차, 증제차(찐차)
발효차: 발효차, 반발효차, 후발효차

 ## 색상에 따른 분류

차의 제조공정과 제품의 색상에 따라
백차, 녹차, 황차, 우롱차, 홍차, 흑차로 분류함. 이를 6대 다류라고 함

니었다. 공납을 위한 강제 노역을 감당해야 했다. '화개 차밭에 불을 지르자'는 말은 이곳 백성들의 고된 삶을 달리 말해준다.

그래도 오랜 시간 감내를 통해 얻은 것도 있었다. 이곳에서는 어린 새싹인 작설을 '잭살'이라고 부른다. 이것을 따서 비비고 아무렇게나 바위에 널어 말렸다. 그리고 보자기에 싸서 보관하며 약으로 이용했다. 양은주전자에 달여서 사카린이나 꿀을 타서 감기약으로 썼다. 그래서 '고뿔차'라고도 했다. 감기뿐만 아니라 집안 상비약, 그러니까 만병통치약처럼 쓰기도 했다.

오늘날 녹차 생산량에서는 하동보다 전남 보성이 더 많다. 그런데 보성녹차 역사는 그리 멀리 거슬러 가지 않는다. 보성은 일제강점기에 수탈 목적으로 계획적이면서 대단위로 조성됐다. 녹차는 어린잎이 금방 크는데, 대규모로 조성하다 보니 일일이 손으로 따고 덖을^물 <small>을 더하지 않고 타지 않도록 볶는 과정</small> 여유가 없다. 그래서 보성은 기계식이고 대량생산이 쉬운 키 큰 나무다. 높이가 4m가량 된다.

반면 하동은 2m 정도밖에 안 된다. 하동은 지금도 할머니들이 한 잎 한 잎 손으로 딴다. 그래서 쪼그려 작업하기 좋도록 나무 높이를 낮게 만든 것이다.

하동 사람들 역시 기계로 편히 작업하고 싶은 욕심이 없지는 않다. 하지만 기계를 이용하면 찻잎이 다칠 수밖에 없다. 미련한 이곳 사람들이 여전히 수작업을 고집하는 이유다.

차를 만드는 과정도 일본 기계를 이용하는 다른 지역과 다르다. 덖음과정에 사람 손을 거친다. 뜨거운 가마솥에 장갑 낀 손을 넣어 타지 않게 계속 젓는다. 그래서 하동에서는 고작 1㎏ 정도 따서 덖음 작업을 하면 하루가 훌쩍 가 버린다.

차 시배지를 알리는 조형물과 비석.

입에 익은 제주녹차도 1970년대 말 어느 기업에서 땅을 사 대규모로
재배한 것이라고 한다. 최근 들어서는 여러 자치단체에서 육성품목
으로 재배에 나서기도 한다.

그래서 하동 사람들은 다른 지역 녹차와 비교하는 것에 대해 펀치

않은 마음을 드러낸다. 하동 사람들의 자존심은 여전하지만, 한숨이 섞여 있기도 하다.

1990년대 들어 항암효과를 비롯해 건강에 좋다는 이야기가 나왔다. 그러면서 한때 명절 선물용으로 홍삼 못지않은 인기를 누렸다. 그런데 언제부턴가 "지난 명절 때 받은 녹차가 아직 남아있는데, 또 선물로 주나"라는 시큰둥한 반응이 나왔다.

녹차산업이 갈수록 좋지 않은 것이다. 공통으로 입에 오르는 몇 가지 이유가 있다.

산업화시대를 거치며 '빨리빨리'가 몸에 익은 우리네에게 느긋한 차 문화는 애초 배치되는 부분이 있었다. 이를 위해 매스컴을 통해 홍보에 나서는 분위기가 있었다. 그런데 역효과가 있었다. 늘 한복을 곱게 차려입은 여인네들이 등장해 딱딱한 격식을 설명하는 식이었다. '차 문화는 어렵다'는 인식을 부추기는 결과를 낳았다. 한편으로 '경제적·시간적 여유 있는 여인들이 몰려다니며 즐기는 문화'라는 고정관념도 자리했다.

2000년대 중반 들어서는 농약 범벅 이야기가 언론을 통해 퍼졌다. 하동 화개면 어느 주민은 "당시 중국산에서 검출되면서 전수 조사했는데 국내 일부 것에서도 검출됐다"고 전한다. 그 여파가 10년 가까이 지난 지금까지 이어지고 있다는 것이다.

이제는 커피 소비량이 늘면서 전통찻집이 커피전문점으로 바뀌고 있다. 녹차 설 자리가 줄고 있는 것이다.

이러한 현실 때문에 "국가에서 나서 학교·군대 같은 곳에 보급하면 차 산업도 살아나고 국민 건강도 좋아지는 효과를 볼 수 있다"라는 이야기도 흘러나온다.

각기 다른 모양의 다기에는 나름의 역할이 있다.

그렇다고 차를 마시는데 이 모든 도구가 필요한 것은 아니다.

차분히 우린 차를 담아 마실 수 있다면 어떤 용기도 다기가 될 수 있다.

녹차와 함께한 삶

우전차 명인 **김동곤** 씨
소리·색·향·온기·맛 '오감으로 느껴야 제맛'

차를 마시면 오감이 즐겁다는 말이 있다. 물 끓는 소리에 귀가 즐겁고, 연두색 찻물에 눈이 즐겁고, 그윽한 향에 코가 즐겁고, 찻잔에 전해지는 따듯함에 손이 즐겁고, 그 맛에 입이 즐겁다는 것이다. 이러한 차를 한평생 곁에 두고 있는 이가 있다. 농업법인 쌍계명차를 운영하고 있는 김동곤(68) 씨다. 그는 차를 내놓으며 "녹차는 마시는 것이 아니라 즐기는 것이지요"라고 말한다.

김동곤 씨는 우전차 제조 기능 보유 국가지정 28호, 즉 '우전차 명인'이다. 하동군 화개면에서 태어나 대를 이어 고향 땅을 지키고 있다. 그가 10대째이며, 아들·손자까지 12대에 걸쳐 화개면을 떠나지 않고 있다. 그는 어릴 때부터 녹차를 가까이하며 지냈다.

"하동 녹차가 긴 세월을 잇고 있지만, 제 어릴 적에는 한 끼 걱정하던 시절이라 차 마실 여유가 없었습니다. 저희 아버지는 한약방을

하셨는데 녹차도 약재로 많이 사용했지요. 그래서 직접 차를 생산
하셨습니다. 인근 쌍계사 스님들로부터 덖음차 제조법도 익히셨고
요. 그러다 보니 저도 늘 차를 가까이할 수 있었지요.”

당시 상품으로 나와 있던 차는 주로 일본 쪽에서 들어온 것이었다.
우리 전통차는 절에서 명맥을 잇고 있었다. 그 역시 쌍계사를 오가
면서 참나무로 불 때는 법, 무쇠솥을 달구고 온도를 조절하는 법 등
을 익혔다.

군대 다녀온 20대 중반 들어 제다업에 본격적으로 뛰어들었다.

김 씨의 이름을 내걸고 생산·판매하고 있는 차.

1975년 '쌍계제다'라는 이름으로 차 설립 허가를 받았다. 이후 손수 따고 덖은 수제차를 알리기 위해 곳곳의 사찰·대학에 발걸음 했다. "아버지에 이어 이 일을 이어간 것은 전통차문화 부흥에 큰 뜻이 있었기 때문이죠. 무쇠솥을 길들이는 법, 더 좋은 덖음 방법을 찾기 위해 연습을 수없이 반복했죠."

1980년대 초 들어 우전차를 상품화하는 데 성공했다. 이에 머물지 않고 우전차를 더욱 세밀화해 최고급 발효차를 만들기도 했다. 당시 마을 할머니 대부분은 집에서 잭살^{작설의 방언}차를 만들었기에, 솜씨 좋은 이들을 쫓아다니며 채취시기, 비비는 강도, 발효 온도·시간 등을 배웠다.

그러한 노력 끝에 '우전차 명인'이라는 이름도 달게 됐고, 국제명차품 평대회에서는 금장상을 받기도 했다. 지금까지 차 관련 책을 10권가량 냈으며 재배 농민을 대상으로 한 강의도 꾸준히 나가고 있다.

그는 현재 10만㎡^{약 3만 평} 땅에 녹차를 재배하고 있다. '쌍계제다'라는 이름을 지금은 '농업법인 쌍계명차'라 바꿔 달고 제조·유통·판매까지 직접하고 있다.

"녹차는 겨울 지나고 처음 딴 것이 제일 맛있습니다. 즉 우전을 말하는 거지요. 4월 20일 정도 되면 첫 잎을 따고, 5월 초 두 번째, 5월 중순 세 번째 작업을 합니다. 그리고 5월 하순부터는 티백용 찻잎을 땁니다. 갈수록 맛이 떨어지기 때문에 하동에서는 5월 안에 거의 작업이 끝납니다. 보성 같은 곳은 가을까지 하기도 합니다. 우리는 가을·겨울 되면 퇴비 좀 주고 풀 두어 번 베는 작업이 다입니다."

말 그대로 자연에 맡겨두는 '야생차'라 할 만하다. 하지만 찻잎 따기는 모두 수작업으로 하기에 일손 구하는 데 어려움을 겪는다. 대부분 70대 이상 할머니들이다. 화개면 인근 악양면뿐만 아니라 강 건너 전남 구례 같은 곳에서도 사람을 데려온다.

수확한 녹차는 선별작업 후 덖음과정을 거친다. 그리고 바닥에 두고 비비기를 한 후, 건조·끝덖기를 거쳐 상품화한다.

"차 많이 찾던 시절에는 직거래도 많이 했죠. 그런데 언제부턴가 전통찻집이 민속주점이나 커피집으로 바뀌더군요. 지금은 인터넷 판매도 거의 안 하고 대부분 직접 판매합니다. 전국 백화점 여러 곳에 직매장을 두고 있습니다. 그런데 여기는 수수료가 30%가량 되고 매장 위치를 툭하면 바꾸라고 통보하니, 쉽지는 않아요."

그는 녹차산업이 갈수록 내림세라고 한다. 그래서 이렇게 덧붙인다.

"많은 사람이 차를 찾게 되면 관련 문화가 함께 발달할 수 있죠. 차로 인해 도자기 문화가 꽃피고, 다실을 장식하는 그림·시·건축도 함께 따라오는 것이죠. 꼭 이런 것 아니더라도 건강을 위해 많은 이가 녹차를 마시길 바라는 마음입니다. 차에 격식 같은 건 신경 안 써도 됩니다. 그냥 편하게 즐기면 되는 것입니다."

음식 이야기

풀잎 향기인 듯, 봄비 내음인 듯

선방의 스님들은 녹차를 선약仙藥이라 부른다. 신선이 먹는 약이란 뜻
이다. 쌍계사에서 만난 지광 스님은 '마음을 비우고 마시는 차'라고
정리한다. 쌍계사 옆이 녹차 시배지인데 예부터 이 절의 스님들은 녹
차를 즐겨 마셨다. 근래엔 칠불사 자응 스님이 수십 년 전부터 직접
녹차를 덖고 발효를 시켰다고 지광 스님은 기억한다.

첫 봄비가 운무와 함께 쌍계사 계곡에 낮게 깔린 날…. 이 비가 그
치면 어린 찻잎들이 싹을 틔울 것이다. 선방 뒷문을 열고 빗소리를
들으며 차를 마신다. 소박하고 정갈하게 차려진 모양새는 절로 자세
를 고쳐 앉게 만든다.

"격식 차릴 거 있나요. 그냥 흘리지 않고 마시면 되죠. 차를 어려워
들 하는데 마음을 비우고 편안하게 마시는 것이 제일 중요해요."

세작을 작은 한 스푼 정도 다관에 넣고 무선 전기포트에서 끓인 물을 붓는다. 잠시 후에 다관을 들어 원 모양으로 서너 바퀴 흔들어 숙우에 붓는다. 숙우에 담은 차를 찻잔에 부어 먹는다. 두 번째, 세 번째 우려낼 때마다 다른 향이 있는데 뒷문 밖 숲에서 오는 향인지 찻잔에서 오는 향인지 구분하기 힘들다.

"요즘은 쌍계사 계곡에서도 발효차를 만들어 먹어요. 10여 년 전만 하더라도 이 근방에서 처음 발효시킨 차들은 그냥 시래기 우린 맛이었어요. 그런데 요즘은 아주 좋아요."

빗소리에 묻힐 듯 말 듯 대화가 이어진다. 대화를 한다기보다 그냥 차를 마신다. 스님은 공부하기에 녹차가 좋은 동무라고 한다. 졸음이 오거나 마음이 흐트러질 때 녹차를 마시면 도움이 된다고 한다.

"요즘 커피를 많이 마신다죠? 스님들 중에도 커피를 마시는 분들이 있습니다. 녹차를 즐기는 인구가 예전만 못하다고 하는데 근본만 지키면 다시 찾을 겁니다. 찻잎을 키우고 비비고 덖는 과정에 거짓이 없이 근본에 충실하면 반드시 사람들이 다시 찾을 겁니다."

남은 차를 모두 비웠다. 무선주전자에 남은 물을 빈 숙우에 붓고 찻잔을 헹궈 나무 탁자에 뒤집어 놓는다. 금세 들어올 때 있던 차림대로 찻상이 정리되었다.

쌍계사 일주문을 지나 내려오면서 '마음을 비우고 마시는 것'이 무엇인가 생각한다. 스님은 "흐리니 싫고 해가 나서 싫고 더워서 추워서 싫은 맘이 있습니다. 반면 흐리면 흐린 대로 맑으면 또 그것대로 좋은 맘이 있습니다"라고 했다.

아마도 마음을 비우란 말은 '욕심을 비우란 말'일 게다. 해가 났으면 하는 욕심, 덜 추웠으면 하는 욕심….

근처의 녹차박물관과 시배지를 둘러보고 쌍계계곡의 한 찻집으로 향한다. 지광 스님이 좋다고 일러준 발효차를 맛보기 위해서다.

여기 발효차는 '황차'다. 황색 빛깔이 나는 발효차란 뜻이다. 어린 찻잎을 손으로 따 덖지 않고 비벼 메주 띄우는 온도로 24시간 정도 섞어주며 둔다. 그렇게 하면 녹색에서 검정색으로 천천히 변하는데

2005년 개관한 하동차문화센터.

그야말로 살청殺青의 과정이라 할 만하다. 그 검은 잎을 바싹 말려서 항아리에 5년간 숙성시킨 차가 여기 발효차다.

"화개 녹차는 농약이 있을 수 없어요. 제가 증인이죠. 여긴 밤나무가 많아 그것들을 항공방제 해야 하는데 그것 때문에 녹차에도 농약이 들었다는 말이 많았죠. 그런데 제가 지켜본 10년 동안 항공방제를 단 한 차례도 한 적이 없어요. 그리고 여긴 축사나 송전탑도 없고 공기와 물도 좋으니 녹차로선 최상의 조건이죠."

보통의 발효차는 중작이나 대작을 사용하지만 여기선 세작만 사용한다. 맛에서 차이가 나기 때문이다. 5월에서 6월경에 따는 중작이나 대작은 쓴맛, 떫은맛이 더 심하기 때문이다. 녹차는 일조량이 많을수록 쓴맛이 난다고 한다. 때문에 이때 따는 잎은 티백용으로 사

화개면 찻집에서 내놓은 발효차와 모시떡.

용하는데 그 쓴맛을 가리기 위해 현미를 넣는다는 주인의 설명이다. 발효차 먹는 과정은 보통의 녹차와 같다. 물이 식으면 추가로 데운다. 3년 이상 된 발효차는 '해운'이 생긴다고 한다. 찻잔 위에 물안개처럼 이는 것이라고 하는데 주의 깊게 보지 못해 직접 보지는 못했다.

이 황차는 떫은맛이 없고 단맛이 은은하게 돈다. 함께 나온 모시떡 또한 비슷한 맛인데 모자란 듯하나 씹을수록 넘치지 않을 만큼 차오르는 느낌이 좋다.

화창한 날 쌍계사로 가는 도롯가와 건너편 계곡에 벚꽃이 만개한 풍경도 좋지만 봄비 내리는 지리산을 보며 찻잔을 기울이는 것도 좋다. 끓는 물에 갓 말린 찻잎을 한 움큼 집어넣어 대접에 부어 후루룩 마셔도 좋고, 다관과 숙우를 거쳐 찻잔에 마셔도 좋다.

그리고 좋다는 것도 좋고, 좋지 않다는 것 또한 좋으며, 좋지 않음을 좋아한다는 것이 좋다.

녹차 '그것이 알고싶다'

카페인 함량, 커피 5분의 1 수준

차는 아열대성 상록식물로 열대·온대 지방에 걸쳐 분포하는데, 한국·중국·일본·인도에서 많이 생산한다.

차는 전 세계적으로 '차Cha' 혹은 '티Tea'라 부른다. 중국이 원산지로 인정받고 있는데 기원전 53년 노예매매계약서에 '차를 사온다'는 언급이 그 시작으로 통용된다.

하동은 중국에서 들어온 야생종, 보성·제주도는 일본에서 들어온 재배종으로 구분한다.

조상에게 제사를 지내는 차례茶禮는 그 한자에서 알 수 있듯, 차로 예를 올렸다. 그래서 우리나라에서는 적어도 2000년 전부터 차를 이용했을 것이라는 추측은 있지만, 김대렴이 중국 씨앗을 가져온 828년이 그 시초로 받아들여진다.

차는 사찰을 중심으로 퍼져나갔는데, 고려시대 불교문화가 융성하면서 하동뿐만 아니라 전남·전북에서도 재배되었다고 한다. 일제강점기 일본인들은 우리 차 문화를 일부러 업신여겼다. 즉 '조선 사람들은 숭늉을 차라고 한다' '술·고춧가루 좋아하는 입으로 어떻게 맑은 차를 마시느냐'며 폄훼했다고 한다.

차는 발효차와 비발효차로 구분된다. 녹차는 발효하지 않은 것이다. 황차·홍차·보이차 같은 것은 발효한 것이다. 떫은맛을 내는 카테킨

이라는 성분이 산소와 결합하는 것이 발효인데, 그 정도에 따라 독특한 맛·향·색을 달리한다. 녹차는 수확시기에 따라 우전·세작·중작·대작·말작으로 나눈다. 일찍 따는 순으로 귀하게 친다. 그래서 '초잎은 상전께, 중잎은 부모님께, 말잎은 서방님께, 늙은잎은 약을 만들어 아이 배 아플 때 먹인다'라는 옛말이 있다.

녹차 효능은 나열하기 힘들 정도다. 일본 학자는 논문에서 '하루 4잔을 마시면 우울증을 예방하고 하루 10잔을 마시면 암에 걸리지 않는다'라고도 했다. 하동 화개면 사람들은 아이들이 피부병에 걸리면 녹차물로 씻어 다스렸다고 한다.

하지만 카페인 부분은 재배하는 이들 마음을 불편하게 한다. 녹차를 꺼리는 이유 가운데 하나로 카페인이 자주 언급된다. 이럴 때 비교되는 것이 커피다. 실제 녹차는 같은 양의 커피와 비교해 카페인이 5분의 1 수준이라고 한다. 특히 카테킨이라는 성분이 체내 흡수를 천천히 하고, 데아닌이라는 성분은 빨리 배출하는 역할을 한다고 한다. 하동 어느 주민은 "녹차는 우려먹은 찌꺼기를 버린다. 그것만 봐도 모두 녹여 먹는 커피보다 카페인이 덜하다는 것을 알 수 있다. 하루에 몇십 잔 먹어도 괜찮다"고 한다. 그러면서 "녹차에만 카페인이 부각되는 건 커피 다국적 기업의 언론플레이 때문일 것"이라는 추측을 내놓는다.

녹차는 그 쓰임새가 마시는 것에 그치지 않는다. 생선에 녹차를 넣으면 비린내가 줄고 뼈가 연해진다고 한다. 프라이팬·냄비 씻을 때 사용하면 기름·냄새를 없애는데 한몫하기도 한다. 우려먹은 녹차 찌꺼기는 식물 비료로 사용할 수 있으며, 찻잎은 카펫 청소할 때 이용하는 것도 괜찮다고 한다.

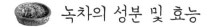 녹차의 성분 및 효능

떫은맛이 건강을 챙긴다

녹차에 든 타닌의 일종인 카테킨은 차 성분의 8~15% 정도를 차지하는데 이 성분은 항산화, 항암, 혈중콜레스테롤 저하, 항균, 항바이러스, 충치예방 등 효과가 있다. 그리고 이 카테킨이란 성분 때문에 녹차 특유의 떫은맛이 난다고 하니 떫다고 피하지 말고 꾸준히 마신다면 건강에 아주 좋을 것이다.

또한 녹차에는 비타민A와 같은 작용을 하는 카로틴이 당근의 10배 가까이 들어있어 암에 대한 저항을 높이는 데 효과가 있다고 한다. 뿐만 아니라 비타민C는 시금치의 3배 가까이나 들었고 비타민E 또한 풍부해서 노화방지 등에도 탁월하다고 한다.

그리고 녹차에 든 성분 중 중요한 것이 카페인인데, 원기회복과 각성효과, 대뇌자극, 이뇨작용 등이 뛰어나서 종일 앉아서 정신노동을 하는 이들에게는 특히 훌륭한 건강식품이라 할 수 있다. 또한 중요한 것은 녹차에 든 카페인 성분은 카테킨, 테아닌과 결합하여 섭취 후 2~3시간이면 몸 밖으로 배출된다고 하니 커피보다 훌륭하다고 할 수 있겠다.

녹차는 하루 세 번 마시면 우울증을 예방하고 하루 열 번 마시면 암을 예방한다고도 한다.

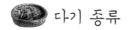 다기 종류

차 본래 향·맛 느끼고 싶다면…

차 문화는 '다기'의 문화이기도 하다. 그만큼 차에 있어 다기가 중요하다는 말이다. 다기로 차를 마시기는 의외로 간단하다. 차칙으로 잎차를 떠 다관에 넣고 뜨거운 물을 숙우에 부어 잠시 식힌다. 그리고 그 물을 다관에 부어 우려내 찻잔에 부어 마시면 된다. 뜨거운 물을 다관에 바로 부어 우려낸 맛을 좋아하는 분들도 있는데 그야말로 취향대로 마시면 된다.

화개에서 만난 대부분의 차 전문가들은 과하게 격식을 차린 '다도'가 오히려 차 문화를 망쳤다고들 한다. 하지만 차를 즐기는 데 있어서 다기를 빼고 말할 수는 없다.

 다관: 잎차와 더운 물을 함께 넣어 차를 우려내는 것. 뚜껑이 정교하게 맞는 것이 중요한데 뚜껑이 제대로 맞지 않으면 색, 향기, 맛이 모두 떨어진다.

 숙우: 물을 식히는 데 사용하는 그릇. 우려낸 찻물을 부어 놓고 찻잔에 따라 마시기도 한다.

 찻잔: 차를 담아 마시는 잔으로 크기나 형태에 따라 찻종이라고도 한다.

차호: 차를 넣어 두는 작은 항아리. 뚜껑을 닫았을 때 외부로부터 밀폐되는 느낌이 있어야 한다.

차탁: 찻잔 받침. 나무를 사용하는 이유는 잔과 부딪치는 소리를 없애기 위함이다.

차시: 대나무로 만든 것으로 가루 녹차를 뜰 때 사용한다.

다반: 찻잔을 나를 때 쓰거나 여러 다기를 담아두는 판.

차완: 찻잔보다 큰 사발로 가루녹차^{말차}를 마실 때 사용한다.

차칙: 차호에서 차를 뜨는 대나무로 된 것.

퇴수기: 차를 낼 때 예열을 위해 사용한 물이나 찻잔을 씻어낸 물을 담는 그릇. 차를 바꿔 마실 때 남은 찻물을 버리는 곳.

남해안 털게
(왕밤송이게)

수줍음 타는 꽃띠 봄 여자

바다 어디서 왔는지 어림잡아 추측할 수밖에 없는 털게는
제 한 몸 보이는 것 또한 싫어한다.
털로 가린 것도 모자라 온 수족으로 감싼 모양은
영판 수줍음 타는 꽃띠 봄처녀다.
이 물정 모르는 이는 웬만해선 물지도 않는다.
다만 옷고름을 단단히 여미어 얼굴을 붉힐 뿐이다.
그리하여 황금빛 털을 가진 아랫배를, 하얀 속살을 지킨다.
털게가 털이 난 이유는 몸집을 크게 하거나
위협을 주기 위함이 아니다.
다만 여린 피부를 지키기 위함이다.
그 단맛을 숨기기 위함이다.

털게가 특산물 된 배경

'특유의 향과 맛' 소문난 데는 매스컴 한몫

3월 말. 남해군으로 향하는 길은 온통 벚꽃이다. 하동군 진교면에서 시작돼 남해대교를 막 지나면 절정을 이룬다. 벚꽃 만개한 이 시기, 남해안 일대는 귀한 손님맞이로 분주하다. 바로 '남해안 털게^{왕밤}송이게'다.

남해안 털게는 3월 중순부터 4월 중순까지 여수~남해~사천~통영~거제 해역에 걸쳐 잡힌다. 생산량에서는 거제 해역에서 좀 더 많이 나는 것으로 알려져 있다. 하지만 털게로 더 이름 알리고 있는 곳은 남해군이다. 남해군 미조면 쪽에서 많이 나기도 하지만, 이보다는 방송 영향이 크게 작용했다. 몇 년 전 털게는 예능프로그램 전파를 탔다. 남해군 한 어민은 이렇게 전한다.

"2011년 4월 KBS 〈1박 2일〉에 나왔잖아요. 그러다 보니 찾는 사람
이 갑자기 많아지고 가격도 급격히 올랐습니다. 고기 잡는 사람들
도 너나 할 것 없이 털게잡이에 나섰고요. 그러면서 자연스레 가격
이 형성된 거지요. 어쨌든 매스컴 덕을 크게 봤습니다. 얼마 전에는

KBS 〈6시 내 고향〉에서도 촬영해 갔는데, 방송 나가고 나면 찾는 사람이 더 늘면서 가격은 또 오르겠지요."

KBS 예능프로그램 〈1박 2일〉이 관심의 불을 지피기는 했지만, 지난 시간을 흘려보낼 수는 없는 노릇이다. 미조면 어느 어민의 말이다.

"우리 어릴 때도 털게는 많이 볼 수 있었죠. 1960년대에는 잡은 놈들을 급랭해서 전량 일본에 수출했어요. 팔다 남은 것은 쪄서, 혹은 된장국에 넣어 먹었습니다. 물론 남해 사람들이라고 해서 다 그 맛을 봤을 리는 없지만, 고기 잡는 집에서는 익히 접할 수 있었죠. 그렇게 일본에 수출하다가, 국내 소비도 늘면서 점차 내수용으로 돌아갔죠. 이제는 없어서 못 팔 정도니까요."

일본 수출은 1990년대까지 이어졌다. 그리고 그 수요를 맞추기 위한 연구도 있었다. 1991년 11월 언론보도에는 이러한 내용이 담겨 있다.

'국립수산진흥원이 일본으로 수출하거나 호텔 등에서 고급음식으로 각광을 받고있는 동·남해안의 특산종인 털게와 왕밤송이게의 양식기술에 필요한 생리 및 생태현상을 밝혀내는 데 성공했다.'

이 당시 털게는 일본 수출용은 마리당 2만~3만 원에 팔았다고 한다. 국내에서는 고급음식점에서 맛볼 수 있었는데 마리당 5만 원도 예사였다고 한다. 20년 전 물가를 고려하면 엄청난 가격이다.

당시 양식 도입에 대한 기대가 컸지만 이후 현실화되지는 못했다. 최근 들어서 경남도수산자원연구소에서 종묘생산에 성공, 다시 대량생산에 한 걸음 다가서 있다. 남해안 일대뿐만 아니라 서해안을 끼고 있는 충청도 자치단체에서도 남해서 잡힌 털게를 가져가 연구에 공을 들이고 있다.

털게는 통발을 사용해 잡는다.

통발에 털게 대신 올라온 멍게.

이제 제철이면 그 맛을 보기 위해 남해안까지 먼 걸음 마다치 않는 이가 수두룩하다. 남해 미조항 어느 횟집에는 경기도 안산에서 일부러 찾은 이들이 한 테이블을 차지하고 있었다. 서해안 꽃게, 동해안 대게·털게도 있지만 "남해안 털게 특유의 향은 비교될 수 없다"며 극찬한다.

가격은 잡히는 지역과 물량에 따라 들쭉날쭉하다. 크기에 따라 차이가 있지만, 웬만한 크기는 마리당 1만 원을 훌쩍 넘는다. 식당에서는 마리당 2만~3만 원에 내놓기도 한다. 몇 년 전 가격이 급등했을 때는 20~25마리 한 대야가 60만 원에 팔려나가기도 했다고 한다.

횟집에서도 털게를 모두 취급하는 것은 아니다. 더군다나 어제는 내놓았더라도 오늘 물량이 없으면 일부러 찾은 손님을 달래며 돌려보내야 한다.

남해안 일대에서는 3월 중순부터 한 달 남짓 되는 동안 많은 어민이 털게잡이에 집중한다. 이것만 해서 먹고 살 수는 없지만 아주 괜찮은 부업이다. 그러다 보니 여기저기 그물이 얽혀 어민 간 얼굴을 붉히기도 한다. 오래전부터 털게잡이한 이들 처지에서는 갑자기 뛰어든 어민이 달가울 리 없다.

예전에는 걸그물을 많이 이용했지만, 지금은 대부분 통발이다. 서해안 꽃게잡이에 많이 이용하는 통발을 똑같이 활용하는 것이다. 함정 그물인 통발에 고등어·정어리 같은 미끼를 사용해 10~25m 물 아래 넣어뒀다가 다음 날 꺼낸다. 하지만 개체 수가 많지 않다 보니, 빈 그물로 올라오는 경우도 많다. 그 대신 소라·해삼·멍게·문어·노래미 등 각종 어종이 심심찮게 올라온다. 털게 통발을 끌어올리는 시간은 정해진 것은 없다. 위판장 경매 시간에 맞춰 작업한다.

털게라고 크고 무섭게 생긴 녀석들만 있는 게 아니다.

소라 속에 제 몸을 숨기고 있는 작은 털게들이 앙증맞다.

털게와 함께한 삶

이동면 어부 **김상우** 씨·수협 중매인 **박대엽** 씨

"우리도 철 아니면 못 먹어요"

남해 바닷가 사람들에게 3월 말은 '꽃피는 철'이라기보다는 '털게 철'
이다.

남해군 이동면 원천마을. 남해관광안내도에는 횟집단지라고 되어 있
지만 식당 몇 개가 듬성듬성 있을 뿐이다. 항구도 그리 크지 않다.
하지만 오전 10시가 되면 생기가 돈다. 남해군수협 원천위판장이
있기 때문이다. 대형 위판장에 비하면 거래되는 양이 많지는 않지만
다양한 어종이 대야에 담겨 있다. 털게도 한 자리 떡하니 차지하고
있다. 한 상인이 16~17마리 되는 털게 한 대야를 손에 넣었다. 식당
에서 내놓기 부족한 양이지만 물량 달리는 요즘이기에 이 정도도 감
지덕지다.

남해군수협 원천위판장.

위판장 너머로 한 남자가 배 움직일 준비를 하고 있다. '남해어부체험'을 운영하고 있는 김상우(48) 씨다.

김 씨는 일반인에게는 일정한 요금을 받고 자망·통발 체험을 하게끔 한다. 물론 김 씨는 고기 잡는 일이 주업이다. 털게도 빠지지 않는다.

"3~4월이 철인데, 지금 시기에는 조금 먼 바다로 나가야 털게가 있어요. 3월 이전에는 여기 연안까지 많이 들어와 있습니다. 저는 멀리

나가지는 않고 가까이 있는 놈들만 잡습니다. 요즘 너도나도 잡는다
고 난리인데, 나까지 손 보탤 필요 있나요."

김 씨는 배를 움직이기 시작했다. 그러면서 바다 아래를 가리켰다.
해초가 곳곳에 자리하고 있다.

"이걸 몰자반^{모자반}이라고 부르는데, 털게가 이런 곳에 많이 있어요.
이빨이 강해 이걸 뜯어 먹고 살아요. 그래서 이쪽 지역에서는 몰게
라고 부르지요."

그는 수산고 졸업 이후 10년 정도 외항선을 탔다. 다른 일을 잠시
하다가 결국 다시 어업 쪽으로 돌아왔다. 연안에서 고기잡는 작은
어선은 부부가 보통 함께하는 경우가 많다. 김 씨도 한때 아내와 함
께 배를 탔다. 하지만 아내는 아무리 배를 타도 몸에 익지 않았다.

털게가 서식하는 모자반.

그래서 김 씨 혼자 나선다. 위안이라도 하듯 "요즘 배는 기계화가 잘
되어 있어서…"라며 양망기를 작동시킨다. 어제 넣어둔 통발을 끌어
올리기 위해서다. 기대와 달리 빈 것만 올라온다. 오히려 볼락·노래
미 같은 고기가 대신 올라온다. 마침내 털게가 올라왔다. 김 씨는
털게 배를 보여주며 "이렇게 배꼽 부분이 둥글면 암놈"이라고 설명했
다.

그렇게 1시간 넘게 바다에 떠 있는 동안 10마리 채 안 되는 털게가 잡혔다. 그래도 워낙 비싼 몸값이기에 내다 팔면 쏠쏠한 수입이 될 수 있다. 하지만 김 씨는 배 위에서 바로 털게를 쪘다.

"솔직히 대게같이 한입 베어 먹는 재미는 없지요. 그래도 이 달콤한 특유의 향은 그 어느 것 못지않지요."

그는 하루 이틀 먹은 털게가 아니지만 "우리도 제철 아니면 이 맛을 못 본다"며 꽉 찬 알을 입에 넣었다.

육지로 돌아와 남해군 미조항 쪽으로 이동할 계획이었다. 김 씨는 "미조에 가면 이 사람을 만나야 한다"며 누군가를 소개해 줬다. 1991년부터 남해군수협 중매인으로 일하고 있는 박대엽(62) 씨다. 박 씨는 외항선 일등 항해사로 20년 넘게 바다 위를 누볐다. 그러다 보니 바다 아래 있는 것은 모르는 게 없다. 털게에 대해서도 해박한 지식을 가지고 있다.

"예전에 우리 형님이 털게를 잡아 일본에 수출하는 일을 했거든요. 그때는 인근 여수 돌산 쪽으로 많이 나갔지요. 지금은 자망·통발을 이용하지만 과거에는 고데구리라는 소형기선 저인망으로 잡는 방식이었지요."

박 씨는 고향 땅 미조면에서 횟집도 운영한다. 예능프로그램 〈1박 2일〉 팀이 털게 맛을 본 곳이 바로 박 씨가 운영하는 횟집이다. 하지만 박 씨는 굳이 홍보용 사진을 내걸어 놓지도 않았다. 그런 것에 기댈 욕심이 별로 없다. 그냥 신선한 횟감 내는 것에만 신경 쓸 뿐이다. 횟감은 직접 눈으로 보고 들여온다. 그리고 밑반찬으로 나오는 것들은 대부분 미조에서 난 것으로 채운다. 털게 또한 예외가 아니다.

"남해에서는 미조면과 남면 쪽에서 많이 나지요. 털게 단단해지는
시기는 미조 쪽이 좀 더 이르죠. 수심과 관계가 있는 것으로 압니
다."

박 씨는 "4월 20일 지나면 털게 장사는 끝"이라고 했다.

음식 이야기

향이 독특해 된장찌개로 끓이면 별미

털게를 만나기 위해 찾은 남해 미조항. 미조북항 인근 횟집에서 안산서 털게를 먹으러 왔다는 관광객들을 만났다. 남항에서 털게 10만 원어치를 사 횟집에서 쪄먹기 위해 온 것이다. 어른 주먹만 한 크기에 껍데기가 단단한 털게 대여섯 마리다.

일행 중 한 명은 온갖 게를 좋아하는데 털게 맛이 최고라고 주장한다. 동해 가진항에서 처음 먹었는데 꽉 찬 살이 달고 고소해서 잊을 수 없었다고 한다.

횟집 주인은 털게의 장점을 달고 비리지 않은 맛이라고 한다. 다른 게의 경우 된장 등으로 비린 맛을 잡아야 하는데 털게는 그럴 필요가 없을 정도라고 한다.

그는 손님들이 가져온 털게 한 마리를 꺼내 가장 아래쪽 다리 윗부분을 붙잡으며 좋은 털게 고르는 법을 설명한다.

"이 부분을 눌렀을 때 껍데기가 단단한 놈이 달고 맛있습니다. 물렁한 것은 가까운 바다에서 잡았거나 충분히 살이 오르지 않은 것들입니다."

미조항 횟집에서 최상급 털게찜 한 마리를 밥과 함께 먹으려면 3만원은 준비해야 한다. 조금 비싼 편이나 한 철 별미로 즐기기에 부족함은 없다.

통발체험으로 잡은 털게를 돌게, 소라 등과 함께 배 위에서 바로 쪄 먹으면 그 맛이 일품이다.

음력 1월에도 살이 차고 껍데기가 단단한 털게가 남해안 일대에서 잡히지만 요즘 털게만 못하다. 설 이후 한 번 더 탈피를 하고 살이 차고 껍데기가 단단해지는 지금부터 5월 중순까지가 털게 맛을 제대로 볼 수 있는 철이다.

남해 원천마을 포구에서 5분 정도 배를 타고 나가면 통발에 털게가 올라온다. 크기도 다양한데 엄지손가락 한 마디 정도의 아주 작은 것에서부터 어른 주먹만 한 것까지 대중이 없다.

통발체험을 통해 직접 잡은 털게를 배 위에서 쪄 먹었다. 작은 냄비에 털게며 돌게, 소라까지 가득 채워 물을 약간 붓고 20여 분 끓이면 된다. 민물에서 손질하지 않고 바로 쪄 먹을 땐 털게 입에 칼끝을 넣어 구멍을 내주면 좋다. 털게가 갖고 있는 바닷물이 자연스레 빠져나와 짠맛은 빼고 단맛은 더한다.

이처럼 가까운 바다에서 잡은 털게는 껍데기가 대체로 부드럽다. 두꺼운 다리도 손톱으로 껍데기를 벗겨가며 먹을 수 있다. 함께 찐 돌게에 비해 비린 향이 확실히 덜하다. 아니, 없다고 해도 될 맛이다. 담백하고 단맛도 좋은데 배 위에서 즐기니 그 또한 좋다.

보통 이렇게 가까이서 통발로 잡은 털게는 된장찌개를 끓인다. 요즘이야 털게가 유명해져 잡는 대로 팔기 바쁘지만 이곳 사람들은 예전부터 털게로 된장찌개를 끓여 먹었다. 원천마을에서 만난 어민은 털게로 끓인 된장찌개는 향이 독특해서 별미라고 한다. 여기서 조금 더 먼 바다로 가 저인망으로 잡은 털게는 크고 단단하다.

털게는 남해뿐만 아니라 통영, 사천 등지에서도 많이 잡는다. 마산 어시장의 털게는 주로 통영에서 온 것들인데 어시장 내 농협 주변의 꽃게, 전복 등을 파는 가게에 털게가 있다. 2만 원에 두 마리를 사

직접 요리해 보기로 한다. 꽃게 한 마리는 덤으로 주신다. 시장을 나
오며 어시장 난전에서 노지냉이 한 묶음과 청양고추 한 바구니를 샀
다.

끓는 물에 된장을 풀고 흐르는 물에 적당히 손질한 털게 한 마리를
넣는다. 털게는 웬만해선 물지 않는다. 얌전하게 끓는 물에 들어간
다. 그동안 냉이를 손질한다. 한 번 제대로 끓고 나면 청양고추를 적

당한 크기로 썰어 충분히 넣고 냉이를 넣어 한 번 더 끓이면 완성이다.

다른 재료가 필요 없다. 털게, 된장, 청양고추, 냉이면 충분하다. 된장은 약간 싱겁다 할 정도로 풀어주는 것이 좋다. 완성된 털게 된장찌개는 담백하고 칼칼하다. 냉이와 털게의 향이 입맛을 자극한다. 봄에 만난 제철 음식임에 틀림없다. 짜지도 않아 대접을 들고 마실수 있다. 찐 털게 등껍데기에 비빈 밥을 함께 먹으니 조화가 훌륭하다.

털게찜은 된장찌개가 끓는 동안 만들면 된다. 자작하게 물을 붓고 뚜껑을 잘 덮어 15분 정도 끓이면 된다. 너무 끓이거나 물의 양이 너무 적으면 털게 껍데기에 붙은 내장들이 떨어져버리기 때문에 약간 주의해야 한다. 그렇게 되면 밥을 비벼 먹을 수 없는 참사가 일어난다. 남해서 먹은 털게보다 크고 단단한 탓인지 먹을 게 많다. 살도 살이지만 노란 알과 껍데기에 붙은 내장의 맛이 훌륭하다. 특히 껍데기에 바로 붙어있는 내장은 흡사 잘 풀어 중탕한 계란찜과 같다. 고소하고 부드러우면서 달다.

밥을 한 순갈 떠 껍데기에 올리고 참기름, 잘게 썬 청양고추와 김을 더해 비벼 먹는다. 부드러운 내장과 함께 잘 섞인다. 큰 꽃게에 비하면 작은 것이 털게이지만 특유의 달고 담백한 맛이 좋다.

이 찜은 된장을 풀지 않고 순수하게 물로만 쪘다. 비린 맛은 전혀 없고 다릿살도 적당히 있어서 밥 한 공기와 털게 한 마리를 먹으니 한 끼 잘 먹었다는 포만감이 든다. 털게 서너 마리면 한 가족이 즐기기에 충분할 듯하다. 또한 털게와 봄에 나는 제철 채소를 곁들여 먹는다면 건강과 맛, 즐거움을 다 채우기에 부족함이 없을 것이다.

통발 털게잡이 현장

조금만 늦었으면 이 귀한 털게가 문어 먹이될 뻔

해산물을 잡는 방법은 여러 가진데 대표적인 것이 낚시와 그물, 그리고 통발이다. 갯장어는 정어리 살을 바늘에 하나씩 꿰어 잡는 낚시 방식이고 전어는 그물로 잡는다. 털게도 저인망 어업이 일반적이지만 가까운 바다에선 주로 통발을 이용한다. 털게 취재차 찾은 남해 원천마을엔 마침 통발어업을 체험할 수 있는 프로그램이 있다.

포구에서 5분여 나가면 어장이다. 며칠 전 던져놓은 통발의 위치는 부표로 알 수 있는데 도착하자마자 선장은 부표를 건진다. 부표를 올리면 지름 1.5cm 정도의 밧줄이 올라오는데 그 아래 적당한 간격으로 통발이 달려 있다.

가장 먼저 하는 일은 올린 밧줄을 양망기에 거는 일이다. 양망기는 기계적 힘으로 그물을 걷어 올리는 어구다. 양망기가 돌면 곧 통발이 올라온다. 전날 파도가 심했기 때문에 각종 수초와 파래들이 통발과 밧줄에 얽혀 있다. 일일이 손으로 털고 끊어줘야 일에 진척이 있다.

양망기로 통발을 올리고 있다.

처음 몇 개의 통발엔 상품이 되기 힘든 볼락 새끼들만 올라올 뿐이
었다. 떼 내고 매듭을 풀어야 할 것들만 많아 선장의 표정이 굳는
다. 그러기를 몇 차례 갑자기 배에 활기가 넘친다. 아이 팔뚝만 한
해삼이 올라오기가 무섭게 제법 큰 문어가 걸려들었기 때문이다.

그리고 곧 털게도 올라온다. 아주 큰 것은 아니지만 묵직하다. 문어
와 털게가 함께 든 통발도 있었는데 조금만 지체했다면 문어가 털게
를 먹었을 것이라며 선장은 웃는다.

한참을 지켜보다 선장의 일손을 돕기로 한다. 줄이 꼬이지 않는 한
양망기는 계속 돈다. 원통형 느슨한 스프링 형태의 통발은 그냥 두
면 팽팽하게 길게 펼쳐지는 구조다. 그래서 통발이 올라오면 양손으
로 원의 가장자리를 잡고 눌러 납작하게 만드는 것이 중요하다.

그런 다음 통발을 들고 아래위로 털면 내용물들이 쏟아져 나온다.

통발을 들고 아래위로 털면 통발에 걸린 것들이 떨어진다.
털게를 비롯해 가재, 해삼, 전복 등 종류가 다양하기도 하다.

아무리 큰 놈이라도 웬만하면 쏟아진다.

그렇게 털어낸 통발은 밧줄의 고리에 다시 걸어 붙여 한쪽에 정돈해
야 한다. 한 부표에서 올라온 통발들은 다 올라오는 대로 다시 바다
에 넣어야하기 때문이다. 그래서 쉴 수가 없는 작업이다. 잠깐 도왔
는데 온몸이 펄과 파래 등으로 지저분해졌다.

포구가 잡힐 듯 보이는 바다였지만 많은 것들이 올라왔다. 문어, 볼
락, 노래미, 삼식이, 털게, 돌게, 소라 등이었는데 마지막 부표에선 손

털게와 함께 올라온 가재, 성게, 볼락, 해삼.

바닥 만한 전복도 한 마리 올라왔다.

이렇게 잡은 것들 중에서 활어로 팔 수 있는 것들은 갑판 아래 수족 관으로 보내고 나머지는 미리 물을 채운 대형 대야에 넣는다.

2시간 남짓 부표 세 개를 올려 통발수확을 하고 다시 그 자리에 통 발을 내려놓고서야 돌아올 수 있었다.

잡은 해산물들을 배 위에서 바로 찌고 회를 떠 먹었다. 허기지고 피 곤했지만 그만큼 달고 맛있었다.

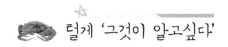

털게 '그것이 알고싶다'

사실 남해안서 나는 건 '털게' 아닌 '왕밤송이게'

게는 전 세계적으로 4500종에 이른다. 우리나라에는 180종가량 된다. 이 가운데 잘 알려진 꽃게는 서해, 대게는 동해, 참게는 섬진강 같은 곳에서 많이 난다.

그런데 남해안 일대에서 나는 털 수북한 놈을 두고 '털게'라 하지만 엄밀히 따지면 틀린 말이다. '왕밤송이게'가 정확한 표현이다. '털게'는 강원도 고성 등 동해안 일대에서만 나는 별도 품종이다. 북한 해역에서도 많이 나는데, 일제강점기에는 함경도 쪽에 털게 통조림 공장도 있었다고 한다.

즉 남해안에서 나는 '왕밤송이게'와 동해안에서 나는 '털게'는 다른 품종이지만 일반적으로 같은 '털게'로 불리고 있다. 남해안에서는 입에 익지 않은 '왕밤송이게'보다는 '털게'라 부르길 바라는 눈치다.

남해안에서는 또 다른 이름으로 부르기도 한다. 몰자반해초 주위에 많이 서식한다 하여 '몰게' 혹은 '몰자반게', 살이 여물고 단단하다 하여 '응게'라고도 한다.

'남해안 털게'는 동해안 털게에 비해 크기가 작고 털은 좀 더 부드러우면서 짧다. 남해안 털게는 밤색에 가깝지만 동해안 털게는 붉은빛이 감돈다. 맛에서는 남해안 털게가 덜 달지만, 진한 특유의 향이 있다.

남해안 털게는 배를 들여다보면 암수 구분이 가능하다. 배꼽이 둥글고, 노란빛보다 검은빛이 많이 감돌면 암컷이다. 알이 꽉 찬 암컷이 아무래도 단맛이 많지만, 암수 구분 없이 한 대야에 섞여 거래된다.

서식 장소는 '작밭'이라 하여 펄과 모래가 섞여 있는 수심 50m 이내의 저지대 쪽이다. 모자반 같은 해초 많은 곳도 좋아한다.

남해안 털게는 12월이 지나면 연안 쪽으로 기어 나오면서 이때부터 잡히기도 한다. 하지만 탈피, 즉 껍질 벗는 과정에 있는 이 시기에는 크기도 작고 덜 야물다. 5~6월이 되면 몸이 가장 단단해져 마치 돌덩이와 같다. 하지만 맛에서는 싱겁다. 이보다는 껍데기가 80~90% 정도 야물었을 때 단맛이 가장 강한데, 이때가 곧 3월 중순에서 4월 초·중순이다.

털게는 몸에 물을 머금고 있기에 상품거래 때 무게의 의미는 덜하다. 이보다는 맨 아래 다리 안쪽을 만져서 어느 정도 단단한지를 통해 최상품 여부를 구분한다.

털게의 성분 및 효능

찔 때는 배를 위로 해야 '영양 덩어리 내장' 살릴 수 있어

동의보감에도 털게는 몸의 열을 풀어주는 음식으로 나와 있어 몸의 균형이 깨지기 쉬운 봄철에 잘 먹으면 아주 도움이 될 제철 음식이라 할 수 있다.

또한 털게는 단백질이 풍부해서 기력을 보충하는 데 도움되고, 비타민과 철, 아연, 칼슘, 칼륨 또한 풍부해서 빈혈을 예방할 수 있다고 한다.

털게는 소화가 잘 되고 지방이 적어 기력이 쇠한 이들에게 특별한 영양식이 될 수 있다. 특히 시력감퇴를 예방하는 기능까지 있다고 하니 어린이나 노약자 모두에게 훌륭한 음식이라 할 수 있겠다.

게다가 털게엔 감칠맛을 돋우는 글루타민산이 들어 있어 봄철 미식가들 입맛을 잡기에 부족함이 없을 듯하다.

털게를 찔 때는 반드시 배를 위로 가게 해야 털게 껍데기에 붙은 내장 성분이 흘러내리지 않는다. 또한 너무 오랜 시간 찌면 수분이 증발해 식감이 떨어질 수 있다. 잘 찐 털게를 먹을 때도 조심해야 한다. 살이 잘 여문 털게는 껍데기가 딱딱하고 털이 억세다. 그렇기 때문에 털게 향에 취해 급하게 먹다가 입에 상처를 입을 수도 있으니 주의해야 한다.

//

털게 요리를 맛볼 수 있는 ^{추천} 식당

촌놈횟집

털게찜(3~4월)

남해군 미조면 미조로 22 / 055-867-4977

마
산
미
더
덕

작은 알 속에 꽉 들어찬 바다

멍게 향이 좋다 해도 이 덩치에 미더덕만 할까.
해삼이 몸에 좋다 한들 이처럼 아무렇게나 만날 수 있을까.
그러니 '바다맛'이란 게 있다면 그건 미더덕 맛이다.
오죽하면 바다와 '탯줄'로 연결되어 있을까.
바다가 품은 알, 그게 바로 미더덕이다.

미더덕이 특산물 된 배경

바다 천덕꾸러기가 명물 대접받은 건 진동 고현 사람 덕

어느 지역 특산물이든 그렇다. 자연환경, 여기에 사람 손길이 더해지면서 소중한 자산을 안게 된다. '마산 미더덕' 역시 그러하다.

4월 초 어느 날 창원시 마산합포구 진동면 고현마을. 깊은 내만인데다 마을 앞바다 너머에는 여러 섬이 한 자리씩 차지하고 있다. 그래서 파도가 세지 않다. 태풍이 와도 비교적 온순함을 잃지 않는다. 그래도 적당한 물 흐름이 있어 깨끗한 물을 유지한다. 바다 아래는 펄 아닌 모래땅에 가깝다. 여기에 바닷물과 민물이 섞여 플랑크톤이 풍부하다. 이러한 자연조건은 이곳에 '미더덕'을 달라붙게 했다.

미더덕은 〈자산어보〉玆山魚譜·1814년에 기록이 등장한다. 마산지역에서는 미더덕을 세시 풍속에 따른 음식으로 이용했다. 정월대보름이나 풍어제를 지낼 때 들깻가루를 넣은 미더덕찜으로 몸과 마음을 달랬다고 한다. 그것이 언제부터였는지는 정확하지 않다. 머리 희끗희끗해진 이들이 "우리 할아버지·할머니 시절에도 세시 음식으로 이용했다"고 전한다.

하지만 지금과 같이 여기저기서 널리 맛볼 수 있게 된 것은 그리 오랜 세월은 아니다. 미더덕 하는 어민은 이렇게 전한다.

"어릴 때 보면 자연산 미더덕이 돌 여기저기에 붙어 있었거든. 할매·아지매들이 그걸 따서 대야에 담아 장에서 팔았는데, 사람들 반응은 신통치 않았지. 처음 보는 사람들은 징그럽다며 뭐 이런 걸 파느냐고 핀잔하고 그랬구면. 그리 팔아서는 큰돈은 안 되었고, 조금씩 따서 집에서 먹는 정도였지."

아이들 도시락 반찬이 변변치 않던 시절, 고현마을 같은 곳에서는

진동 고현마을로 들어가는 길
입구에 있는 조형물.

껍질 까기 전 미더덕.

미더덕찜을 이용하기도 했다. 이 지역에서는 그리 특별한 것은 아니었다.

오히려 아이들이야 달걀말이·빨간 소시지에 눈길 줬기에, 미더덕찜은 뒷전 취급이었다.

시간이 좀 더 지나서는 천덕꾸러기 취급을 받기도 했다. 양식장이나 선박에 달라붙어 해를 끼쳤기 때문이다. 굴 양식을 본격화한 거제·통영 같은 곳에서는 이 '해적생물'이 달가울 리 없었다. 나라에서도 없애는 데 머리를 싸맸다.

하지만 흘겨보는 눈길만 있었던 것은 아니다. 돈 되는 놈으로 생각하는 머리 좋은 사람들은 늘 있는 법이다.

진동면 고현마을에서는 1970~1980년대에 꼬막을 많이 했다. 하지만 살림살이를 그리 넉넉하게 하지는 못했다. 자연스레 시선이 옮겨간 것이 미더덕이었다. 홍합 종패에 함께 붙어 올라오는 것을 보며 양식에 대한 고민을 이어갔다. 1980년대 초부터 시도에 나선 몇몇이 꽤 짭짤한 수익을 올릴 수 있었다. 당연히 옆집·앞집 할 것 없이 꼬막양식장을 미더덕으로 전환하면서 마을 전체로 퍼졌다.

하지만 여전히 나라에서는 양식허가를 내주지 않았다. '해적생물'이라는 이유 때문만은 아니었다. 굴·멍게로 한창 재미 보던 인근 지역 어민들은 자신들 소득을 뺏어갈 새로운 놈의 등장이 불편했다. 양식허가에 대해 반대하는 분위기가 꽤 거셌다. 고현마을 사람들은 서울을 비롯한 전국 수산시장을 다니며 미더덕을 홍보했다.

그래도 여전히 허가가 나지 않아 불법 아닌 불법으로 미더덕을 하며 행정기관 눈치를 봐야 했다. 그러다 2001년에야 양식이 허용됐다.

미더덕은 1980년대 중·후반 작은 어촌인 고현마을에 사람을 불러모

았다. 한 어민은 당시 분위기를 이렇게 전했다.

"당시 마산에서 수출자유지역이나 한일합섬 같은 데나 들어가야 좋은 직장이라 했거든. 그런 데 아니면 돈 벌기 쉽지 않지. 그 당시 그런 직장보다 미더덕 돈벌이가 더 좋을 정도였으니까. 이 작은 마을에 사람들이 북적북적했어. 그래서 우리는 '한일합섬 뒷골목 못지않다'고 말하기도 했지."

현재 시장에 나오는 미더덕은 모두 양식이다. 하지만 그 양식이라는 게 그물을 바다에 던져놓고 달라붙기를 기다리는 게 전부다. 그래서 자연산과 구분하는 것은 큰 의미가 없다.

전통 자연산은 이제 찾기도 어렵다. 흰 바위가 새까맣게 보일 정도로 많이 달라붙었던 것은 옛 기억일 뿐이다. 워낙 깨끗한 물에서만 살 수 있는 습성 때문에, 환경 변화 속에서 도태한 것이다. 전혀 없는 것은 아니지만, 양식으로 대량수확할 수 있기에 굳이 찾아 나설 필요도 없다.

미더덕은 국내 전 연안에서 나기는 하지만 거제~통영~고성~마산~진해 해안 일대에 집중해 있다. 이 가운데 마산지역은 한때 전국 생산량의 70~80%를 차지했다. 지금은 거제·고성 같은 곳에서도 많이 내놓고 있어 50~60% 수준이다. 거제~진해에 걸친 '괭이바다'에서 나는 것은 맛에서 큰 차이가 없다. 다만 펄 많은 전라도 해안에서 나는 것은 여기와 비교할 수준이 아니라고 한다.

미더덕은 '바다의 더덕'이라는 뜻을 담고 있다. '미'는 바다의 옛말이다. 한편으로 여기저기 '더덕더덕' 붙어 있는 모양새도 그 이름에 스며 있다.

미더덕은 1월부터 8월 말까지 채취한다. 이 가운데 성장이 최고조에 이르는 3~4월이 가장 맛있는 철이다. 미더덕 철이 끝나면 어민들은 또 다른 손님을 맞이한다. 주름미더덕, 일명 '오만둥이'가 8월 이후 본격적으로 난다. 경상도 말로 '오만 데 다 달라붙는다'해서 '오만둥이'라 불리지만, 물이 조금만 탁하면 폐사하는 민감한 놈이기도 하다. '오만둥이'는 그 가치가 미더덕의 절반 정도로 매겨진다. 그래도 찾는 이가 꾸준히 늘고 있다. 10여 년 된 '진동 미더덕 축제'는 한때 '미더덕·오만둥이'라는 이름을 함께 넣기도 했다. 하지만 굳이 그렇게 구분할 필요까지 없다 해서 '미더덕'으로 단일화했다.

-학명: Styela clava

-분류: 측성해초목-미더덕과

-이름 유래: 바다에서 나는 더덕이라 하여 미더덕.
미는 물의 옛말.

-문헌 기록: 〈자산어보〉에 음충(淫蟲)이라 언급했는데,
그 모양에 대해 '양경(陽莖)을 닮아 입이 없고
구멍이 없다'라고 묘사.

-외형적 특징: 전체 길이는 5~10cm. 황갈색을 띠며 외피는
섬유질과 같은 물질로 되어 있어 딱딱하다.

-미더덕과 주름미더덕(오만둥이) 외형적 차이
미더덕은 크면서 길쭉, 주름미더덕은 울퉁불퉁하면서
불규칙한 모양.

-특유의 향: 미더덕은 글루탐산이 주성분. 여기에 핵산 관련
물질이 더해져 특유의 향과 맛을 낸다.

-미더덕 껍질 먹어도 될까?
미더덕 껍질은 콜레스테롤이나 인체 해로운 물질을 흡착해
배설해주는 역할을 한다. 또한 콘드로이틴황산이라는 성분이
있어 피부미용·관절에 효과.

-양식: 1999년 양식품종 지정, 2001년 양식 본격화

-양식 과정: 6~8월 그물 투척. 다음 해 1월부터 8월까지 채취.
3~4월이 제철.

-작업 과정: 바다 위 작업장에서 그물 끌어 올려 기계로
분리 및 세척. 뭍에 있는 작업장에서
껍질 까기 작업 후 판매.

-서식에 미치는 주위 환경
전년도 비가 적으면 염도가 높아져 많이 폐사. 태풍도 악영향.

-그물: 공사장 안전망에 사용하는 것과 비슷한 망사그물 이용.
거제 쪽은 외줄그물 이용하기도 한다.

-미더덕 까는 도구: 식칼 반 크기 정도로 뭉툭하게 별도 제작.
하나당 가격이 2만~3만 원.

-미더덕 까기 하루 일당: 5만 원가량

-두 사람이 하루 동안 수확해서 가공할 수 있는 양: 100kg

고현마을

창원시

고성군

거제시

당동만 진동만 진해만

-분포
우리나라 연안 및 극동 아시아.
특히 거제~통영~고성~마산~진해바다에 많이 서식.
전 세계적으로 우리나라만 식용화.

-고현마을 현황
총 120여 가구 중 40여 가구 종사,
전국 생산량의 50%.(과거 80%까지였던 적도 있음)

-미더덕 현재 시세(생물 1kg당)
현지(고현마을): 6000~7000원
진동공설시장: 8000원
마산 어시장: 1만 원

-젓갈 시세
현지(고현마을): 200g 7000원
마산 어시장: 1kg 1만 5000원

울퉁불퉁한 껍질을 쓴 미더덕 모습이 생소한 이도 있을 것이다.

아지매들이 잘 드는 칼로 솜씨를 발휘하면

우리 눈에 익은 붉은 미더덕 속살이 드러난다.

미더덕과 함께한 삶 (1)

정옥준 할아버지

양식업 1세대, 35년 지난 지금까지 현장 지켜

마산지역에서 미더덕 양식업이 본격화된 것은 35년 가까이 됐다. 1세대 가운데 여전히 현장을 지키고 있는 이도 있다. 정옥준(75) 할아버지가 대표적이다.

가공장에서 만난 할아버지는 쩌렁쩌렁한 목소리로 "내가 지금까지 일할 수 있는 건 미더덕을 많이 먹었기 때문"이라고 힘주어 말한다.

할아버지는 한평생 경남 일대 여기저기를 돌아다녔다. 통영 욕지도에서 태어나 어린 시절은 고성에서 보냈다. 스무 살 넘어서는 거제에서 교육청 공무원 생활을 했다.

"나랏밥 먹는 걸로는 돈이 안 돼서 그만뒀지. 그리고는 거제에서 바다 일을 좀 했는데, 굴·홍합 부산물로 미더덕이 하나씩 올라오더라고. 그래서 어떤 그물을 써야 하는지도 모르고 여기저기 던져보니까 괜찮은 거야. 그렇게 내가 하는 걸 보고 주변에서 따라 하기 시작하더라고."

거제에 씨 뿌리는 역할을 한 할아버지지만 오래 이어가지는 않았다. 아이들 교육 때문에 마산으로 옮겼다.

이곳에서는 장사를 했는데 별 재미는 못 봤다. 그래서 다시 바다를 찾아 들어간 곳이 진동면 고현마을이다.

"내가 이 마을에 온 게 34~35년 됐지. 당시 이곳에서는 꼬막을 많이 했지. 나는 거제 때 경험이 있으니까 미더덕을 양식으로 하면 괜찮겠다 싶었지. 그래서 본격적으로 시작했어. 마찬가지로 내가 미더덕을 쏠쏠히 끌어올리니까 주변에서도 관심 갖더라고. 혼자 하는 것보다는 마을이 집단으로 하면 좋잖아. 반신반의하던 사람들에게는 함께 하자고 이야기도 하고 그랬지."

양식허가는 그로부터 20여 년 후에나 났다.

"주로 굴 많이 나는 곳에서 방해를 놨지. 새로운 뭔가가 나오면 굴 소비는 아무래도 줄어들 수밖에 없으니까. 그쪽 어민들이 나라에 압력도 넣고 그랬지. 어쨌든 양식허가가 결국 나서 다행이구먼. 그 덕에 고현마을이 돈 잘 벌게 됐으니까."

할아버지는 업을 아들에게 물려줄 준비를 하고 있다.

"미더덕은 좀 부지런하면 괜찮지. 일하는 사람 많이 안 쓰고 가족이 함께하면서 관리 잘하면 돈 벌어. 나도 잘될 때는 한 해 몇 억씩 벌기도 했고. 지금은 우리 아들이 사장이고, 나는 일꾼이야. 그런데 일은 젊은 사람도 나 못 따라오지. 아직도 손발이 자동으로 움직여. 미더덕 많이 먹어서 그런 거야. 그건 확실해. 미더덕 업 하는 사람 중에 고혈압 있는 사람은 없어."

미더덕과 함께한 삶(2)

유상원 할아버지

1980년대 발로 직접 뛰며 양식 허가 얻어

창원시 진동면 고현마을 어귀에는 '고현미더덕 정보화마을센터'가
자리하고 있다. 유상원(66) 할아버지가 잠시 일손을 놓고 센터에 들
어왔다. 철만 되면 취재차 찾는 언론사가 많다. 귀찮을 법도 하지만
"우리 특산품 알리는 거라면 언제든지 이야기해 줘야지"라고 말한
다.

유상원 할아버지의 미더덕 역사도 정옥준 할아버지 못지않다. 이 마
을에서 미더덕 양식에 막 눈 돌릴 때인 1980년대 초 시작했다.

"양식면허가 없으니 불법 아닌 불법이었지. 그래서 여기저기 뛰어다

넜지. 거제, 통영, 그리고 마산 구산면을 다니며 '양식 허가 어민 동의서'를 한 장 한 장 받았지. 나라에는 '어민들이 미더덕으로 이렇게 많이 먹고산다. 활성화해야 불법어선도 없어질 수 있다'고 했지. 그런 노력 끝에 허가가 났고, 미더덕영어조합도 만들어지면서 안정적으로 됐지. 이 마을 사람들이 미더덕 시장을 개척한 것이지."

할아버지는 이야기를 다시 초창기로 돌렸다.

"채취·가공도 모두 수작업이었으니 많이 하고 싶어도 못했고. 그물에서 끌어올리면 일일이 손으로 따서, 지금과 달리 바다 위 작업장에서 가공했지. 딴 것은 대야에 넣어 발로 밟아서 씻었어. 가공하는 방법도 몰라서 가는 칼로 연필 깎듯이 껍질을 벗겨 냈고."

할아버지는 한창 가격 좋았던 때를 1980년대 중반으로 기억한다.

"1986년 아시안게임과 1988년 올림픽 때 가격이 최고로 좋았어. 한창 잘나갈 때 이 마을 70%가 미더덕을 했어. 일손이 부족해 인근 진주에서까지 데리고 오고 그랬지. 지금은 230가구 중 40가구 정도 되나? 여기뿐만 아니라 인근 지역에서도 많이 하니까. 그래도 시원찮은 직장 다니는 것보다 미더덕 하는 게 나으니 젊은 사람들이 많은 편이야."

미더덕은 큰 태풍이 있거나 날이 가물면 재미가 없다. 바다 일이라는 게 다음 해를 예측할 수 없듯 미더덕도 마찬가지다. 이런 자연환경보다는 유통에서 어려움을 더 겪고 있다.

"중간 상인이 받으러 오기도 하고, 마산·부산 공판장에 내기도 하고 그러는데…. 그런데 생산하는 사람은 많은데 유통업자는 그만큼 못 따라가거든. 풍작일 때는 더 그래. 어떻게든 팔기는 해야 하니까 가격을 턱없이 낮춰서 내놓기도 하고 그래."

'오독오독' 씹으면 덜큰하고 달큰한 맛이 퍼진다

창원시 마산합포구 진동면 고현마을 '고현횟집'. 이곳은 미더덕 요리 전문점인데 따로 손을 사는 일 없이 부부가 운영한다.

활어회나 매운탕 등의 메뉴도 있지만 4월에는 제철 미더덕에 집중한다. 부산에서 입소문을 듣고 미더덕을 먹으러 왔다는 일행은 돈을 아끼지 않았다. 진해 군항제에 왔다가 여기까지 왔다고 했다. 예약손님도 절반이 넘는다. 가정집을 식당으로 개조한 이곳은 해가 잘 들고 조용하고 깨끗하다. 기분 좋은 공간이다.

"미더덕은 터트려서 펄을 빼고 그냥 먹어야 맛있습니다. 군이 초장을 찍을 필요가 없죠."

미더덕회.

미더덕부침개.

미더덕회를 내오며 주인은 설명한다. 1인분에 1만 원인 미더덕회는 둘이서 나눠 먹기 적당한 양이다. 밥이나 다른 것들과 함께 먹어야 하기 때문이다.

잘 손질한 싱싱한 미더덕은 먼저 향으로 즐긴다. 혀끝에서 '쎄한' 느낌이 나면서 입안에서 향이 한 번 돌고 코끝으로 향을 뱉으며 두 번째 향이 돈다. 이어서 씹어 먹으면 오독오독한 식감과 함께 단맛이

미더덕덮밥.

올라와 향과 섞이며 미더덕맛이 완성된다. 짠맛이 있다 해도 향과 단맛에 묻힌다.

미더덕회와 함께 나온 것은 미더덕부침개다. 파는 메뉴가 아니라 식당 사정에 따라 먹을 수 있는 음식인데 미더덕의 재발견이라 할 만한 음식이다. 부추 외에 특별한 야채는 없는데 미더덕이 함께 반죽되면서 마치 양념한 듯 색이 진하다. 누군가 미더덕향이 어떤 향이냐고 묻는다면 주저 없이 미더덕부침개를 추천하고 싶을 정도로 향이 좋다. 부침개의 고소함과 미더덕의 식감, 향이 최고의 조화를 이룬 음식이라 할만하다.

이어 나온 것은 미더덕덮밥. 여기 미더덕 음식의 주인공이다. 흔히 멍게비빔밥과 비교를 하는데 이름에서 알 수 있듯이 덮밥과 비빔밥의 차이는 있다. 굵은 육질을 잘게 썰어 비벼 먹는 멍게와 달리 미더덕은 육질이라고 할 것이 없다. 속을 빼 꼼꼼하게 다지면 마치 잘 삭은 젓갈을 몇 숟갈 올려놓은 모양새다. 거기에 참기름과 김 등을 올리면 완성이다.

마산어시장과 고현마을에서 미더덕 맛이 어떤 맛이냐고 물었을 때 돌아오는 할머니들 대답은 "덜큰하다"거나 "달큰하다"였다. 그 말은 약간 시큼하면서 단맛이 난다는 말인데 처음 그 말을 이해할 수 없었다. 하지만 미더덕덮밥에서 그 맛을 만났다. 고소하고 달고 향기롭다.

반찬으로 나온 흰미더덕찜과 머위장아찌, 김치 등도 훌륭하다. 자극적인 맛은 전혀 없으면서 깔끔하다. 주방이 궁금할 수밖에 없다. 충청도에서 태어나 서울로 시집갔는데 어느 순간 마산에서 살고 있더라는 가벼운 푸념을 하는 주인 아주머니. 식재료가 풍부하지 못해

미더덕찜.

조리법이 발달했다는 내륙의 손맛이 진동의 재료와 만난 것이다.

고현마을에서 미더덕요리는 자체로 훌륭했지만 한 가지 아쉬움이

있을 수밖에 없었다. 마산 특유의 매운 미더덕찜이 빠졌기 때문이

다. 여기 사람들이라면 어려서부터 아귀찜보다 친숙한 음식이었으니

먹어보지 않을 수 없다.

미더덕찜을 먹기 위해 찾은 곳은 창원시 마산합포구 오동동 아구골

목의 '진짜초가집'이다. 아귀찜으로도 유명한데 미더덕찜도 함께한
다. 이곳 미더덕찜은 조선간장으로 맛을 내는 것이 특징이다. 아귀찜
에는 된장을 넣는데 미더덕찜은 간장과 고춧가루로 맛을 낸다. 3만
원인 가장 큰 크기인 '특'으로 주문하면 성인 남자 4명은 먹을 수 있
다. 반찬은 없다. 이 집 특유의 동치미만 미더덕찜과 함께 나올 뿐이
다.

시원한 막걸리와 함께 먹어도 좋은 안주지만 미더덕찜은 밥과 함께
먹어야 제맛이다. 양념이 가득 밴 미더덕을 콩나물, 미나리와 함께
먹으면 맛도 맛이지만 식감도 훌륭하다. 미더덕과 탱탱한 콩나물이
입안에서 오독오독 연주를 한다. 여기 미더덕찜엔 바지락도 함께 들
어있는데 그렇잖아도 감미료 성분이 든 미더덕이기에 그 감칠맛은
비교하기 힘들다. 가라앉은 양념을 숟갈로 퍼서 미더덕 콩나물 등과
비벼 먹으면 그야말로 밥도둑이 따로 없다. 옛날 스테인리스 밥공기
에 푸짐하게 나오지만 추가해 먹을 수밖에 없다. 건더기를 건져가며
다 먹고 나면 남은 밥은 과감하게 접시에 붓고 비벼 먹으면 된다. 동
시에 여러 개의 숟가락이 미리 연습한 것처럼 빨리 밥을 비빈다. 누
구 하나 급하지 않은 사람이 없기 때문이다.

진동 고현마을이나 마산어시장에 가면 미더덕 젓갈도 맛볼 수 있는
데 이 또한 별미다. 미더덕 젓갈은 그 종류도 만드는 이에 따라 다르
기 때문에 취향에 따라 먹으면 된다.

흔히 된장국을 먹다 입안을 덴 경험이 한 번쯤 있다는 미더덕. 때문
에 지레 먹기 힘든 식재료로 알고 있는 사람들이 제법 있다. 하지만
미더덕만큼 구하기 쉽고 건강에도 좋으면서 맛도 있고 조리하기 쉬
운 식재료를 본 적은 없다.

미더덕 까기 현장

"칼에 너무 힘주거나 깊이 찌르면 안 돼"

창원시 구산면 옥계마을에서 40년간 미더덕을 했다는 방호연 씨는 매일 마산어시장에 나온다. 새벽 3시에 일어나 바다에 나갔다 어시장으로 와 오후 네댓 시까지 난전에서 미더덕을 판다. 이걸로 자식들도 키우고 살림도 제법 일으켰음에 자부심을 갖고 있다. 깐 놈의 배를 툭 갈라 물을 빼더니 한 입 먹어보라 권한다. 짜고, 달고, 향기롭다.

마산어시장 지하도 옆 건널목 양쪽으로 이런 분들이 많다. 질문에 답하면서도 손은 쉬지 않는다. 끊임없이 미더덕 껍질을 까야 하는 것이다. 손님이 왔는데 까놓은 것이 없다면 낭패이기 때문이다. 대부분 수십 년간 미더덕 가공을 하신 분들이라 손이 빠르다. 말 그대로 눈 감고도 까는 수준이다. 딴 곳을 보면서도 손은 쉬지 않는다.

다음 날 찾은 진동면 고현마을 포구는 온통 미더덕이다. 작은 포구 둘레로 양식장에 넣었던 그물망은 산처럼 쌓여 있고 미더덕 가공을 하고 있는 뗏목과 작업장만 해도 20곳이 넘는다. 작고 조용한 바다

마을처럼 보이지만 그늘이 있는 곳이라면 어디라도 몇 명씩 앉아 미
더덕 껍질을 까고 있다.

방파제 끝의 한 작업뗏목으로 들어갔다. 매년 미더덕으로 언론노출
이 잦은 동네이다 보니 거리낌이 없다. 미더덕 껍질을 까 보겠다며
능청스럽게 한 자리 차고앉았다. 이 뗏목의 주인인 하춘자(65) 씨는
베테랑 중의 베테랑이다.

"칼에 너무 힘을 주거나 깊이 찔러선 안 돼. 얇게 벗겨낸다는 기분으로 이렇게…"

그 말이 끝나기가 무섭게 툭 터트리고 말았다. 미더덕 속의 물이 주르륵 손을 타고 팔꿈치까지 흐른다. 경고를 무시하고 깊이 찌른 것이다.

용기를 얻어 재도전했다. 끝이 뭉툭하고 짧은 칼을 잡은 손에 힘을 빼고 각도를 최대한 낮춰 얇게 파고들며 사과 깎듯 돌려가며 깠다.

제법 잘 된다 싶다가도 마지막이 고비다. 남은 껍질을 칼과 손으로 적당히 잡고 당기면 되는데 그게 힘들다.

그러기를 몇 차례, 드디어 성공이다. 통통하게 속살을 드러낸 놈을 들어 보니 황금빛이다. 그사이 함께 작업하던 분들은 이미 서너 바구니째 작업 중인데 기특한 듯 웃으며 축하를 보낸다. 조용하던 포구에 잠시 생기가 돈다.

여기서 하루 작업하면 일당 5만 원을 받는데 보통 두세 명이 하루 100kg 정도를 작업한다. 과거엔 미더덕 양식장에서 바로 가공을 했지만 요즘엔 대부분 포구로 가져와 작업을 한다. 재밌는 것은 양식 초기엔 문구용 칼로 연필 깎듯 껍질을 깎았다고 한다.

미더덕의 성분 및 효능

"미더덕 하는 사람들은 고혈압이 없어"

바다에서 나는 더덕과 닮았다고 해서 이름 붙여진 미더덕은 그 이름뿐 아니라 영양 면에서도 과연 더덕을 닮았다 할 수 있다. 특히 노화방지와 성인병 예방에 탁월하다고 알려져 있다.

실제 미더덕에는 붉은색을 띠게 하는 카로티노이드게 항산화물질을 함유하고 있어 활성산소를 억제한다. 또한 아미노산의 일종인 타우린이 풍부해 체내에서 콜레스테롤의 섭취를 줄여준다. 뿐만 아니라 껍질의 섬유질은 변비를 예방하며 칼로리가 낮아 다이어트에도 효과적이다.

그리고 미더덕 양식 하는 이들은 "우린 혈압 같은 건 모르지"라고 한다.

하지만 회로 먹을 때는 껍질을 터트려 물을 빼고 소금물에 헹궈 먹는 게 좋다.

미더덕은 회나 찜, 된장찌개, 부침개, 덮밥 등의 재료로도 아주 훌륭하다. 올리브유와 마늘을 팬에 듬뿍 올려서 익힌 면과 함께 볶아 먹으면 스파게티로도 훌륭한 맛을 낸다고 한다. 이는 미더덕의 풍부한 글리신이나 글루탐산이 감칠맛을 내기 때문이다. 그래서 다양한 조리법에 어울린다고 볼 수 있다.

미더덕 요리를 맛볼 수 있는 식당

추천

진동고현횟집

미더덕덮밥, 미더덕회

창원시 마산합포구 진동면 미더덕로 331 /

055-271-2454

오동동진짜초가집

미더덕찜

창원시 마산합포구 오동남3길 8-2 /

055-246-0427

옛날우정아구찜

미더덕찜

창원시 마산합포구 동서북16길 13 /

055-223-3740

함안·의령
수박

수박 없었다면 무슨 맛으로 여름 났을까

수박이 없었다면 어떻게 살았을까?
여름날 저녁 가난한 가족은 무엇으로 모두 둘러앉았을 것이며
한낮 노동의 갈증은 또 어떻게 해결했을 것이며
두 손 가득 전달할 수 있는 마음은
단출한 형편에 또 어떻게 가능할 수 있었을까?
수박을 매단 나일론 끈에 손가락 안쪽이 푹 파이는 것처럼
진한 초록에 더 진하고 또렷하게 줄을 새기는 것처럼
쉽게 지워지지 않는 기억과 연대의 과일, 그게 수박이다.

수박이 특산물 된 배경

일조량·배수 좋은 남강 변에서 달콤하게 여물어간다

수박 가득 실은 손수레에 사람들이 모여든다. 쪼개진 수박 한 통이 빨간 속살을 자랑하고 있다. '여기 있는 수박은 모두 이렇게 잘 익었소'라고 말하는 듯하다. 그래도 사려는 이들은 신중을 기한다. 이 수박 저 수박 손바닥으로 두들겨 본다. 당연히 그것으로 끝나지 않는다. 직접 눈으로 확인해야 한다. 칼을 든 수박 장수는 세모 모양으로 조금 딴다. 사려는 이는 그제야 안심하고 값을 치른다. 노끈에 담은 수박은 묵직하다. 집에 가져가서 물에 담가뒀다가 온 가족이 둘러앉아 도란도란 먹을 걸 생각하니 절로 콧노래가 나온다.

30여 년 전 여름에 흔히 볼 수 있었던 풍경이다. 수박은 여름 과일이었다. 그런데 어느 때부터인가 사시사철 맛볼 수 있게 되었다. 하우

스 재배 덕이다. 그리고 이제는 사기 전 군이 칼로 따 볼 필요도 없다. 예전처럼 익지 않은 수박은 거의 찾아보기 어렵다.

함안군 군북면·법수면·대산면, 의령군 용덕면·정곡면·지정면은 남강을 끼고 서로 마주하고 있다. 이 마을들이 곧 수박 주산지다.

함안군은 수박 재배 역사가 200년가량 된 것으로 전해진다. 정확한 기록은 없지만 이곳 사람들은 "1800년대 초 여기 수박이 임금님 상에 올랐다"고 빼놓지 않고 말한다.

물론 그 예전에는 밭에서 조금씩 키워 온 식구가 먹는 용도였다. 1960년대에는 내다 팔아 보니 제법 소득에 도움이 되었다. 하지만 비가 쏟아지면 망치기 일쑤였다. 그래서 수박을 주업으로 할 수는 없었다. 그런데 하우스 재배라는 것이 등장했다.

함안·의령 지역에서도 1970년대 초부터 하우스 재배를 조금씩 시작했다. 오늘날 하우스는 쇠파이프 위에 비닐을 덮은 형태인데, 비닐 여닫는 자동화까지 되어 있기도 하다. 하지만 초창기부터 지금과 같은 형태였던 것은 아니다. 당시에는 쇠파이프 대신 대나무를 이어 지탱했고, 짚을 두툼하게 엮은 거적을 덮었다. 이것을 설치하는 일만 해도 만만찮았을 것은 물론이겠다. 1980년대 중반에야 지금과 같은 형태로 넘어갔다. 그러면서 수박 재배가 이 마을 저 마을로 퍼져나갔고, 집단화되기 시작했다. 다른 지역보다 수박 하우스재배를 빨리 받아들인 것이다.

늙은 잎을 잘라 넝쿨이 자연스럽게 형성되게 하고, 첫 가지·곁 가지를 제거하고, 벌을 통해 수정하고, 질 나쁜 수박은 제거하는 적과 작업을 하고, 영양분을 지속해서 공급하고…. 이러한 세심한 재배기술 하나하나가 축적되고 또 공유된 것이다.

하지만 자연환경이 받쳐주지 않으면 안 될 일이었다. 어느 과일이나 마찬가지지만, 수박은 땅·햇빛이 무엇보다 중요하다.

함안·의령 수박 재배지는 남강을 끼고 있다. 모래 성분이 많은 땅을 품고 있는 것이다. 이는 곧 배수가 잘된다는 의미다. 수박 당도를 크게 좌우하는 것은 물이다. 수박은 수확을 앞뒀을 때 수분을 덜 받아야 당도가 높아진다. 설탕에 물을 많이 섞으면 싱거워지는 것과 같은 것이다. 그래서 배수 잘되는 모래땅이 수박하기에 좋은 토양이 되겠다.

그렇다고 남강 물을 끌어다 쓰는 것은 아니다. 대부분 지하수를 활용한다. 겨울 재배 때는 물을 데워 사용해야 하는데, 연료비가 걱정될 수밖에 없다. 그래서 이 지역에서는 비교적 덜 차가운 지하수를 퍼올려 사용한다.

함안·의령 수박 하우스는 동에서 서로 뻗어있다. 좀 더 많은 볕을 받기 위해서다. 의령은 겨울에 웬만한 중부지역 못지않게 춥다. 하지만 수박 재배는 추위 영향을 크게 받지는 않는다. 이보다는 일조 량이 얼마나 많으냐가 중요하다. 전라도 지역은 수박이 크게 활성화 되지 못했는데, 흐리고 눈이 많기 때문이다. 재배기간이 함안·의령 100~110일보다 30~40일 더 걸린다. 그러다 보니 속은 꽉 차지 못하 고 수박껍질만 더 두꺼워지는 경향이 있다.

땅·햇빛에 더해지는 것이 정성과 노력이다.

함안은 전국 하우스 수박 면적의 14%가량을 차지한다. 이 가운데 월촌리에는 하우스가 1600동 이상 된다. 마을 단위로는 전국 최대 규모다. 이 지역은 거의 수박으로 살림을 이어간다. 함안수박은 지 난 2008년 지리적표시제에 등록했다. 함안은 물이 남에서 북으로 역류하는 고장이다. 그래서 겨울에 춥고 봄에 안개가 많다. 수박 하 우스 하기에 도움되는 환경이 아니다. 그럼에도 1999년 함안군 수박 연구위원회를 만들었고, 지금은 수박 담당 부서까지 두는 노력 등으 로 이를 극복하고 있다.

겨울수박 전국 생산량 가운데 30% 가까이 차지하는 의령은 개별 농 가에서도 연구하는 이들이 많다. 우리나라 최대 무게 수박을 만들 어낸 이도 의령 농민이다. 의령은 '토요애'라는 군 농산물 브랜드가 있어 유통 걱정 없이 질 좋은 상품에만 전념하면 된다.

함안과 의령은 각각 수박축제를 열고 있다. 함안은 20년 넘게, 의령 은 15년 넘게 이어오고 있다. 함안은 대산면에서 시작된 축제를 군 단위로 확장했고, 의령은 애초부터 군 단위로 시작했다. 함안에 집 이 있고 의령에 수박 재배지가 있거나, 혹은 그 반대인 이들도 어렵 지 않게 볼 수 있다. 그래서 함안·의령 사람들은 굳이 제 지역 것을 더 드러내려거나 남의 것을 깎아내리려 하지 않는다.

수박과 함께한 삶 (1)

함안군 군북면 월촌리 **강대훈** 씨

"어려서 서리하다 수박도사 다 됐지"

함안군 군북면 월촌리에는 수박전시관, 일대 수박이 모여드는 군북
농협집하장이 자리하고 있다. 강대훈(54) 씨는 바로 인근에서 수박
농사를 하고 있다. 이곳 고향 땅에서 수박과 씨름한 지 15년가량 됐
다.

"밖에서 다른 것 좀 했는데, 재미도 없고 해서 고향 월촌으로 돌아
왔지요. 부모님이 하셔서 어릴 때부터 봐왔고, 잘 아는 게 수박이었
으니까요. 제가 돌아왔을 때는 수박이 단지화되어 있었죠. 아무래도
혼자 하는 것보다 집단을 이뤄 하니 도움이 됐지요."

그는 어릴 적 기억을 잠시 풀어놓았다.

"1970년대에는 다 노지 재배였습니다. 철없을 때라 부모님이 일 좀
도와달라고 하면 훼방만 놓고 그랬죠. 일은 안 도와드려도 어느 집
이 언제쯤 수확하는 것 정도는 훤히 알고 있었죠. 밤 되면 아이들과
하나씩 몰래 따 먹고 그랬으니까요. 그런데 먹을 것만 해치면 되는

데, 그 와중에 익었는지 안 익었는지 확인한다고 여러 개를 따 보기도 하고 그랬으니…. 뭐, 맛보다는 서리하는 그 재미였죠. 요즘은 서리하면 큰 문제가 되지만, 그래도 누가 지나가다가 맛 한번 보고 싶다고 하면 한 통씩 내주는 인심은 있습니다."

수박은 항암효과 등 각종 효능에 대해 알려진 것들이 많다. 그는 그렇다고 효능에 대해 유난을 떨지는 않았다.

"수분이 많다 보니 혈액순환에 아무래도 도움되겠지요. 이것저것 떠나서 술 먹은 다음 날 아침에 수박 한 조각 먹으면, 얼음보다 더 시원한 게, 술이 확 깨죠."

그는 현재 하우스 13동에서 수박을 재배한다.

"여름에는 땅을 위해 하우스를 철거하고 모를 심습니다. 그래서 태풍 피해는 크게 없는 편인데, 오히려 봄이 문제예요. 더운 공기와 찬 바람이 섞이면서 한번씩 회오리가 크게 불거든요. 일대에 몇십 동씩 피해를 보죠. 그게 제일 신경 쓰이는 부분입니다. 하우스 안에서 쭈그려 일을 하다 보니 힘들죠. 여기 할매·아지매들 전부 어깨·무릎 관절이 안 좋아요. 제 큰놈이 대학생, 작은 놈이 고등학생인데요, 애네들 교육 다 시키면 규모를 줄여서 부부 둘이 큰 욕심 없이 할 생각입니다."

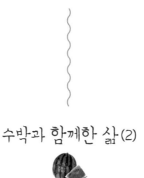

수박과 함께한 삶 (2)

의령 용덕면 부남마을 **양재명** 씨

"내 인생 결실은 바로 슈퍼수박"

의령군 용덕면 부남마을에서 수박을 하는 양재명(50) 씨는 유명인사다. 일명 '슈퍼 수박 달인'이다. 한 통 무게만 70kg대에 이르는 수박을 만들어 국내 기록을 안고 있다. 수박뿐만 아니라 호박에서는 100kg 넘는 것을 만들어 이 역시 최고기록에 이름 올리고 있다.

"제 어릴 때 이 지역은 벼농사가 대세였죠. 그런데 침수지역이라 소득이 거의 없었습니다. 그래서 비 덜한 시기에 수박을 심어 조금씩 만회하기도 했죠. 저 중학교 다닐 때는 노지재배가 대세였고, 고등학교 때 막 하우스를 시작했어요. 부모님도 수박을 하셨습니다. 저는 농업고등학교에 들어가 일찍부터 농사일을 해야겠다고 생각했죠. 오히려 반대하는 부모님들을 제가 설득했습니다. 고등학교 졸업하고 나서는 제가 하우스 여러 동을 지었죠. 그러고는 바로 군대 갔는데, 부모님들은 제가 없으니 하우스에서는 제대로 재배를 못 하셨죠. 군

673

대 갔다 와서 다른 길에 대한 생각이 있었지만, 결국 수박 재배를 이어가게 됐습니다."

마을 청년들과 함께 작목반을 구성하고, 교육을 듣고, 서적을 구입해 공부를 했다. 서른 살 넘어서는 특색 있는 제품 생산에 대한 고민을 이어갔다. 슈퍼 수박 같은 것은 그 연장선상의 결과물이다.

"내 고장 의령을 알리려면 다른 지역에서 하지 못하는 틈새를 노려야 한다고 생각합니다. 저에게 슈퍼 박이 바로 그것이었습니다."

그는 지금까지 25년 가까이 수박재배를 하고 있다. 물론 외도(?)를 하기도 했다. 마을회관 바로 앞에 소년원이 들어선다는 소식에 수박 일을 팽개치고 앞장서서 반대운동을 했다. 그 기간만 4년이고, 감옥까지 갔다 왔다. 그는 다시 본업으로 돌아와 이제는 '힘닿는 데까지 농사만 짓겠다'는 생각이다. 그의 지론은 역시 고품질이다.

'맛없는 한 덩어리보다 맛있는 한 조각'에 방점을 두고 있다. 사천 같은 지역으로 출장까지 가 수박 재배 기술을 알려주기도 한다.

"제가 딸만 셋인데 농담삼아 '너희도 수박 농사해볼래'라고 하면 '절대 안 해'라고 합니다. 아빠가 농사짓는 것에 대해 자부심은 느끼지만 옆에서 보기엔 좀 힘들어 보이는가 봅니다. 머슴아가 있으면 물려 줄 텐데…"

그는 마지막으로 한 가지 바람을 안고 있다. 역시 슈퍼 수박에 대한 부분이다.

"제가 70kg까지 만들었는데, 일본은 100kg대 기록을 보유하고 있습니다. 자존심 상하잖아요. 그 기록을 넘어서 봐야죠."

아내로부터 '수박하고 결혼하지, 나하고 결혼했느냐'는 핀잔을 들을 만도 하다.

음식 이야기

수박은 기억의 과일이다

1994년 8월, 울산바위가 보이는 외설악 아래 한 신병훈련소. 한 달 전 김일성이 사망했고 30년 만의 폭염으로 온 나라가 죽죽 늘어지던 때였다.

21살 훈련병은 피우지도 못했던 담배를 재래식 화장실에 앉아 피우면서 그 연기를 핑계 삼아 눈물을 훔치곤 했다.

고향집을 떠나오기 하루 전 아침, 이른 시간임에도 날씨는 이미 푹푹 찌기 시작했는데 아버지는 더 일찍 어시장엘 다녀오셨다. 입대를 앞둔 장남을 위해 가족 간의 간단한 만찬을 준비하기 위해서였다. 큰 양은 쟁반에 멍게며 해삼, 개불에 미더덕까지 해산물 세트가 차려진 것이다. 평소 좋아했던 것이었지만 날씨 탓인지 기분 탓인지 영 넘어가질 않았다. 회를 쳐 육질이 어느 정도 굳은 해삼은 그날따라 더 딱딱했다.

당시엔 모든 게 그랬다. 입대를 위해 처음 간 춘천, 지금 생각해보면 춘천 명동거리였던 것 같은데 처음 맛보는 원조 닭갈비는 양배추의 쓴맛만 났다. 기름에 볶은 닭은 고소했을 것이고 익어가는 양배추는 단맛을 더했을 것인데 지금도 유독 기억하는 것은 그 쓴맛이다. 때문에 이후로 난 닭갈비를 즐겨먹지 않았다. 하지만 20여 년 만에 찾은 그곳은 그야말로 신세계였다. 시원한 동치미 국물과 함께 먹은 닭갈비는 매콤하고 달달하면서 고소했다. 입가심 메밀국수는 말해서 무엇하랴.

맛은 감정이고 기억이다.

고향에서 얼마나 왔는지 계산하기도 힘든 낯선 곳에 와 입대를 앞둔 청년이 무엇인들 맛있었겠는가. 군대에 대한 막연한 공포가 모든 미각을 앗아간 것이다. 이런 경험을 우리는 흔히 한다. 사장님과 먹는 1등급 한우등심보다 친한 동료들과 어울린 냉동 수입삼겹살이 더 맛있는 법이다.

다시 당시 훈련소로 돌아가서, 그토록 두려웠던 훈련소 생활은 정신없이 돌아갔다. 힘들다는 여유도 주지 않으려 부단히 사람을 괴롭혔다. 어두운 내무반 침상의 베갯잇을 적시며 훌쩍이는 동기들의 흐느낌에 관심조차 가지 않을 정도로 힘들었다.

이런 훈련소 생활 중에도 몇 안 되는 좋은 기억이 있는데 그 주인공 중의 하나가 바로 수박이다. 훈련을 마치고 내무반에 대기 중이었는데 갑자기 작업명령이 떨어졌다. 그것은 다름 아닌 수박을 옮기는 일이었다. 수박이라니! 훈련소에서?

어른 주먹 두 개만 한 크기에 대충 수박 모양새만 띤 것이었지만 그렇게 반가울 수 없었다. 훈련소 목욕탕(그때까지 목욕탕이 있다는 것도 몰랐다)에 물을 채우고 전체 훈련병이 먹을 수박을 담갔다. 변기 수조의 공기볼만 한 수박들이 큰 욕조에 동동 떠 있는 모양이 탐스러웠다. 그날 저녁 각 소대로 나눠진 수박을 손으로 깨 나눠 먹었다. 크기도 작고 다 익지도 않았으며 시원하지도 않았을 것이 분명한 그 수박의 맛을 지금도 잊을 수가 없다. 달고 시원했기 때문이다. 당시의 내 감정이 이후의 내 기억이 그 수박을 세상에서 가장 맛난 수박으로 만든 것이다.

이렇듯 수박은 유독 기억의 과일이다.

저녁 어스름을 밟으며 대문을 밀고 들어오던 아버지의 한 손에 들려있던 그것. 그늘 좋은 평상에 둘러앉아 떠들며 먹던 그것. 껍질에 붙은 과육을 남긴다며 야단맞아가며 먹던 그것. 씨앗을 빼서 얼굴에 붙이고 멀리 뱉기 놀이를 하던 그것. 반가운 이를 찾아갈 때 두 손 가득히 들고 현관문 앞에서 뿌듯해 하던 그것. 그것이 수박인 것이다.

함안군 군북면 월촌리 수박집하장에서 사 온 수박으로 회사 동료들과 기억을 만들어 보기로 했다. 도시락과 수박을 들고 가까운 계곡을 찾기로 한 것.

근처 마트에서 화채에 쓸 재료를 구입한다. 보통 수박화채라 하면 수박에 얼음을 채우고 설탕을 뿌려 먹는 것인데 이번엔 좀 달리 해보기로 한다. 우유와 사이다는 기본으로 준비하고 요즘 값싼 바나나와

작게 포장해 나오는 프루츠칵테일을 산다. 각각 1500원 선이다. 추가로 산 것은 어린잎이다. 수박화채엔 시금치 잎이나 어린잎을 넣어 먹으면 색다른 맛을 즐길 수 있다. 마트에서 샐러드용 어린잎 한 봉을 1600원에 샀다. 이어 얼음을 준비하면 끝. 설탕이나 올리고당을 넣기도 하는데 단맛이 강한 프루츠칵테일 국물로 충분하다.

창원시 마산3·15묘역 옆 제2금강산 계곡으로 간다. 수박을 계곡물에 담가놓고 준비한 도시락을 함께 먹는다. 함안에서 만난 수박재배 농민은 냉장고에 든 수박을 싫어했다. 수박은 상온 그늘에 뒀다가 먹는 것이 가장 맛있다는 것이 그의 주장이다. 때 이른 계곡 소풍을 신기하게 바라보는 등산객들의 시선이 부담스럽지만 햇살은 따뜻하고 물은 맑고 경쾌하다. 밥을 먹는 동안 어느 정도 시원해진 수박을

꺼내 횡으로 반을 자른다. 보통은 종으로 잘라야 하지만 절반은 화채를 만들 것이기 때문에 이렇게 한 것이다. 숟가락으로 속을 파 적당량의 수박을 남기고 얼음을 올린다. 우유와 사이다를 부은 후 바나나와 프루츠칵테일을 붓고 마지막으로 어린잎을 계곡물에 헹궈 올리면 완성이다.

작은 접시에 덜어가며 둘러앉아 먹는다. 달고 시원한데 거기에 어린잎의 조화가 훌륭하다. 적은 비용으로 고급 수박화채가 된 것이다. 이렇게 또 하나의 기억이 한 줄 그어졌다.

수박농사 현장

"수박 때문에 골병들었지"

남강 변 의령군 용덕면 부남마을 마을회관에서 만난 한 할머니를 만났다. 할머니는 마을회관 앞에 뽑아 놓은 어린 양파들을 보며 한숨을 쉰다.

"에휴~ 괜히 뽑아서 뭐하는 짓이고? 묵도 안 하고…."

무슨 사연인지 물었다.

"양파 값이 엉망이라 밭에 있는 거 뽑아서 묵으라고 놔뒀는데 아무도 갖고 가지도 않네. 작년에 오리(AI) 때문에 양파가 안 팔려서 올해는 엉망인기라."

수박을 알기 위해 찾은 부남마을, 그리고 보니 양파 재배도 하고 있었다. 멀리 둑 아래로 수박 하우스들이 줄지어 있고 마을에 가까울수록 양파밭과 밀밭 면적이 꽤 된다. 사람 키만큼 자란 밀은 소여물로 쓰기 위해 키운다고 한다. 수박이나 양파를 심고 남은 자투리 땅엔 고추모종을 심기에 바쁘다.

이렇게 수박, 양파, 밀 등의 농사가 끝나면 밭에 물을 채워 논을 만들어 모를 심는다. 그리고 여름내 벼가 자라 추수를 하면 벼의 뿌리와 짚을 함께 뒤집어 다시 수박 등의 작물을 심는다. 짚과 흙이 거름이 되는 것인데 이는 연작 피해를 막는 방법이기도 하다. 밭에 물을 채워 논농사를 짓고 나면 토양이 어느 정도 정화되기 때문이다. 말 그대로 1년 내내 돌아가는 것이 여기 농사다. 그런 이유인지 할머니의 푸념은 이어진다.

"아이고 허리야 무릎이야…. 안 아픈 데가 없네. 수박 때문에 왔다고? 내가 그거 하다가 몸이 이래 됐다 아이가. 요새야 기계로 하우스 비닐이나 담요를 덮으면 되지만 옛날에는 일일이 손으로 다 했어. 덮는 담요도 그땐 손으로 짚을 엮어 만들었지."

고랑 파는 일이며 짚을 엮는 일까지 수박농사는 '골병' 드는 일이었다는 할머니. 과연 그 시절 수박농사는 힘들었다. 요즘처럼 비닐이 다양했던 것도 아니고 무엇보다 하우스를 덮는 담요를 일일이 장대로 덮었다 걷었다 하는 일은 보통 일이 아니었다.

함안과 의령에서 만난 농민들은 자식들에게 이 농사를 물려주고 싶지 않다고 했다. 그만큼 지금도 힘든 일이기 때문이다.

 **수박 '그것이 알고싶다'**

잘 익은 놈은 줄기에 털이 없다

수박에도 유행이 있다고 한다. 10여 년 전까지는 원형 계통이 대세였는데, 지금은 달걀형이 주를 이룬다. 우리가 일반적으로 먹는 수박은 스피드 품종이다. 이 품종은 최근 소비량의 반 가까이 차지한다고 한다.

겉 노란수박, 씨 없는 수박, 속 노란 망고 수박 같은 것이 나오기도 한다. 씨 없는 수박은 2007년 함안에서 처음으로 상품화했다. 이러한 것들은 일반 수박보다 맛이 더하거나 덜하지 않다. 그럼에도 가격에서는 kg당 1000~2000원 더 받는 편이다. 일종의 구색용 상품으로 희귀성에 초점이 맞춰져 있다.

그럼에도 재배하기에는 일반수박보다 더 까다로운 편이다. 추위·병에도 약하다. 그래서 그리 많은 농가가 다루고 있는 것은 아니다. 함안 군북면 월촌리 수박하우스 1600동 가운데 노란수박은 100동밖에 안 된다. 농민들도 "틈새시장 정도는 되겠지만 대세를 이루지는 못할 것"이라고 전망한다.

여름수박 철에는 주로 새벽에 작업한다. 하우스 온도가 40도 이상 되는 낮 대신 밤을 택하는 것이다. 꼭 그 이유만은 아니다. 기온이 서늘할 때 수확하면 당도가 높게 유지된다. 또한 새벽에 수확해야지만 그날 대도시로 내보낼 수 있다.

노란 망고 수박.

좋은 수박 고를 때는 겉 색이 선명한지, 두드렸을 때 맑은소리가 나는지를 기본적으로 확인해야겠다. 여기에 잘 익은 수박은 줄기에 털이 없다고 한다. 아랫부분 배꼽을 큰 기준으로 삼는 이들도 있다. 이에 대해 어느 농민은 "배꼽과 상품 질은 전혀 상관없다"고 말하고, 어느 농민은 "배꼽과 줄기 쪽 부분이 조금 함몰된 것이 익은 것"이라고 말한다.

당도는 11브릭스 이상이면 정품으로 인증받고, 그 이하면 가격이 내려간다. 과일에서 항상 따라붙는 걱정이 농약인데, 농민들도 "출하 앞두고는 영양제만 놓는다. 수박에서 농약 걱정은 할 필요 없다"고

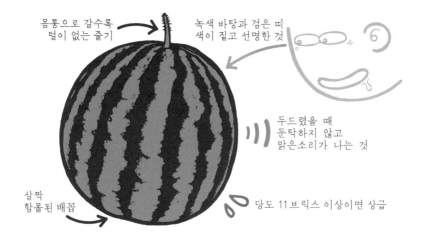

몸통으로 갈수록
털이 없는 줄기

녹색 바탕과 검은 띠
색이 짙고 선명한 것

두드렸을 때
둔탁하지 않고
맑은소리가 나는 것

살짝
함몰된 배꼽

당도 11브릭스 이상이면 상급

말한다.

함안·의령에서는 1년에 수박 수확을 2~3차례 한다. 겨울에 한 번 하고 나서 4~6월에 한 번은 기본으로 한다. 이후 가을에 한 번 더 하는 곳도 있다. 어떤 농가는 4~6월 수확 이후에는 하우스를 철거한 후 모내기를 한다. 땅 연작장애를 막기 위해서다. 철거하지 않는 곳에서는 '물 소독'이라는 것을 한다. 땅에 물을 넣어서 병해충을 익사시키고, 안 좋은 성분을 걸러내는 것이다.

100여 일 되는 재배 기간에 농민들은 미생물 섞은 영양제로 당도를 높인다. 이 작업에서 당도 1~2브릭스가 왔다 갔다 한다. 수박은 꿀벌을 통해 수정한다. 그런데 수정할 때 맑고 일조량이 좋아야 한다. 흐린 날이 많으면 기형도 많아진다.

수박의 성분 및 효능

씨 꼭꼭 씹어 먹으면 콜레스테롤 낮춰줘요

수박을 갈았을 때 볼 수 있는 붉은색엔 라이코펜이란 색소가 들어 있다. 이 라이코펜은 항암 효과와 항산화 작용이 강해 자주 먹어줄 경우 우리 몸에 아주 좋다고 한다.

그리고 수박은 당질, 단백질, 비타민, 칼륨, 섬유질 등의 함량도 풍부해 우리 몸을 이롭게 한다고 한다. 특히 전신부종이나 방광염에 효능이 뛰어나고 해열제나 해독제 작용까지 한다니 그 크기만큼이나 몸에 좋은 성분이 많은 과일이라 할 수 있겠다.

수박은 한방에서도 구창, 방광염, 보혈 등에 쓰인다고 알려져 있다. 실제 수박에 든 시트룰린이라는 성분은 몸속 노폐물들을 배출하고 이뇨작용을 돕는다. 그리고 무엇보다 칼로리가 적고 영양가가 풍부해 다이어트 식품으로도 훌륭하다.

수박의 씨앗과 껍질도 훌륭한 식품이다. 씨앗에 풍부한 불포화지방산과 리놀렌산은 콜레스테롤 함량을 낮춰 심장질환을 예방한다고 하니 깨물어 먹는 것이 좋겠다. 또한 수박씨를 모아 말려서 살짝 볶은 후 곱게 갈아 마시면 구충제 효과가 있어 대장암을 예방할 수 있다고 한다.

무엇보다 수박 껍질엔 천연 정력제라 할 수 있는 시트룰린이 많아 남성들에게 좋다고 하니 버리지 말고 깨끗하게 발라내 시원하게 무쳐 먹으면 몸에도 좋고 여름철 밥반찬으로도 훌륭하다고 할 수 있겠다.

지
리
산
물

모든 맛의 근원은 지리산에 스민 한 방울 물이었다

뿌리가 있는 것은 뿌리내리게 하고
아가미가 있는 것은 헤엄치게 하며
껍질이 있는 것은 알차게 하는
가루를 뭉치게 하고
단단한 것은 부드럽게 하며
뭉친 것은 풀어내는
맛을 내고
맛을 전달하며
맛의 맛인
알고 있는
알 수도 있는
모든 것이
이 한 방울에서
비롯했다

천왕샘에서
사천만·남해 앞바다까지

샘에서 솟아 산·들·바다로⋯물길 따라 먹을거리 피어나다

함양에서 흑돼지에 대해 알아볼 때였다. 흑돼지 사골로 국물을 냈다는 국밥집에서 식사를 마치고 나오며 그곳 주인에게 간단하게 몇 가지를 물었다. 양념은 무엇이며 사골 육수는 어떻게 내는지 등이었다. 평범한 대화가 이어지다 뜻밖의 말을 들었다.

"물이 제일 중요하죠."

주인은 사골 육수를 내는 데 물이 가장 중요하다고 몇 번을 강조하면서 여기선 반드시 함양물만 쓴다고 했다. 돌아오는 내내 그 말이 자꾸 생각났다. 그리고 막연하게나마 어쩌면 좋은 물이 가장 훌륭한 식재료가 될 수 있지 않을까 하는 생각을 했다.

그리고 하동 재첩을 취재하기 위해 섬진강에 발을 담갔을 때 다시 그 생각이 났다. 섬진강 맑은 물에서 보석처럼 올라오는 재첩을 보니 이 물이 진짜 보배구나, 이 물이 있어 다 가능한 일이었다 하는 확신이 들었다.

해발 1915m, 면적 483,022㎢, 우리나라 최고의 국립공원이며 국립 공원 중 가장 넓은 면적인 지리산. 금강산, 한라산과 함께 삼신산三神 山의 하나로 영험한 기운이 높아 많은 은자들이 거쳐 가는 영호남의 지붕. 해발 1500m가 넘는 20여 개의 봉우리가 병풍처럼 펼쳐지며 깊은 원시림과 기암괴석이 절경을 이룬 곳. 천왕샘에서 비롯한 맑고 찬 물이 사시사철 계곡을 타고 내리는 곳. 이곳이 지리산이다.

남강의 발원지라 알려진 천왕봉 바로 아래 천왕샘은 함양·산청을 거쳐 진주·의령으로 흘러 남강이 되고 진양호 아래로 내려 사천만 에 이른다. 또한 이 물은 덕유산에서 내린 섬진강과 만나 하동을 거 쳐 남해 앞바다로 흐른다.

지리산 물은 산에서부터 약이 된다. 지리산 물을 머금은 고로쇠 수 액은 미네랄이 풍부해 신경통과 위장병 성인병 등에 효험이 있다고 알려져 있다. 또한 여기 자작나무 줄기에서 나오는 수액도 곡우穀雨 를 전후해 마시면 속병에 좋다.

또한 이 물을 먹고 자란 어린 찻잎을 곡우 전에 따 덖어 차를 내 마 시면 몸에도 좋거니와 마음공부에도 도움이 된다. 이뿐이랴, 취나물, 고사리, 밤 등은 지리산과 지리산 물이 주는 선물이다.

뿐만 아니다. 섬진강으로 내려온 물에 은어, 참게, 재첩이 산다. 어느 것 하나 빠지지 않는 이것들은 대대로 여기 사람들을 먹여 살렸다. 하동군 용강리 쌍계계곡에서 나물을 말려 파는 황말례(68) 씨는 말 그대로 지리산에 업혀 산다. 지난봄 늦게 딴 찻잎을 비비고 덖은 중 작과 대나무순, 토란 줄기 등을 소쿠리째 팔고 있다. 그는 무엇보다 여기 밤이 최고라고 한다.

경호강을 거쳐 남강으로 내린 물은 진양호에서 모였다가 다시 내려 가며 수박과 딸기 등 각종 채소와 과일을 키운다. 이 물이 없었다면 함안과 의령 등지의 길게 줄지어 선 비닐하우스단지들은 볼 수 없었 을지도 모른다. 물은 농산물의 양분이 되기도 하며 비닐하우스 내 온도조절까지 담당한다. 진주의 딸기농가에서 만났던 한 농민은 물 이 없었다면 하우스 딸기는 없었을 것이라고 한다. 비닐 지붕으로 지하수를 내리면 저절로 난방이 된다. 보일러가 필요 없다.

남강 주변의 법수, 용덕, 지정, 대산 등지는 모두 이 덕을 보고 있다. 이 물은 다시 낙동강과 합쳐져 흐르며 단감과 각종 채소를 키운다. 지리산에서 내린 물이 해수와 섞여 양분이 많은 조건을 만들고 그 물을 타고 내려온 모래와 펄이 개펄을 만든다. 전어, 털게 등이 그 속에 산다. 날이 가물면 섬진강에서 내린 물이 하동읍까지 후퇴한 다. 그래서 하동읍에 인접한 섬진강에서 전어가 잡히는 경우도 심심 찮게 볼 수 있다.

바다에서 증발한 물이 구름이 되어 북상하다 지리산을 만나 대지에 내리고 그 물이 다시 남해로 내려왔으니 발원지가 어딘지 따져 묻는 것은 이제 의미가 없다.

지리산은 남동쪽의 저기압 통과가 잦아 남해로부터 오는 고온다습 한 바람이 남동사면에 부딪힐 때 비가 많이 내린다. 또한 강설량도 많아 연평균 강수량이 1200~1600mm나 된다. 남부지방 평균 강수량보다 200mm 정도 더 많은 편이다.

또한 비나 눈이 오지 않아도 연중 대부분 짙게 깔리는 구름은 상시적으로 지리산에 물을 내린다. 기온 차에서 생기는 이슬 또한 오롯이 이 산으로 스민다. 그래서 언제 찾아도 맑은 계곡물을 만날 수 있는 곳이 지리산이다.

풍부한 산소와 낮은 온도, 암반을 타고 내리는 미네랄 성분이 풍부한 지리산 물은 좋은 물의 조건을 두루 가졌다. 때문에 이 물 자체로 훌륭한 식재료가 된다.

전라북도 남원에서 만난 묵 만드는 소영진 씨는 "묵은 물이 90%"라고 했다. 지리산이 잡힐 듯 보이는 곳에서 직접 판 지하수로 쓴다. 그 양도 풍부해 그의 작업장 앞뜰엔 아무나 먹을 수 있게 우물을 개방해 놓았다. 물이 풍부하니 인심도 풍부해졌다.

함양군 지곡면 개평마을에서도 전통가양주로 유명한 '솔송주'에서 판 우물을 마을 사람들이 함께 쓴다.

함양양조장 하기식 대표도 물 때문에 고생한 적은 없다고 했다. 함양읍 중심가에서 얼마 떨어져 있지 않은 곳에 그의 양조장이 있다. 물 또한 그 자리에서 뽑아 올린다. 물로 고생한 이야기는 들을 수 없었다.

산은 사람을 가르고, 강은 사람을 모은다고 했다. 하지만 산에서 내린 물이 이처럼 사람들을 모이게 했으니 산이 사람을 가른 이유도 알 것 같다.

이 좋은 물을 '흔쾌히' '함께' 나눠 쓸 만큼 적당히 사람을 갈라놓은 것. 그게 지리산이다.

함양 전통 가야주 **8** ●
함양군
1 함양 전통 막걸리
남원시
남원 묵 **2** ●
함양 흑돼지 **4**
지리산 천왕봉(천왕샘) **9**
산청군
산청 경호강
민물고기
10 함안·의령 수박
의령군
함안군
곡성군
진주 딸기 **7**
진주시
구례군
하동 녹차 **6**
하동군
하동 섬진강 재첩 **5**
광양 망덕포구 전어 **3**
광양시 ●
순천시
사천시
남해군

지리산 물이 안겨준 선물

(1)함양 전통막걸리

술꾼들이 막걸리만 찾던 시절, 함양군에는 양조장이 28개까지 있었다. 이
제는 함양읍·마천면·병곡면·지곡면·안의면에 하나씩만 남아 있다.
3대가 50년 넘게 빚고 있는 '함양막걸리'는 그중 하나다. 함양읍 식당 웬만
한 곳에는 '함양막걸리' 이름이 박힌 달력이 내걸려 있다. 식당 냉장고에도
'함양막걸리'가 빼곡히 차지하고 있다. 막걸리병에 '지리산 청정수 사용'이
라는 문구를 자신 있게 내걸고 있다. 실제 지하 154m에서 물을 끌어다 쓴
다고 한다. 탁하지 않고 유독 맑은 맛에 이곳 사람들은 입맛을 다신다. 하
지만 정작 이 술을 빚는 하기식(67) 씨는 "갈수록 재미없어. 전망이 없다고
봐야지"라고 말한다.

(2)남원 묵

바다 가면 회를 찾듯, 산에서는 막걸리와 묵 한 사발이다. 묵은 곧 물이기도 하다. 도토리를 물에 담가 떫은맛을 걸러내고, 맷돌에 갈아 앙금을 추출하는 과정에서 물이 90% 이상의 역할을 한다. 전북 남원 지리산 자락에는 묵을 전문으로 만드는 곳이 있다. 할머니에서부터 그 손자까지, 80년 가까이 이어가고 있다. 이곳 역시 지리산 암반수를 끌어올린다. 안전장치를 위해 필터로 정화하는 과정도 있다고 한다. 하지만 이곳 사람들은 수십 년 전이나 지금이나 물맛이 변함없다고 한다. 물에 대해서만은 맛이나 양에서 앞으로도 걱정 없다는 표정이다.

(3)광양 망덕포구 전어

광양 망덕포구에서 만난 전어횟집 사장님 말이다.

"전어를 예전에는 수족관에 두면 하루 안에 죽는다고 해서 '하루살이 전어'라고 했지. 근데 요즘은 이틀씩도 가거든. 수족관 시설이 좋아지기도 했지만 좋은 지하수 때문이기도 해. 여기 지하수에는 바닷물이 스며있어 짠맛이 나. 물 더러운 곳에서 자란 전어는 냄새가 나는데 여기는 전혀 안 그래."

(4)함양 흑돼지

함양군 마천면 주민은 이 지역 물이 흑돼지에 미치는 영향에 대해 이렇게 설명했다.

"함양 땅에서 나는 물은 철분이 많아요. 그 물을 먹은 흑돼지는 기름기가 덜 끼어 마블링 형성이 덜 되는 편이고요. 그래서 등급 면에서는 좀 손해를 보기도 합니다. 한편으로는 함양 땅에는 게르마늄 성분이 많은데, 당연히 물에도 스며들죠. 그 물을 먹은 흑돼지는 전체적으로 좋은 맛을 내게 됩니다. 흑돼지뿐만 아니라 함양에서 나는 채소·과일은 다 맛있어요."

(5)하동 섬진강 재첩

섬진강을 나란히 끼고 있는 하동·광양 사람들은 '내수면 피해대책위원회'
라는 것을 만들었다. 섬진강, 즉 물 자원을 지키기 위해서다. 섬진강 변에
서 재첩으로 삶을 이어가는 조영주(45) 씨 말이다.

"재첩이 요즘 재미가 없기는 하죠. 하는 이들이 늘기도 했지만, 물의 양도
영향을 끼쳤죠. 원천에서 내려오던 물을 중간에 있는 주암댐에서 빼 가거
든요. 내려오는 물이 적다 보니 하류 쪽은 바닷물이 밀려와 염분이 높아지
죠. 그래서 재첩도 계속 강 상류로 올라가고 있습니다. 어쨌든 여기 사람들
은 섬진강 덕에 먹고살고 있고, 그래서 섬진강에 늘 감사해 하고 있습니다."

(6)하동 녹차

지리산 남단 하동군 화개면에는 녹차밭이 펼쳐져 있다. 이는 지리산과 섬
진강의 합작품이다. 녹차는 연 강수량이 1400㎜ 이상 되어야 하는데 이 고
장은 1700㎜가량 된다. 지리산은 자갈밭을 선사하며 북풍을 막아주고 섬
진강은 습한 기후를 제공해 녹차 향을 도드라지게 한다. 신라 흥덕왕 3년
828년, 당나라에서 들어온 차 종자를 굳이 이 고장에 심은 이유였을 것이다.

(7)진주 딸기

딸기 재배는 물 영향을 특히 많이 받는다. 깨끗한 물은 물론이거니와 많은
양을 필요로 한다. 진주 수곡면·대평면에서 딸기 재배가 잘 되는 이유다.
대곡면에서 딸기농사를 하는 이는 이렇게 말한다.

"딸기 하우스는 지하수를 끌어올려 위에 뿌리는 수막재배가 기본입니다.
진주 수곡·대평면은 진양호 주변이라 모래땅이 많고, 물 빠짐이 좋습니다.
무엇보다 물이 좋아요. 암반굴착으로 깨끗한 지하수를 공급하고 있습니다.
산청 딸기도 찾는 이가 많은데, 물 좋은 고장이라는 점이 한몫하는 거죠."

(8)함양 전통 가양주

함양군 지곡면 개평마을에는 일두 정여창(1450~1504) 선생 고택이 있다. 정여창 선생 16대손 부인인 박흥선(63) 씨는 이 집안에서 500년 전부터 빚은 술을 이어가고 있다. 솔잎향 전해지는 '솔송주'라는 술을 빚는 그는 전통 가양주 명인이기도 하다.

"서울에 있을 때 시어머님이 함양에서 누룩을 가져오셨어요. 그런데 거기서는 술이 잘 안 되더라고요. 똑같은 누룩인데도 말입니다. 그걸 보면 여기 함양 개평마을 물이 좋다는 것을 알 수 있지요. 여기 물은 약알칼리 성분이라고 하더군요. 술뿐만 아니라 장 맛도 좋지요. 물이 풍부하기도 합니다. 그런데 일제강점기에 일본 사람들은 그것마저도 안 좋게 이용했다더군요. 물이 풍부한 이곳에 우물을 많이 팠는데, 이곳 정기를 누르기 위해서였다죠. 참 너무하지요….."

(9)산청 경호강 민물고기

남강으로 이어지는 산청 경호강은 '거울같이 물이 맑다'는 뜻을 품고 있다. 이곳은 다양한 민물고기를 내놓는다. 이곳에서는 얕은 강물에 들어가 낚싯줄을 끌어올리는 풍경을 흔히 볼 수 있다. 맑은 물 찾아 몰려든 은어와 씨름하는 풍경이다. 인근 강변에는 쏘가리·붕어·피라미·메기·빙어·고둥을 내놓는 식당이 즐비하다.

(10)함안·의령 수박

함안군 군북면·법수면·대산면, 의령군 용덕면·정곡면·지정면은 남강을 끼고 있다. 이곳은 수박 천지다. 남강 변 모래땅을 안고 있어 배수가 잘된다. 수박 단맛을 좌우하는 것은 물이다. 수확 철 땅속에 물이 얼마나 있는가에 따라 당도가 달라진다. 재배에 필요한 물은 거의 지하수로 충족한다.

그곳에서 만난 사람(1)

○

물 찾아 지리산 들어온 **김애자** 씨

"장 담글 땐 이 물이 딱"

전통요리 연구가 김애자(58) 씨는 물을 찾아 산청 지리산으로 들어온 지 15년 가까이 됐다.

"전통 장을 제대로 만들 수 있는 곳을 찾아 나섰죠. 원래 있던 창원에서 될 수 있으면 멀리 떨어지지 않은 마산 진동, 고성 같은 곳부터 알아봤는데, 물이 안 맞아요. 밀양도 마찬가지고요. 그러다 경북 성주군 가야산에 연구소를 만들었죠. 그쪽은 돌이 많아 물이 깨끗할 것으로 생각했거든요. 그런데 막상 메주를 만들어 보니 물이 너무 세더라고요. 물 성분 검사를 해 보니 철분·불소 함량이 많았던 겁니다. 그런 성분이 많으면 콩 발효도 잘 안 되고, 장이 끈끈해지거든요."

다른 장소를 다시 찾을 수밖에 없던 그에게 몇 년 전 기억이 떠올랐다.

"지리산에 우연히 갔던 적이 있습니다. 비누 없이 세수해도 전혀 문제가 없더라고요. 물이 너무 매끄러웠습니다. 그래서 지리산을 다시 찾았죠. 그때는 물에 대해 어느 정도 알고 있을 때라 먹어보니 맛이 좋다는 걸 바로 알겠더라고요. 그래서 1999년 이곳 산청 시천면 지리산에 정착하게 됐습니다. 메주를 끓이니 경북 성주와는 완전히 다르더군요. 물뿐만 아니라 나무·흙·돌·공기, 이 모든 게 다 맞아떨어졌습니다."

그는 지역마다 물 특성이 있다고 했다.

"여기 15년 있다가 다른 지역에 가면 물에서 냄새가 나서 못 먹어요. 창원은 뭐랄까요, 근근한 느낌이 있습니다. 밀양 얼음골 쪽도 마찬가지고요. 마산과 진해는 좀 짠 편입니다. 전북 완주·김제 쪽은 흙냄새가 많이 섞여 있어요. 경북 성주는 센 느낌이 강하고요."

지리산 물에 대해서는 이렇게 평가했다.

"장 담글 때 지하수·상수도 모두 사용합니다. 여기 물은 잡내가 전혀 없습니다. 장이든 조청이든 고두밥이든, 뭘 만들 때 여기 물을 탓해본 적이 없습니다. 집 뒤편에 계곡물이 흐릅니다. 정수기 회사에서 그 물을 떠서 성분 검사를 해봤는데 특1급수라고 합니다. 나는 지금도 머리 감을 때 샴푸·린스 없이 그냥 물만 사용합니다. 세수하고 나서 스킨·로션 안 발라도 전혀 불편함이 없어요. 처음에는 지리산 물이 너무 아까워 비닐에 담아 창원으로 보내고 싶은 마음까지 들었습니다."

그는 좀 더 눈으로 확인시켜 주고 싶은 듯 주방으로 안내했다.

"여기 조리대 한번 보세요. 그냥 물로만 씻어냈는데 반들반들하잖아
요. 창원에도 연구소가 있는데, 거기서는 화학약품을 사용해도 얼룩
이 지워지지 않아요. 행주도 보실래요? 새것처럼 깨끗합니다. 창원에
서는 절대 그렇지 않아요. 이것만으로도 지리산 물이 얼마나 좋은지
아시겠죠?"

그러면서 마지막으로 이렇게 덧붙였다.

"좋은 물이 옆에 있으니 마음도 늘 맑습니다."

그곳에서 만난 사람(2)

〇

함양 병곡식당 **김정애** 사장

"국밥재료 똑같이 써도 물에 따라 맛 달라"

함양읍에 자리한 병곡식당은 50년 넘은 순대·돼지국밥집이다. 몇 년 전 박근혜 대통령이 찾으면서 더욱 유명해진 곳이기도 하다. 병곡식당 김정애(52) 사장은 물의 중요성을 유독 강조했다.

"우리 집 손님 가운데 울산 분이 계셨어요. 그 맛에 반해 울산에서 체인 형태로 가게를 열게 됐죠. 재료는 우리 쓰는 걸 그대로 가져다 썼어요. 그런데 그곳에서는 여기 육수 맛이 안 나는 거예요. 눈으로 보기에는 차이가 없고, 오히려 더 진한 맛이 있는데, 입에 딱딱 달라 붙는 고소한 맛이 없었어요. 소주 광고 같은 걸 보면 '소주 맛을 좌우하는 건 물'이라고도 하는데, 그때 물이 중요하다는 걸 경험한 거죠. 그 집은 결국 5년 하다 문을 닫았습니다. 그 사장님이 지금도 우리 집을 찾는데요, 자기네도 여기만큼 맛이 안 나서 처음에는 오해했다고 하더라고요. 여기와는 다른 재료를 주는 것으로 생각했던

지리산 맑은 물·공기를 먹고 자란 흑돼지를 사용한 수육·순대.

거죠."

김정애 씨도 울산에서 지내다 어머니 손맛을 이어가기 위해 함양에
왔다. 그런데 이곳에 온 이후 가족들은 몸의 변화를 느낀다고 한다.

"함양이 옛날 조상님들 유배지일 정도로 깊은 곳이잖아요. 물 좋고
공기 좋은 곳입니다. 제 딸이 울산에서 지낼 때 인터넷방송 같은 걸
해서 늘 목이 좋지 않았어요. 그런데 여기서는 방송 3시간을 해도
목 잠길 일이 없어요. 자고 일어나면 몸이 늘 개운하다고 해요. 우리
아저씨도 울산 있을 때는 기관지가 안 좋아 가래가 끓었는데, 여기
와서 편해졌다고 해요. 물·공기가 그만큼 중요하다는 것을 느끼게
됩니다."

그는 재료는 함양흑돼지, 물은 지하수를 주로 쓴다고 한다.

"저는 고기도 함양 흑돼지만 사용해요. 여기 물과 공기를 먹고 자란
것이라 확실히 맛이 좋죠. 전북 장수에서 물건이 들어오면 안 받아
요. 사골국 끓이기 전에는 핏물을 빼야 하는데, 그냥 하는 게 아니
고 흐르는 물에 계속 담가둬요. 어른들은 왜 물을 그리 소비하느냐
고 뭐라 하는데, 핏물 고여 있을 틈을 안 주기 위해 그렇게 하는 거
죠. 그러니 물 안 좋으면 육수 맛은 금방 달라지게 돼 있어요. 육수
낼 때 상수도도 쓰지만 될 수 있으면 지하수를 쓰고 있어요. 사실
우리나라 수돗물은 인체에 유해한 건 없는데 냄새 때문에 좀 꺼리
는 거죠. 따지고 보면 수질 검사를 하지 않는 지하수가 문제 될 소
지가 더 크죠. 하지만 지하수가 육수 맛 내기에 좀 나은 것 같아요.
우리는 공인업체를 통해 지하수도 매년 검사하고 있습니다. 찜찜하
면 손님에게 음식을 내놓지 못하는 성격이거든요. 손님 맛보기 전에
제가 먼저 먹어야 하기도 하고요."

좋은 물의 조건

특히 지리산 물에는 게르마늄 다량 함유

물이나 미네랄은 칼로리가 전혀 없다. 무기질 영양소인 미네랄은 물의 인체 흡수를 도우면서 인체의 자기치유능력을 높인다. 실제 그리스 철학자 핀다로스Pindaros는 "물은 최고의 의사"라고 했다는 말도 전해온다. 동의보감에서도 좋은 물은 안색을 곱게 해주고 살결이 고와지며 눈을 밝게 해준다고 나와 있다.

지리산 물은 각종 미네랄과 게르마늄이 다량 함유되어 있어 특히 혈관에 좋다고 알려져 있다. 또한 용존산소량이 많아 체질개선과 질병 치료에도 좋다고 한다.

그렇다면 좋은 물의 조건은 무엇일까? 일반적으로 알려진 것들을 뽑아 봤다.

1. 유해한 세균이 없을 것.
2. 미네랄 성분이 고루 들어 있을 것.
3. 차고 투명하고 가벼우며 냄새가 없을 것.
4. pH가 8.5 이하인 약 알칼리성의 물일 것.
5. 산소가 풍부할 것.

지리산 천왕샘에 고여있는 물.

지리산의 이 맑은 물은 경남지역 맛의 근원이기도 하다.